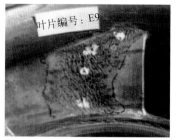

(a) 涂层试验[3]                                  (b) 快速试验[4]

图 1-3    离心泵叶片的空蚀

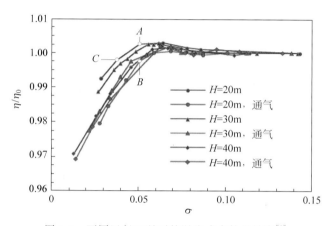

图 1-6    不同运行工况下的混流式水轮机效率[6]

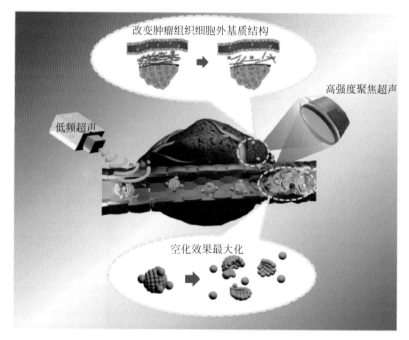

图 1-10    基于空化原理的纳米药物输送[10]

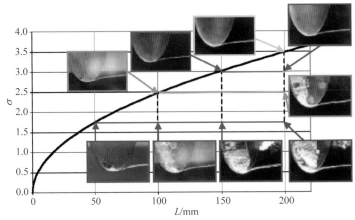

图 2-2　梢涡空化尺度效应[2]

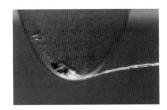

(a) L=50mm

(b) L=100mm

(c) L=200mm

图 2-3　不同尺度水翼的梢涡空化[2]

(a)瞬态云空化

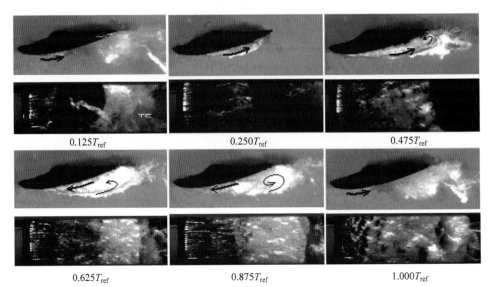

$0.125T_{\mathrm{ref}}$　　　$0.250T_{\mathrm{ref}}$　　　$0.475T_{\mathrm{ref}}$

$0.625T_{\mathrm{ref}}$　　　$0.875T_{\mathrm{ref}}$　　　$1.000T_{\mathrm{ref}}$

(b) 一个典型周期内的云空化演化

图 2-14　绕水翼云空化[13]

(a) 减压箱

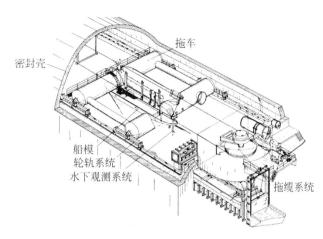

密封壳

拖车

船模
轮轨系统
水下观测系统

拖缆系统

(b) 减压拖曳水池[1]

图 5-5　减压式空化试验设备

图 5-11　沿程压力测量现场图

(a) 试验照片

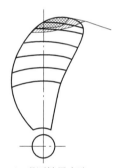
(b) 观测结果表达

图 5-15　螺旋桨空化形态试验

相机

采集系统

激光器

图 5-21　测核现场图片

图 5-25　试验现场布置

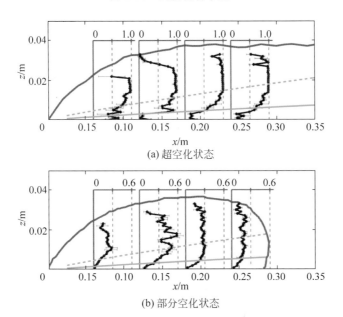

(a) 超空化状态

(b) 部分空化状态

图 5-27　空隙率分布曲线

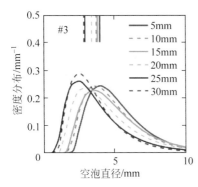

图 5-28　片空化内部空泡的尺度与密度

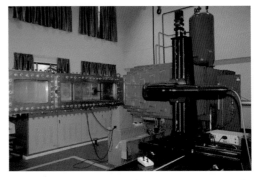

图 5-30　椭圆水翼梢涡空化流场 LDV 测量现场

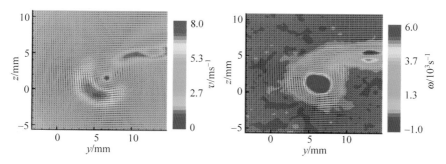

图 5-34　PIV 测量获得的全湿状态下漩涡周围速度分布和涡量分布

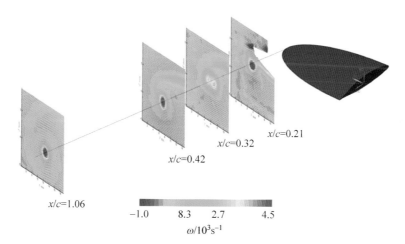

图 5-35　PIV 测量获得的全湿状态下沿流向不同截面涡量分布

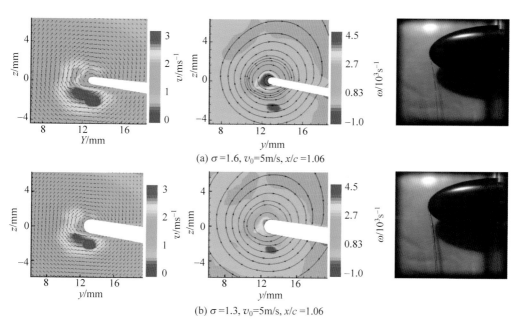

(a) $\sigma=1.6$, $v_0=5$m/s, $x/c=1.06$

(b) $\sigma=1.3$, $v_0=5$m/s, $x/c=1.06$

图 5-36　PIV 测量获得的漩涡空化周围速度分布和涡量分布

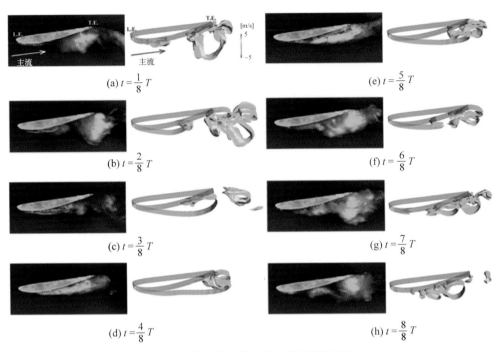

(a) $t = \dfrac{1}{8}T$      (e) $t = \dfrac{5}{8}T$

(b) $t = \dfrac{2}{8}T$      (f) $t = \dfrac{6}{8}T$

(c) $t = \dfrac{3}{8}T$      (g) $t = \dfrac{7}{8}T$

(d) $t = \dfrac{4}{8}T$      (h) $t = \dfrac{8}{8}T$

图 6-9　绕二维水翼空化的典型演变过程

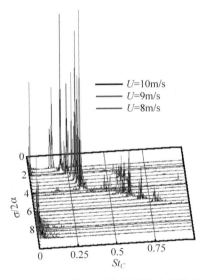

图 6-13　不同空化条件下二维水翼升力系数的脉动[10]

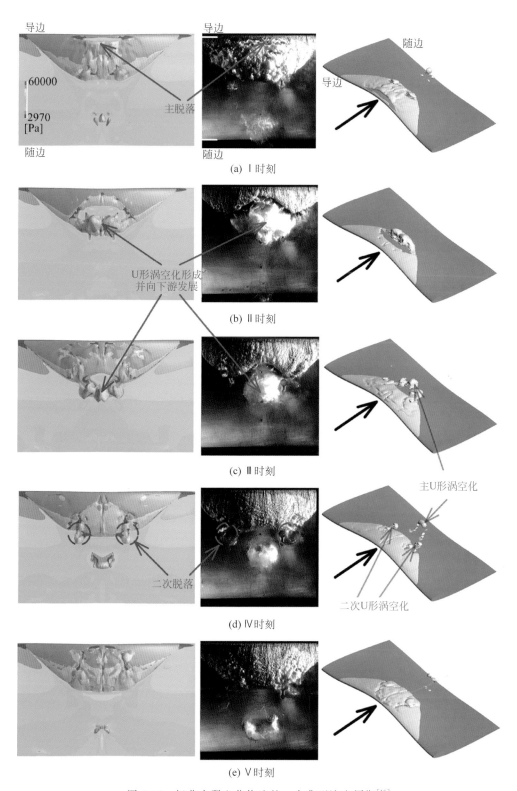

导边 导边 随边
60000
2970
[Pa]
随边 随边 导边
主脱落

(a) Ⅰ时刻

U形涡空化形成
并向下游发展

(b) Ⅱ时刻

(c) Ⅲ时刻

主U形涡空化

二次脱落

二次U形涡空化

(d) Ⅳ时刻

(e) Ⅴ时刻

图 6-18　扭曲水翼空化绕流的一个典型演变周期[15]

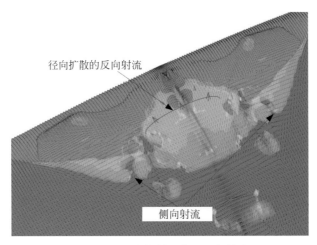

径向扩散的反向射流

侧向射流

图 6-19　三维水翼空化及反向射流

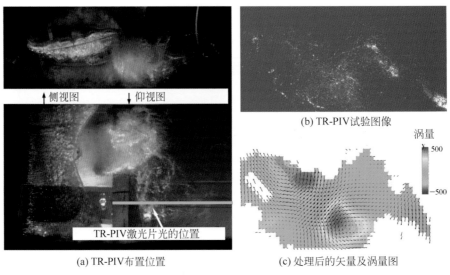

↑ 侧视图　↓ 仰视图

(b) TR-PIV试验图像

涡量
500

−500

TR-PIV激光片光的位置

(a) TR-PIV布置位置

(c) 处理后的矢量及涡量图

图 6-20　水翼空化尾流场结构[20]

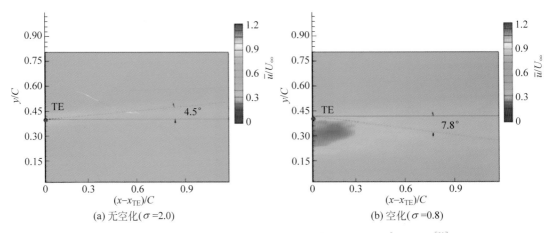

(a) 无空化($\sigma$=2.0)

(b) 空化($\sigma$=0.8)

图 6-21　水翼尾缘下游的时均流向速度分布($Re = 7 \times 10^5, \alpha = 8°$)[21]

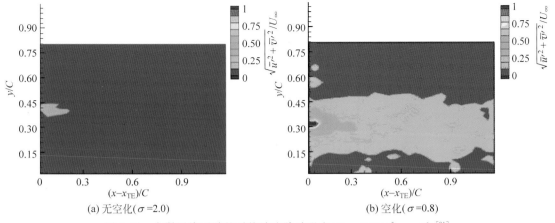

(a) 无空化($\sigma=2.0$)  (b) 空化($\sigma=0.8$)

图 6-22  水翼尾缘下游的时均湍流脉动强度($Re=7\times10^5$, $\alpha=8°$)[21]

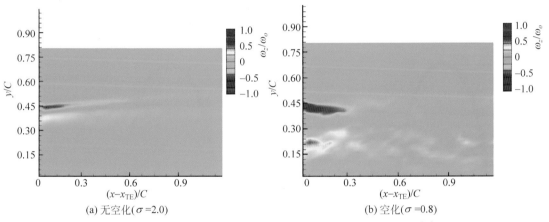

(a) 无空化($\sigma=2.0$)  (b) 空化($\sigma=0.8$)

图 6-23  水翼尾缘下游的时均涡量分布($Re=7\times10^5$, $\alpha=8°$)[21]

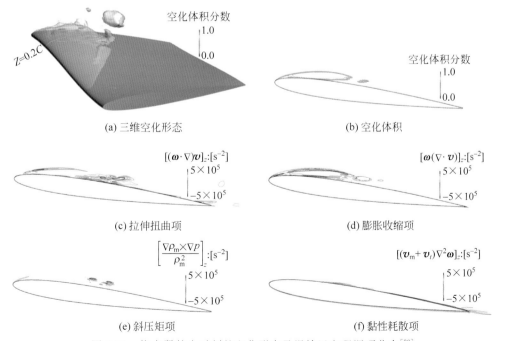

(a) 三维空化形态  (b) 空化体积

(c) 拉伸扭曲项  (d) 膨胀收缩项

(e) 斜压矩项  (f) 黏性耗散项

图 6-24  绕水翼某个时刻的空化形态及涡输运方程源项分布[22]

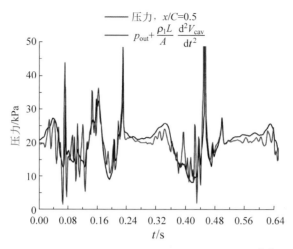

图 6-26　一维模型预测与数值计算的结果对比[30]

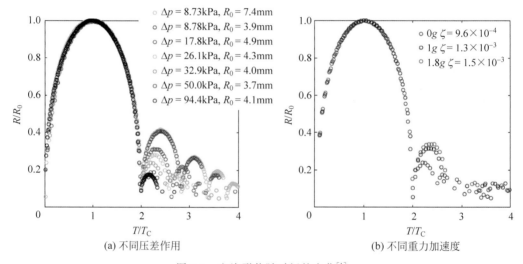

(a) 不同压差作用

(b) 不同重力加速度

图 7-1　空泡形状随时间的变化[1]

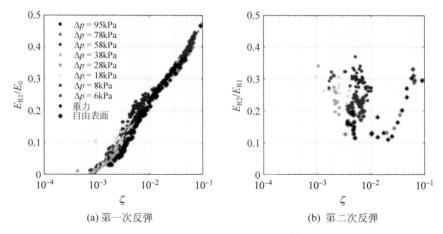

(a) 第一次反弹

(b) 第二次反弹

图 7-2　空泡反弹的能量变化[1]

(a) 混流式转轮[6]                    (b) 船舵[7]

图 7-9   水力机械中的空蚀

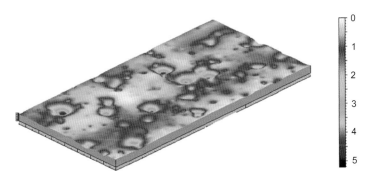

图 7-11   空泡溃灭造成的点坑[7]

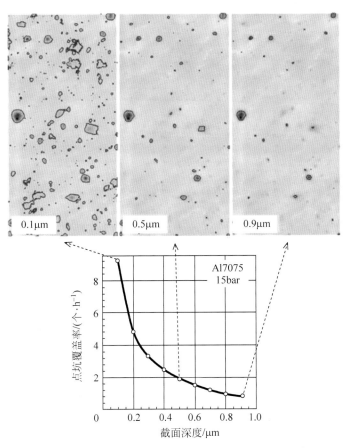

图 7-13   试件表面点坑覆盖率沿深度方向的分布[7]

(a) 接触式          (b) 非接触式

图 7-15　表面形貌仪

(a) 磁致伸缩仪全貌        (b) 振动杆的局部放大图

图 7-20　磁致伸缩仪[7]

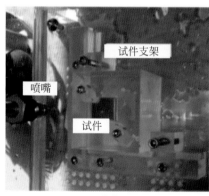 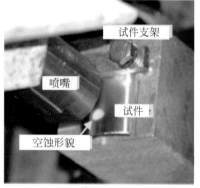

(a) 全貌图          (b) 局部放大图

图 7-24　射流型空蚀试验的闭式试验单元[7]

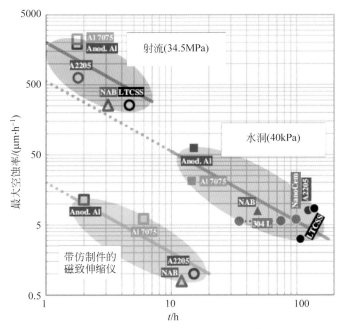

图 7-29　不同试验方法的空蚀率[7]

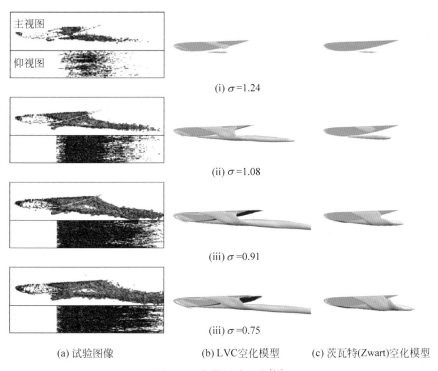

(i) $\sigma$ =1.24

(ii) $\sigma$ =1.08

(iii) $\sigma$ =0.91

(iii) $\sigma$ =0.75

(a) 试验图像　　　　　(b) LVC空化模型　　　　(c) 茨瓦特(Zwart)空化模型

图 8-2　水翼间隙空化[14]

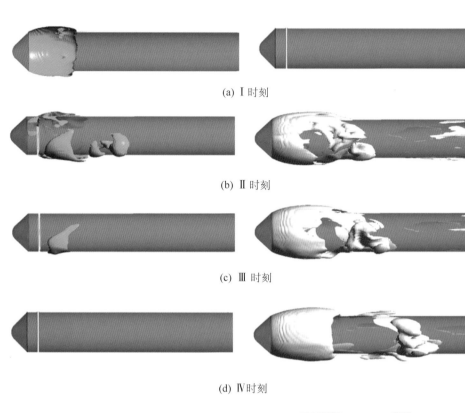

(a) I 时刻

(b) II 时刻

(c) III 时刻

(d) IV时刻

(e) V时刻

图 8-5   通气空化中蒸气空泡和空气空泡的发展进程[19]

(a)实验照片

(b)数值模拟

图 8-6   稳定的通气空化形态[19]

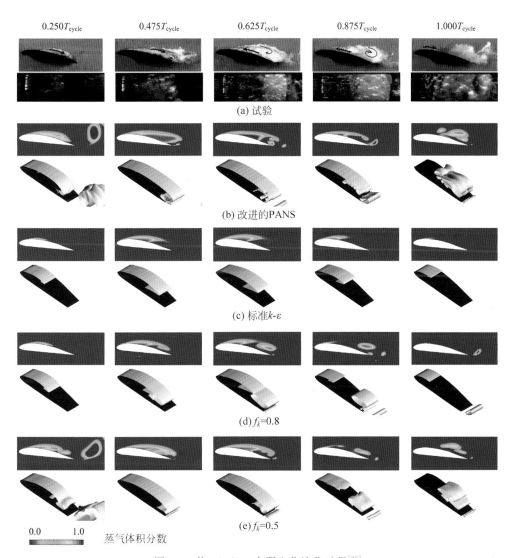

$0.250T_{cycle}$    $0.475T_{cycle}$    $0.625T_{cycle}$    $0.875T_{cycle}$    $1.000T_{cycle}$

(a) 试验

(b) 改进的PANS

(c) 标准$k$-$\varepsilon$

(d) $f_k=0.8$

(e) $f_k=0.5$

0.0    1.0    蒸气体积分数

图 8-7    绕 Clark-Y 水翼空化演化过程[23]

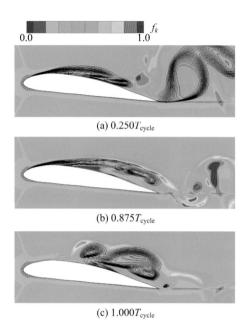

(a) $0.250T_{cycle}$

(b) $0.875T_{cycle}$

(c) $1.000T_{cycle}$

图 8-8　水翼空化演化三个瞬时的 $f_k$ 分布[23]

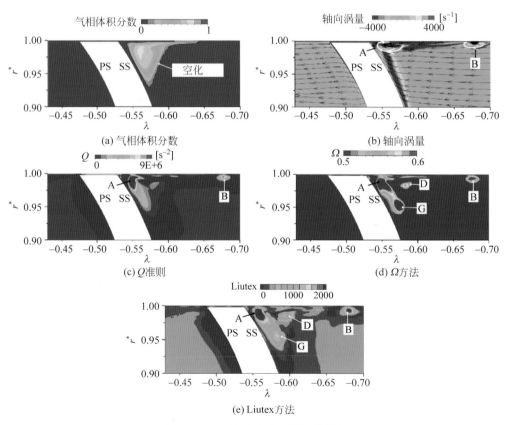

图 8-9　叶顶间隙空化及涡结构[26]

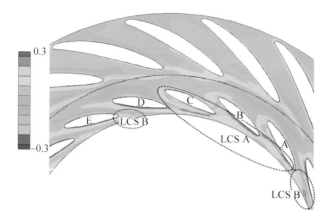

图 8-10 双列导叶内的 FTLE 分布[27]

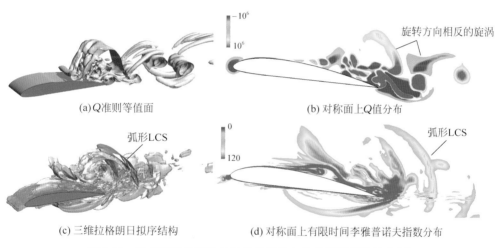

(a) $Q$ 准则等值面

(b) 对称面上 $Q$ 值分布

旋转方向相反的旋涡

弧形LCS

弧形LCS

(c) 三维拉格朗日拟序结构

(d) 对称面上有限时间李雅普诺夫指数分布

图 8-11　绕水翼空化流场的三维涡结构与拉格朗日拟序结构[28]

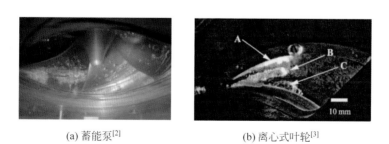

(a) 蓄能泵[2]

(b) 离心式叶轮[3]

图 9-1　叶片泵内的空化

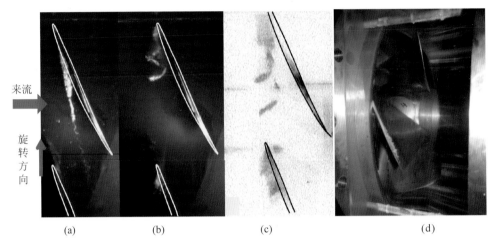

来流

旋转方向

| (a) | (b) | (c) | (d) |

图 9-3　轴流式水力机械叶缘附近的流动[4]

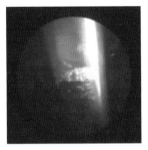
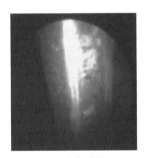

(a) 叶片背面　　　　　　　　　(b) 叶片正面

图 9-7　混流式转轮中的翼型空化

(a) 初生叶道涡　　　　　　　　(b) 发展叶道涡

图 9-8　混流式水轮机中的叶道涡空化

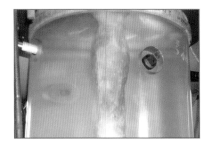

图 9-9　混流式水轮机中的柱状空化涡带

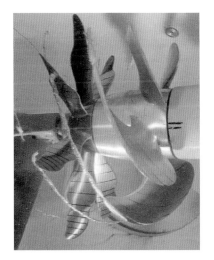

图 10-6　螺旋桨梢涡空化[5]

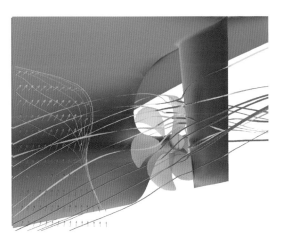

(a) 螺旋桨安装位置示意图

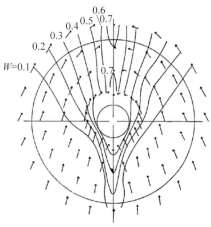

(b) 流速分布[6]

图 10-9　螺旋桨非均匀来流

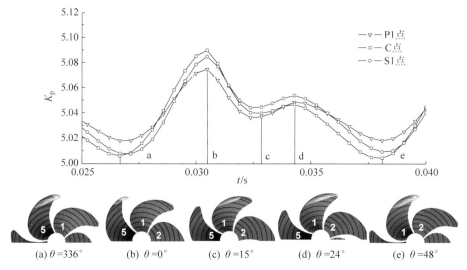

(a) $\theta = 336°$    (b) $\theta = 0°$    (c) $\theta = 15°$    (d) $\theta = 24°$    (e) $\theta = 48°$

图 10-14　螺旋桨空化及所诱发的压力脉动[6]

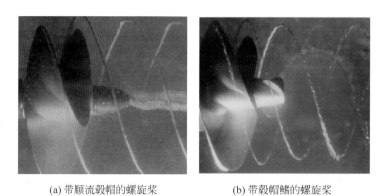

(a) 带顺流毂帽的螺旋桨      (b) 带毂帽鳍的螺旋桨

图 10-21　毂帽鳍对螺旋桨空化的影响[10]

(a) 导管          (b) 导管及导流鳍

图 10-23　改善螺旋桨来流条件的结构[15]

# Basics of Cavitation and its Applications

# 空化基础
## 理论及应用

罗先武 季斌 彭晓星 刘德民 编著

清华大学出版社

北京

## 内 容 简 介

空化是水动力学中重要的研究方向。空化理论是高性能船舶、火箭发动机、大型水电机组等高端技术研发的基础。本书在详细介绍空化核理论与空泡动力学原理的基础上,对实际工程中涉及的空化现象进行了系统的说明与解释。通过本书的学习,希望读者能深入理解液-汽(气)两相流、空化、空蚀等基本概念,基本掌握水动力学空化的典型模拟方法,了解绕水翼空化湍流演变规律与动力学特征,初步具备分析工程中各种复杂空化现象的能力。此外,本书也可以为船舶、水利、能源、环境等行业的科技工作者提供技术参考。

**图书在版编目(CIP)数据**

空化基础理论及应用/罗先武等编著. —北京:清华大学出版社,2020.9
ISBN 978-7-302-56300-6

Ⅰ. ①空… Ⅱ. ①罗… Ⅲ. ①空化 Ⅳ. ①TV131.2

中国版本图书馆 CIP 数据核字(2020)第 165413 号

**责任编辑**:佟丽霞
**封面设计**:常雪影
**责任校对**:刘玉霞
**责任印制**:刘海龙

**出版发行**:清华大学出版社
   **网  址**:http://www.tup.com.cn,http://www.wqbook.com
   **地  址**:北京清华大学学研大厦 A 座     **邮  编**:100084
   **社 总 机**:010-62770175       **邮  购**:010-62786544
   **投稿与读者服务**:010-62776969,c-service@tup.tsinghua.edu.cn
   **质量反馈**:010-62772015,zhiliang@tup.tsinghua.edu.cn
**印 装 者**:三河市宏图印务有限公司
**经  销**:全国新华书店
**开  本**:185mm×260mm  **印 张**:14.5  **插 页**:10  **字  数**:382 千字
**版  次**:2020 年 10 月第 1 版         **印  次**:2020 年 10 月第 1 次印刷
**定  价**:45.00 元

产品编号:087316-01

# FOREWORD >>>>>>>>> 序

  21世纪初是我国船舶工业和船舶技术跨越式发展的重要历史时期。创世界潜深纪录的"蛟龙号"成功研发、"辽宁号"航母正式列装,以及巨型海洋平台建设等均证实了我国在船舶与海洋技术领域取得了举世瞩目的丰硕成果。为进一步振兴我国船舶技术与船舶工业、更好地开发与利用海洋,有必要在结合国际最新研究动态的基础上总结与凝练在相关技术方面取得的成果,使之成为可供我国船舶、海洋、交通等相关行业科技人员和高等院校师生借鉴的技术资料。

  空化属于水动力学的重要研究内容,涉及高速船舶、水中兵器、航天发射、巨型水电等尖端技术研发,所以在我国开展空化相关研究具有重大意义。《空化基础理论及应用》就是为推动我国空化研究的人才培养与科学技术研究而编写的,它既是一本研究生教材,也是一本提炼了近年来在空化研究方面新进展和先进成果的专业图书。作为教材,书中的基本概念清晰,理论体系严密,有助于初入门的学生和技术人员奠定准确的知识基础;作为专业图书,书中涵盖了通用与专业的测试技术、数值模拟方法,并研讨了工程相关的一些空化专题,这样也适合具有一定实际工作经验的研究人员参考。

  近20年来国内空化研究方兴未艾,涌现出一批优秀的研究学者并取得了一些较高水平的研究成果。我担任主编的《水动力学研究与进展》(中、英文版)作为我国水动力学的主流期刊,一直重视空化领域的研究进展,本书的三位主要作者罗先武、季斌和彭晓星均是该期刊的编委,为期刊的发展做出了重要贡献。本书作者长期从事水动力学空化研究和教学,在各自的教学、科研与生产岗位上积累了不少的研究经验,他们的合作体现了理论与应用的有机结合,这也是该书的主要特点。

  我很高兴受作者之邀为他们的新作撰写序言。希望该书的出版能够对推动我国船舶与海洋工程以及相关领域等技术创新有所贡献。

吴有生

中国工程院院士

中国船舶科学研究中心　研究员

2020 年 8 月 25 日

# PREFACE >>>>>>>>>>> 前言

　　本书主要是为动力工程及工程热物理一级学科的研究生学位课"空化基础理论及应用"而编写的,也可以作为本学科及其他学科高年级本科生和研究生进行相关课程学习、课外拓展研究的参考教材。

　　本书主要涉及水动力学空化相关的内容。空化作为水动力学的一个分支,近年来吸引了国内外很多研究者的强烈兴趣,已经成为很热门的研究方向。在我国现代化发展过程中,空化研究具有非常重要的意义。空化现象可谓无处不在,涵盖了天上(火箭发动机液体燃料泵)、水下(船舶及水下兵器)和地面(水轮机、泵、阀)所有的空间范围,涉及能源、水利、交通、化工、市政、生物、医疗等诸多行业。因此,作为未来社会发展中坚力量的研究生,尤其是有志于从事相关研究工作的研究生,通过课程学习掌握空化基础理论及相应的分析方法是非常必要的。

　　尽管目前空化属于热门话题,与 20 年前相比从事研究的人数增加了很多,每年发表的论文数量也很可观,但空化研究仍然处于不断发展之中,其中许多概念和方法还需要深入探讨,研究内容也需要不断拓展。本书在编写过程中,一方面将一些相对确定的概念、方法及流动机理呈现给读者,另一方面尽可能将一些目前科研工作者关心的问题及当前获得的研究成果进行适当的叙述,以期对我国研究者在空化研究的重要方向上取得新的进展提供参考,从而使得我国空化基础研究与工程应用不断深化。

　　本书是在清华大学研究生课程"空化、磨损及两相流""空化基础理论及应用"授课讲稿的基础上编写的,同时也参考了国内外相关学术专著、论文等,主要论述了空化与空蚀的基本概念、空泡动力学基础、空化与空蚀的试验方法、绕水翼及常见水力旋转机械(泵、水轮机、螺旋桨)的空化现象、非定常空化流动数值模拟及水动力性能预测方法、避免或缓解空化危害的优化设计及运行措施等。

　　本书在编写过程中,主要考虑了研究型大学高层次人才培养对学位课程的要求。为了适应创新人才的培养,课程教学不能拘泥于传授已有的知识,更重要的目标是通过课程学习,使学生能够获得拓展学习、应用知识和主动实践的能力。因此,本书在空化相关的概念、方法和原理方面不遗余力地重点叙述,力求表达清晰、确切;在教材内容组织方面,注重将空化原理、研究方法与实际问题进行有机结合,并通过实例进行简要分析;为使读者对空化研究前沿研究有一定了解,适当列举了目前空化相关的研究热点。由于本书篇幅有限,对于研究实例涉及的具体内容不能详细罗列,读者可根据每一章结尾对应的参考文献有选择地进行研读。因此,在课程教学过程中,教师可以根据不同学科或者授课对象的需求选择相应的章节进行讲授,当然也可以在授课中进行必要的补充。

　　全书共 10 章,其中,第 1、3、4 章由罗先武编写,第 2、5 章由彭晓星编写,第 6、8、10 章由季斌、罗先武编写,第 7、9 章由刘德民、罗先武编写,全书由罗先武统稿。

　　承蒙中国工程院院士吴有生研究员在百忙之中,拨冗作序,不胜感激。

　　由于编者水平有限,谬误和疏漏在所难免,恳请读者不吝批评指正。

编　者

2020 年 3 月于清华园

# CONTENTS >>>>>>>>>>> 目 录

# 第1章

# 绪　　论

## 1.1　空化的概念

### 1.1.1　沸腾、汽化与空化

自然界广泛存在汽化现象。汽化就是液体中动能较大的分子克服液体表面分子的引力而逸出液体表面成为气体分子的过程。在汽化过程中,物质分子从液态转化为气态。所以汽化过程也是一种相变过程。

汽化通常表现为沸腾(boiling)与蒸发(evaporation)两种方式。对于一定压力下的常温液体,由液态转化为气态可沿两种路径发生。第一种方式是沸腾。沸腾是通过温度升高而从液态达到气态的,如图 1-1 中的路径①所示。如在一个标准大气压下,只有当水温达到100℃时才能发生沸腾。第二种方式为蒸发。与沸腾不同的是,蒸发可在常温、常压的条件下发生。

两种汽化现象还有一个显著的差别。沸腾是一种剧烈的汽化过程,液体中涌现大量气泡,汽化可以发生在整个液体内部;而蒸发只在液体表面发生。

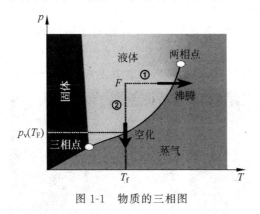

图 1-1　物质的三相图

若温度不变,使液体表面的压力 $p$ 降低至某临界值(通常为液体饱和蒸气压)后,液体内原来含有的、尺寸很小的不可凝结气泡(常称空化核)将迅速膨胀,在水中形成明显可见的气泡,这一汽化过程称为空化。很显然,沸腾是液体在温度升到沸点时才发生的汽化过程,是温度升高的结果;而空化则是由于压强降低使液体汽化的过程,是压强降低的结果,如图 1-1 中的路径②所示。

为了进一步区分空化与沸腾、蒸发的概念,表 1-1 中指出了三种汽化现象发生的基本条件。

表 1-1　三种汽化现象的区别

| | 温度 | 当地压力 | 位置 |
|---|---|---|---|
| 沸腾 | 当地压力对应的沸点 | 无限定 | 液体内部 |
| 蒸发 | 无限定 | 无限定 | 液体表面 |
| 空化 | 无限定 | 当地温度对应的饱和蒸气压 | 液体内部 |

### 1.1.2　空化的定义及内涵

柯乃普(R. T. Knapp)等认为"空化现象包括从空泡开始形成直至空泡溃灭的事态全过程"[1]。这就意味着空化不仅仅只是从液态至气态的汽化过程,还包括汽化形成的蒸气空泡(或称汽泡)的后续发展,即汽泡的生长、收缩、溃灭、消失等过程。

根据人们对空化现象的长期研究,可将空化的内涵归纳如下[1]:

(1) 空化是一种液体现象。在正常环境下,固体和气体不会发生空化。

(2) 空化是液体减压的结果。一般情况下,只要压力未降到临界压力之下,液体就不会发生空化。

(3) 空化现象涉及液体内空泡的出现和消失(即空泡发生、发展直至溃灭的全过程)。

(4) 空化是一种动力学现象,它涉及空泡的生长与溃灭。

(5) 由于空化的定义并未确切地限定液体是处于运动中还是静止状态,因而空化在所有运动状态下都可能发生。

(6) 空化的定义并未指明空化的发生仅限于固体边界上或边界外,所以空化既可发生在液体中,也可以发生在流动的固体边壁处。

为了叙述方便,定义如下几个与空化现象相关的概念。

**1. 空穴(cavity,bubble)**

空穴是指空化在水中形成的空洞。空穴是相对于液体而言的,空穴中实际上不是"真空",而是含有气体或蒸气。在一些行业,习惯将体积较大的空穴称为空腔。如图 1-2 所示,空穴的形态各异,有些近似球形,但大多数形状并不规则,甚至有些表现为云雾状。

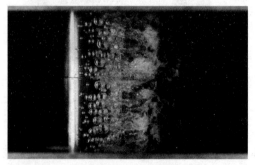

图 1-2　NACA4412 水翼空化[2]

**2. 空泡（cavity，bubble）**

球形的空穴称为空泡。在实际的空化现象中，空穴一般都不是严格的球形，所以也可以将一般形状的空穴统称为空泡。

根据空泡内所含气体的成分，还可以将空泡区分为蒸气空泡和气体空泡，它们可分别简称为汽泡和气泡。显然，汽泡在一定条件下可以凝结为液体，即通过相变而消融在液体中；而气泡内部含有的物质成分为不可凝结气体，在较高压强条件下气泡可以被压缩成尺度很小的空泡，但是不发生相变。

**3. 空化核（nuclei）**

空化核特指尺度很小的空泡。空化核的直径一般小于 $10^{-5}$ m，该尺度的空化核很难通过肉眼直接观察。所以，当空化核的尺度增大而成为容易被人们肉眼观察到的可见空泡时，则可认为液体中发生了空泡，即出现初生空化。

基于上述概念，可以将空化理解为"液体中空化核在汽化压力时开始膨胀、生长为可见空泡，空泡运动到高压区溃灭等一系列现象"。

### 1.1.3 空蚀的定义

空蚀指空泡溃灭时造成的材料损失，英文通常译为 cavitation erosion。由定义可知，空蚀是空化的结果，而且与流道边壁的材料有关。图 1-3 为遭受空蚀的离心泵叶片，其中图 1-3(a)为运行 4h 后叶片吸力面蓝色涂层的剥蚀情况；图 1-3(b)为转速 9000r/min、持续 16h 快速试验后的铸钢叶片吸力面上发生的材料损伤。

 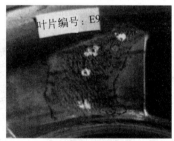

(a) 涂层试验[3]        (b) 快速试验[4]

图 1-3　离心泵叶片的空蚀（见彩页）

空化与空蚀的概念非常不同，存在如下显著的差异：

(1) 空化为动力学现象，主要涉及空化核与空泡在流场中的流体力学行为。流道边壁影响流场，进而可能影响空化的发展。

(2) 空蚀是空化作用于流道边壁造成的材料损失，所以空蚀可视为空化的后果。空蚀直接与流道边壁有关，而且空蚀的破坏程度与流道边壁的材料性质密切相关。

(3) 当空化发生在远离流道壁面时，空化对流道边壁材料的影响甚微，此时无空蚀。

(4) 综合来看，空化强调的是动力学过程，而空蚀则强调在空化作用下流道边壁材料遭受损失的后果。

因此，空化与空蚀是完全不同的概念，须明确区分。在过去的文献中，许多作者往往将空化与空蚀混为一谈,在我国水利行业曾使用过"汽蚀""气蚀"等术语。显而易见,类似"汽蚀"与"气蚀"的术语在词义上比较接近空蚀,但与空化就大相径庭了。

## 1.2　空化研究的历史

### 1.2.1　早期的空化研究

早在 1753 年,著名科学家欧拉(L. Euler)就曾指出"水管中某处的压强若降到负值时,水即从管壁分离,而该处将形成一个真空空间,这种现象应予避免"[5]。欧拉所指的"真空空间"实际上并非完全真空,而是液体汽化形成的空穴。

人们真正关注并研究空化,则是由于 19 世纪后期船舶工业发展遇到了不可逾越的技术难题:持续提高螺旋桨的转速并不能一直增大蒸汽轮机驱动的船舶航速,当转速达到一定值后反而导致了船舶航速下降。1873 年,雷诺(O. Reynolds)曾解释这种现象是由螺旋桨上压强降低到真空时吸入了空气所导致的[5]。1887 年,佛汝德(R. E. Froude)等人在研究螺旋桨破坏事故时,首先使用了空化(cavitation)一词。从此,世界上开始了针对空化的系统性研究。

1896 年,帕森斯(C. A. Parsons)建成世界上第一座也是最简单的空化试验水洞,如图 1-4 所示。该水洞现存于英国纽卡斯尔大学(Newcastle University)。水洞的流道全长约 1m,试验段面积仅 $15cm^2$,试验时采用缩小的螺旋桨模型。当时,帕森斯使用闪频观测器观察了螺旋桨的空化现象。在这一时期,巴纳比(B. W. Barnaby)、帕森斯等探究了英国"勇敢号"鱼雷艇和几艘蒸汽机船相继发生螺旋桨效率严重下降的事件,指出在液体和物体间存在高速相对运动的场合可能出现空化[5]。

(a) 水洞全貌　　　　　　　　　　(b) 试验段

图 1-4　世界上第一座空化试验水洞

### 1.2.2　20 世纪以来的空化研究

20 世纪初期,由于人们对空化认识尚处于很肤浅的阶段,还不能有效地分析空化引起的频发事件。如在水轮机、泵等水力机械中发现了空化与空蚀现象;1912 年,英国两艘万吨级海轮高速航行仅 9h,其螺旋桨被空蚀破坏后不能继续航行。泄洪坝等水工建筑物也发生了严重空蚀,如美国鲍尔德水利枢纽东岸泄洪隧洞在运行 4 个月后,隧洞拐弯段被空蚀破坏,形成了长 35m、宽 9.5m、深 13.7m 的巨坑[5],造成了很大损失。

鉴于空化与空蚀的危害性,需要建立专门的空化试验装置来开展相应的研究。德国于

1925 年、美国于 1934 年相继建造了水泵空化试验台。托马斯(H. A. Thomas)在 20 世纪 40 年代设计并制作了减压箱,在降低试验装置内部压力的条件下研究了泄水建筑物的空化。降低环境压力的思路为后续空化试验研究提供了基本设计原则,至今仍被大量采用。

1917 年,瑞利(O. M. Rayleigh)提出了反映球形空泡运动的动力学方程,即著名的瑞利公式。瑞利公式阐述的空泡动力学方程与 1947 年哈维(E. N. Harvey)等提出的空化核假说为空化研究奠定了理论基础。

1924 年,托马(D. Thoma)提出了空化数公式,即

$$\sigma_{TH} = \frac{NPSH_c}{H} \tag{1-1}$$

式中,$H$ 为额定水头或扬程;$NPSH_c$ 为发生空化时的净正吸入水头。

式(1-1)定义了水力机械的无量纲空化判别数。$\sigma_{TH}$ 亦称托马空化数,可广泛用作与水力机械空化相似的判别数,直至今天仍有重要的意义。

1935 年,鲁德涅夫(S. S. Rudnev)提出了空化比转数(suction specific speed)的概念。空化比转数的公式为

$$C = 5.62 \frac{n\sqrt{Q}}{NPSH_c^{3/4}} \tag{1-2}$$

式中,$n$ 为叶片式水力机械的转速;$Q$ 为流量。

虽然空化比转数是有量纲数,但它表示相似水力机械的空化特性。与托马空化数 $\sigma_{TH}$ 相比,空化比转数涵盖了更多的水力机械运行参数,可以更全面地评价水力机械的空化性能。1939 年,美国韦斯里森(G. F. Wislicenus)等人发表论文验证了式(1-2)的正确性。

1932 年,盖乃斯(N. Gaines)研制出通过高频振动产生空化与空蚀的磁激振荡器,后经汉赛克(J. C. Hunsaker)改进,被克尔(S. L. Kerr)用于多种金属和合金的空蚀破坏试验。磁激振荡器也称为磁致伸缩仪,适用于在较短时间内测试不同材料的相对耐空蚀能力,是目前研究材料耐空蚀性能的一种常用设备。

20 世纪 30 年代末期,第二次世界大战爆发。由于战争的需要,出现了鱼雷、潜艇、液体燃料火箭等新兴技术,促进了空化研究的迅速发展。空化核理论、空化结构、空化尺度效应、超空化叶栅理论等,都是这个时期的重要研究成果。

1970 年,柯乃普、戴利(J. W. Daily)和哈密脱(F. G. Hammitt)通过总结已有的空化研究成果,出版了第一部专门研究空化的著作 *Cavitation*。该书是 20 世纪 70—80 年代最重要的空化研究参考书,它的出版标志着人们对空化现象有了比较全面的了解,空化研究已经取得了里程碑式的进展。

## 1.3　空化的危害

### 1.3.1　水力机械的性能下降

水力机械是通过液流与叶片之间的能量传递来实现原动机或工作机的功能的。空化对水力机械性能的影响主要在于空化产生的空泡阻塞流道。在正常工作状态下,水力机械内的流动通畅,流场中的速度、压力等参数按照设计规律分布,机械的运行效率高。而当空化

发展到一定程度时,空泡体积增大从而对流体形成排挤作用,一方面使水力机械的有效通流面积减少、阻力增加;另一方面在空泡的下游诱发流动分离,进一步恶化水力机械的内部流动,从而使得泵、水轮机、螺旋桨等水力机械的能量转换效率降低,扬程、功率等水力性能参数急剧下降。

　　图 1-5 表示一种轴流泵在空化与非空化状态下的水力性能。图中,工况 1 为非空化状态,实线表示此工况下的流量-扬程曲线与流量-效率曲线;工况 2 为空化状态,虚线表示了空化状态下的水力性能。由于空化的发展,轴流泵内流动特性发生了很大变化,导致泵的扬程与效率均出现较大幅度的下降。

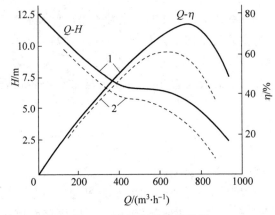

图 1-5　轴流泵的性能曲线

　　当空化发生后,水轮机中可能出现不同形态的空化,通常在水轮机流道中可见游移的空泡。图 1-6 表示混流式水轮机在不同水头与含气量下的空化性能。图中横坐标为空化数,纵坐标为以未空化状态为基准的相对效率。图例中标注“通气”表示往水轮机流道中注入空气后的情况。当空化数降低至一定数值时,水轮机效率开始下降。当水轮机流道中注入空气后,液流中空气含量增大,水轮机效率曲线的下降提前发生,且下降趋势更为显著。

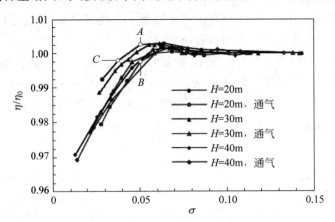

图 1-6　不同运行工况下的混流式水轮机效率[6](见彩页)

对于水力机械或其他水力设备而言,空化的影响首先体现在空泡占据流场中一定体积而阻塞流道、水力损失增加等,导致水力机械的效率下降;随着设备长时间运行,空化使得过流表面材料遭受剥蚀。由于过流表面材料的质量流失而使设备的过流表面形状被破坏,水力损失增加,水力机械的效率可能进一步下降。某大型轴流泵站的实测资料表明,在遭受严重剥蚀后,轴流泵在工作范围内的效率下降达 $10\%\sim12\%$,在两次修复之间的运转期内,平均效率下降为 $5\%\sim6\%$。

因此,空化十分不利于水力机械的高效运行。由于水力机械是量大面广的设备,空化可造成大量的能源消耗,是影响我国实现节能减排目标、践行绿色发展的重要因素之一。

空化包括了空泡生长、溃灭等一系列过程。当单个空泡在流场中运动或者大量空泡的体积发生较大变化时,势必引起流场的波动,造成速度、压力等流动参数的脉动。因此,当空化发展到一定阶段时将有可能导致流场中大幅值的压力脉动,进而诱发噪声与设备振动。

图 1-7 列出了不同工况下螺旋桨诱发的压力脉动。与非空化工况相比,螺旋桨在空化工况下产生了 3 倍以上幅值的压力脉动,而且在船体表面不同位置(如图中 P1、C、S1 点)监测的压力脉动均显著增强[7]。

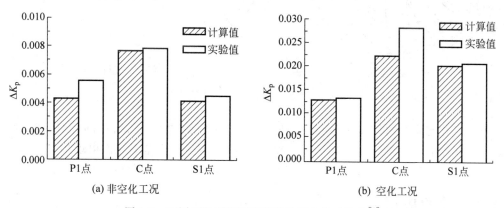

图 1-7　不同工况下螺旋桨诱发的压力脉动比较[7]

对于水轮机、泵等水力机械,空化导致的压力脉动可能使叶片产生裂纹与断裂,并引起机组的不稳定运行。因为空化诱导的压力脉动具有较低的频率,很容易诱发机组或厂房基础的共振,所以危害性极大。

由于空泡溃灭时会产生随机冲击波辐射声和空泡振动辐射声,从而引起噼噼啪啪的声音,而空化严重时甚至会产生隆隆的响声,造成设备周围的噪声污染,严重危害生产人员的健康。因此,消除或减弱空化噪声,也是水电站与水泵站运行亟待解决的问题之一。

## 1.3.2 流道壁面材料的剥蚀破坏

空化最显著的破坏作用在于空泡溃灭时产生的脉冲压力对流道的固体边壁造成的剥蚀破坏。尽管目前人们尚未完全掌握空蚀的机理,但已发现所有机器、设备和构件内部存在水动力学现象时都可能产生空蚀破坏。因而,如果无法控制空化的发生与发展,就会产生严重的、甚至灾难性的后果。如水轮机(从低比速混流式到高比速轴流式水轮机),都会受到空化剥蚀的危害。在管路系统中的泵、阀门及其配件,由于运行中流速经常变化,也会受到空化剥蚀的影响。遭受剥蚀破坏的材料,轻者表面会变得粗糙不平,如图 1-3(b)所示的泵叶片吸力面；重者材料可能会被掏空而穿孔，甚至可使整个机械或构件完全损坏而失去使用价值。

由于水电机组具有调节快速的优势，在电网中经常承担调峰填谷的任务，所以工况的频繁调节使得水轮机不能总是运行在最优状况，空化与空蚀就成为水轮机中很常见的现象。新安江、龙羊峡、六郎洞等水电站的水轮机都曾发生过很严重的空蚀，甚至出现了某台水轮机平均 12 天检修一次的情况。图 1-8 为水轮机转轮上的常见空蚀部位。因为不同型式的水轮机内部流动显著不同，因此混流式水轮机的空蚀常发生在叶片吸力面靠近出水边（$A$ 区）与下环（$B$ 区）、转轮下环的内侧（$C$ 区）、叶片吸力面靠近上冠处（$D$ 区）与转轮上冠的下侧（$E$ 区），而轴流式转轮则主要发生在叶片吸力面轮缘、转轮室靠近叶片处、轮毂表面下侧等。

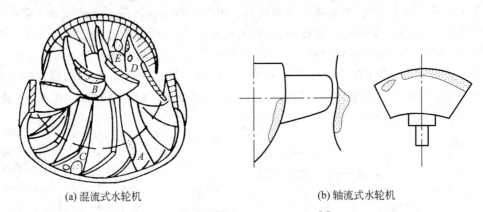

(a) 混流式水轮机　　　　　　　　　　(b) 轴流式水轮机

图 1-8　水轮机的典型空蚀部位[8]

由于空化与空蚀对许多工程问题都是有害的，所以通过主动与被动的控制方法减轻或者避免空化就非常关键。在一些重要工程的设计中，空化甚至是不允许出现的。

## 1.4　空化的应用

空化在大多数情况下是有害的。但如果能够合理设计流动系统，也可以运用空化效应达到意想不到的效果。下面列举几个方面的事例进行说明。

### 1.4.1　空化减阻

运用空化原理减阻是最常见的空化应用。超空化鱼雷就是有效运用空化减阻的典型军工装备。

图 1-9 为一种超空化鱼雷的结构示意图，由空化器与通气系统、弹体结构、战斗部、制导系统、推进系统、尾舵等组成。该鱼雷正常工作时，位于头部的空化器与通气系统向流场中吹入压缩气体，使得整个弹体结构都被气体薄层包裹。由于弹体结构只与气体接触，使得鱼雷所受到的阻力显著下降，因此鱼雷的运动速度得以大幅提升。

基于超空化的原理，苏联于 20 世纪 70 年代成功研制了世界上首枚超空化武器——"暴风"超空化鱼雷。该鱼雷的航速高达 $90 \sim 100 \mathrm{m/s}$，航程可达 $10 \mathrm{km}$。美国主要致力于超空化鱼雷与超空化高速射弹武器的研究，并成功研制了机载快速灭雷系统；而德国已成功研制"梭鱼"轻型超空化反鱼雷鱼雷（anti-torpedo torpedo）[9]。

图1-9　超空化鱼雷的结构[9]

## 1.4.2　空化在生物医疗领域的应用

在临床医疗方面,借助空泡溃灭时产生的微射流,可以实现基因治疗、癌症的靶向治疗、破碎(肾、尿道等)结石、向眼球等特殊器官输送药物等。

图1-10表示基于空化原理向肿瘤组织输送药物的过程。通过静脉注射,有时仅0.7%的药物被送至肿瘤组织,而大部分药物被正常组织吸收而产生副作用。所以需要研究更为安全而高效的药物输送方法。如图1-10所示,当超声波作用于纳米药物小球时,小球内的液态药物由于空化作用爆破,以高速微射流的形式被送入肿瘤组织内部。因此,空化辅助药物输送的效率极高,而对人体的副作用则显著下降。与低频超声波(low frequency ultrasound)相比,高强度聚焦超声(high-intensity focused ultrasound,HIFU)的能级更高,可以改变细胞外基质(extra cellular matrix,ECM)结构来提高细胞膜的穿透性,输送药物的效率更好,治疗效果更佳。

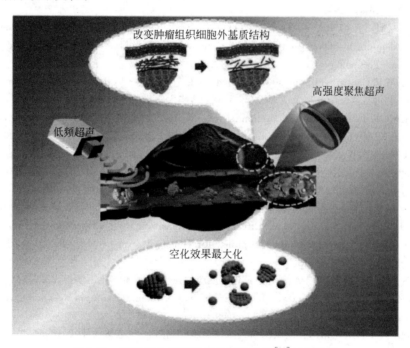

图1-10　基于空化原理的纳米药物输送[10](见彩页)

此外,空化可以促进溶解在水中的空气成分(如$N_2$、$O_2$)发生自由基裂解反应,产生N·和O·自由基;在空化作用下水被分解,产生H·和OH·自由基。实践表明,这两方面作用可以使得植物获得更好的营养。所以,使用经空化作用处理的水可以促进植物生长。

### 1.4.3　空化在其他领域的应用

空化可以强化化学反应[11]。目前,空化已经被应用于污染物降解与水处理,如降解石油废水、苯酚和二甲苯,杀菌、杀死浮游生物等。这些应用的原理在于:当液体中发生空化时,空泡溃灭产生的局部高温、高压环境使有机物发生化学键断裂、水相燃烧、高温分解或自由基反应[12]。

对于一些特殊的管道或容器而言,超声波清洗是比较有效的方法。如果利用超声波诱导的空化效应则可获得更好的清洁效果。

掺气减蚀也是一种运用空化的工程技术。为了防止空蚀对结构造成破坏,在特定部位通入一定量的气体可以达到减轻或者避免材料结构损伤的目的[13],该现象将在第 7 章详细论述。类似技术可用于水工建筑物、大型海洋平台及海洋构件的防护。

随着空化研究的深入,空化在未来必将获得更广泛的应用。

# 参考文献

[1]　柯乃普 R T,戴利 J W,哈密脱 F G.空化与空蚀[M].水利水电科学研究院,译.北京:中国水利水电出版社,1981.

[2]　BRENNEN C E. Hydrodynamics of Pumps [M]. Vermont: Concepts ETI, Inc. and Oxford University Press, 1994.

[3]　FUKAYA M,TAMURA Y,MATSUMOTO Y. Prediction of cavitation intensity and erosion area in centrifugal pump by using cavitating flow simulation with bubble flow model[J]. Journal of Fluid Science and Technology, 2010, 5(2): 305-316.

[4]　GÜLICH J F. Centrifugal pumps[M]. 2nd ed. Berlin: Springer-Verlag Berlin Heidelberg, 2010.

[5]　黄继汤. 空化与空蚀的原理及应用[M]. 北京:清华大学出版社,1991.

[6]　AVELLAN F. Introduction to cavitation in hydraulic machinery[C]. The 6th International Conference on Hydraulic Machinery and Hydrodynamics, Timisoara, Romania, October 21-22, 2004: 11-22.

[7]　JI B,LUO X W,WANG X, et al. Unsteady numerical simulation of cavitating turbulent flow around a highly skewed model marine propeller[J]. Journal of Fluids Engineering, 2011, 133(1): 011102.

[8]　罗先武,季斌,许洪元. 流体机械设计及优化[M]. 北京:清华大学出版社,2012.

[9]　宋建国. 基于反馈线性化的超空泡航行体控制研究[D]. 哈尔滨:哈尔滨工业大学,2011.

[10]　HAN H, LEE H, KIM K, et al. Effect of high intensity focused ultrasound (HIFU) in conjunction with a nanomedicines-microbubble complex for enhanced drug delivery[J]. Journal of Controlled Release, 2017, 266: 75-86.

[11]　张晓冬,李志义,武君,等. 水力空化对化学反应的强化效应[J]. 化工学报,2005,56(2): 262-265.

[12]　LI P,SONG Y, YU S L, et al. The effect of hydrodynamic cavitation on microcystis aeruginosa: Physical and chemical factors[J]. Chemosphere, 2015, 136: 245-251.

[13]　孟凡理. 猴子岩水电站深孔泄洪洞掺气减蚀设施研究[J]. 水电站设计,2018,34(1): 73-75.

# 第2章

# 空化数、空化核及空化类型

## 2.1 空化数

### 2.1.1 空化数的物理意义

第 1 章已经介绍了空化相关的基本概念,以及托马空化数 $\sigma_{TH}$。为易于理解空化数的普遍物理意义,这里给出一般意义上空化数的表达形式

$$\sigma = \frac{p_\infty - p_v(T)}{\rho U_\infty^2/2} \tag{2-1}$$

式中, $p_\infty$ 和 $U_\infty$ 是流场中某参考截面处未扰动流体的静压和速度; $\rho$ 和 $p_v$ 分别是液体的密度和饱和蒸气压,其中 $p_v$ 是液体温度 $T$ 的函数。

式(2-1)中的空化数表征液体流场中发生空化的难易程度,或者说是液体发生空化的潜在可能性。式中,分子 $[p_\infty - p_v(T)]$ 是度量液体静压偏离饱和蒸气压的程度。该值越大表示越远离饱和蒸气压,液体中越难发生空化。分母 $\frac{1}{2}\rho U_\infty^2$ 则是动压头,是水动力空化中提供能量促使空化发生的因素。根据伯努利方程可知,在总压一定的情况下,动压头越大,静压越小,流场中越容易产生空化。

实际上,式(2-1)与水力机械中常用的托马空化数 $\sigma_{TH}$ 的表达式在本质上是一致的。式(1-1)中的分子 NPSH 是水力机械装置的净正吸入水头,而分母 $H$ 则是额定水头或扬程,它们可以分别表述为

$$NPSH = H_R + H_a - H_v \tag{2-2}$$

$$H = H_R + \frac{1}{2g}v_R^2 \tag{2-3}$$

式中, $H_R$、 $H_a$ 和 $H_v$ 分别代表流场中某参考点 R 的压力水柱高、大气压力水柱高和水的饱和蒸气压力水柱高; $v_R$ 是参考点 R 的流速。

显然,式(1-1)的分子与分母也分别表征了静压偏离饱和蒸气压的程度,以及液体提供能量促使空化发生的水动力学因素,所以与式(2-1)类似。

在物理意义上,空化数就是抑制与促进液体中空化的两个水动力学因素之比。所以,空化数 $\sigma$ 越大,流场中越难发生空化;空化数 $\sigma$ 越小,越容易发生空化。当流场中发生空化后,空化数越小,空化程度越剧烈。

### 2.1.2　压力系数与空化数

如果分析式(2-1)给出的空化数表达式,可以发现空化数的定义与压力系数在形式上非常相似。压力系数 $C_p(x)$ 是表征流场中某点 $x$ 处压力 $p(x)$ 的无量纲参数,是欧拉数 $Eu$ 的一种表达形式,其定义为

$$C_p(x) = \frac{p(x) - p_\infty}{\rho U_\infty^2/2} \tag{2-4}$$

式(2-4)定义的压力系数是纯粹的流体动力参数。而空化数虽然在形式上与压力系数类似,但空化数定义式中分子的第二项饱和蒸气压 $p_v$ 不是流动参数,而是一个物理性质参数,反映了空化是物质相变的内在本质。因此,压力系数 $C_p$ 与空化数 $\sigma$ 在本质上是不同的。

不过,压力系数与初生空化有密切联系。若流场中的最低压力 $p_{\min}$ 达到液体的饱和蒸气压力 $p_v$ 时,在最低压力点附近的液体就会发生空化,即

$$C_{p\min} = \frac{p_{\min} - p_\infty}{\rho U_\infty^2/2} = \frac{p_v - p_\infty}{\rho U_\infty^2/2} = -\sigma_i \tag{2-5}$$

式中,$\sigma_i$ 为初生空化数。

因而,式(2-5)可直接表示为

$$\sigma_i = -C_{p\min} \tag{2-6}$$

上式说明,当流场中刚刚发生空化时,最低压力系数的负值就等于初生空化数 $\sigma_i$。

### 2.1.3　空化数的应用

空化数是空化的研究和应用中最重要的参数。空化数不仅可以用来度量液体流动是否发生空化和空化剧烈程度,同时空化数也是开展空化现象模拟的相似准则。

实际工程中,常用初生空化数来衡量液体流动是否发生空化。初生空化是指液体从无空化到有空化的转化状态,是流动从全湿状态到空化状态的转折点,该流动状态下的空化数称为初生空化数 $\sigma_i$。而且空化数是对空化状态的量化描述,即基于空化数与初生空化数,可以判断液体处于何种流动状态:

当 $\sigma > \sigma_i$ 时,流动无空化,或称全湿流动。

当 $\sigma = \sigma_i$ 时,流场中出现空化,即初生空化(incipient cavitation)。当流场中从空化状态向无空化转变时,该临界点称为空化消失(desinent cavitation)。空化消失时的空化数称为消失空化数 $\sigma_d$。当 $\sigma = \sigma_d$ 时,空化消失。

当 $\sigma < \sigma_i$ 时,空化发展。

当 $\sigma \ll \sigma_i$ 时,空化充分发展,或出现超空化。

确定初生空化数是空化的研究和应用中一件非常重要且具有很大挑战性的工作。理论上从空化数的定义出发,在液体和温度一定的情况下,可以通过调整来流速度或来流压力获得初生空化数。在试验室中,一般固定来流水速,在全湿状态下逐步降低系统压力同时观察

流动状态,空化出现时的临界空化数即为初生空化数 $\sigma_i$。有时也可从空化状态下开始,逐步提高系统压力使空化逐步消失,这种空化从有到无的临界空化数即为消失空化数 $\sigma_d$。对于水力旋转机械,可以在固定来流速度和压力的情况下,逐步提高旋转速度来获得初生空化数。

为了避免空化或抑制空化,防止空化造成的危害,确定初生空化数具有重要的工程意义。但在实际工程环境下,一般不易直接观察到流动状态,因而难以依据目测确定初生空化。水力机械行业常根据设备性能变化来判断空化程度。图 2-1 中,横坐标为托马空化数 $\sigma_{TH}$,纵坐标分别为有空化与无空化时泵的相对扬程 $H/H_0$,以及泵进口的噪声水平 $L_{ns}$。当空化引起泵的扬程下降(或者螺旋桨推力降低、水轮机效率下降)时,流动已处于空化发展或充分发展状态,此时的流动已经远离初生空化状态,也就是说当扬程陡降时的空化数与初生空化数相差甚远。鉴于初生空化时游离空泡溃灭会引起比较明显的噪声,初生空化与流场中噪声声压级飙升有较好的对应关系,所以工程上可通过监测噪声的方法来确定初生空化数。但由于不同类型空化的噪声特性不同,而且测量环境也影响测量信号的信噪比,因而大多数实际情况下采用噪声测量法获得准确的初生空化数仍然存在较大的困难。

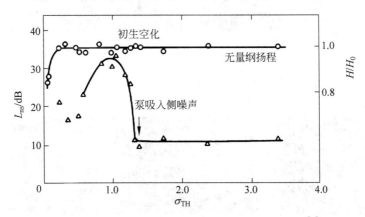

图 2-1 离心泵扬程与吸入侧噪声随空化数的变化[1]

在相似的流场条件下,理论上相同的空化数对应相同的空化状态,这也是模型试验的理论基础,但在实践中常出现偏差,这就需要考虑空化数的尺度效应。

### 2.1.4 空化的尺度效应

广义的空化尺度效应是指在几何相似和运动相似的前提下,在相同空化数条件下产生的空化现象存在可辨识的偏差。一个典型的例子是德国学者凯勒(A. P. Keller)给出的 NACA 16020 水翼梢涡空化的尺度效应[2],如图 2-2 所示。图中,横坐标为试验水翼的尺度,纵坐标是空化数。图中曲线表示不同尺度的水翼对应的初生空化数;三条横线分别表示在三组相同空化数下,不同尺度的水翼呈现出明显不同的空化状态。从图中可以看出,对于几何相似但尺度不同的水翼,初生空化数随尺度的增大而增大,说明尺度大的模型更易发生空化;在相同的空化数下,水翼的尺度越大,空化程度越强烈,说明空化数的尺度效应非常显著。图 2-3 表示在来流速度 $v_\infty = 11m/s$,空化数 $\sigma = 2.18$ 时,三种不同尺度 NACA 16020 水翼的空化形态。其中,$L=50mm$ 的水翼下端刚出现梢涡空化;$L=100mm$ 的水翼不仅在下端发生了梢涡空化,而且在翼型背面进口边附近已经附着了成片的固定型空化;$L=200mm$ 的水翼下端的梢涡空化直径明显增大,而且在翼型背面的固定型空化已经充分发展,并伴随有不稳定的空泡脱落现象。

图 2-2 与图 2-3 的结果说明,几何相似、空化数相同并不能保证水翼空化现象相似,水翼尺度对空化有明显的影响。因此,式(2-1)给出的空化数虽然抓住了空化的基本特征,但并不能完全反映影响空化的所有因素。

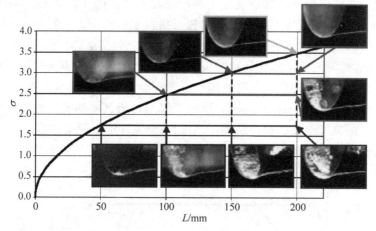

图 2-2　梢涡空化尺度效应[2](见彩页)

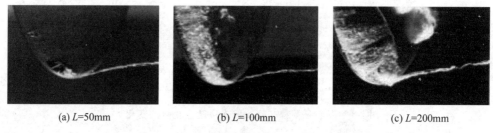

(a) $L=50mm$　　　　　(b) $L=100mm$　　　　　(c) $L=200mm$

图 2-3　不同尺度水翼的梢涡空化[2](见彩页)

狭义的空化尺度效应是指初生空化的尺度效应,即实际的初生空化数与式(2-6)中最低压力系数的负值之间存在偏差。已有研究表明,引起空化尺度效应的原因主要有两个:一是液体的黏性效应,二是液态流场中的空化核及其特性不同。

体现流体黏性影响的主要参数是雷诺数。实际研究中,通常在缩比模型试验(即缩小尺度的模型试验)中难以达到原型试验的雷诺数,这种雷诺数差异有时达到几个数量级。对于漩涡初生空化的尺度效应,麦考密克(B. W. McCormick)得出了初生空化数与雷诺数的 $n$ 次方成正比的半经验公式[3],即 $\sigma_i \propto Re^n$,$n=0.35$。在随后的研究中发现对不同的试验环境,$n$ 值并非一成不变[4]。对于发生在物体表面的空化,雷诺数会影响边界层状态,包括层流到湍流的转捩形式,缩比模型试验中层流区会较原型试验相对更长等。物体表面的平均粗糙度和局部粗糙度影响边界层的发展,当然也是造成空化尺度效应的重要因素[5]。需要特别指出的是,传统的空化数计算公式中采用流场局部静压时只考虑了平均压力,并不包含脉动压力,而流场局部的脉动压力显然对初生空化有不可忽视的影响。由此也造成缩比模型试验与原型试验中初生空化数的偏差。

空化核影响初生空化的情况更加复杂。从空泡动力学的观点看,空化是空化核在低压区生长发育的结果,空化核造成初生空化尺度效应的原因主要在于:①不同环境下,液体中可能存在不同的空化核谱,即流场中空化核总量以及不同尺度空化核的分布曲线不同;②不同尺度模型中,相同尺度的空化核在低压区生长的时间不同,使得空化核成为可见空泡的机会不同。图 2-4 的结果表明,不仅不同阶段离心泵空化的临界值不同,而且初生空化数与泵扬程开始轻微下降时的临界空化数都随着流场中含气量的增加而增大。然而,离心泵扬程陡降时的临界空化数与含气量基本无关。这是由于离心泵扬程陡降时,流场中的空化已经充分发展,空化核含量对空化状态的影响很小。

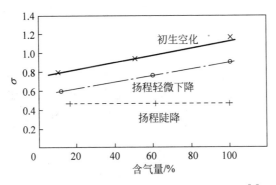

图 2-4　离心泵临界空化数与空气含量的关系[1]

## 2.2　液体中的空化核

### 2.2.1　空化核与空化

空化核的概念源自人们对初生空化机理的研究。实验室空化研究发现在某些情况下液体压力降低到液体温度对应的饱和蒸气压 $p_v$ 时并没有发生空化,即空化发生时的液体压力实际上低于饱和蒸气压。早期人们对液体相变的研究已经发现,静止的纯净液体具有很大的抗拉强度,很难发生空化,这与大多数实际水体中观察的结果并不一致。纯净液体具有很大抗拉强度的事实与实际工程中一般在饱和蒸气压附近发生空化的认识之间存在矛盾,这说明实际液体中必定存在着某些薄弱环节,正是这些薄弱环节使自然界中的真实液体不能抵抗拉力,当液体的压力降低到某一定值时,相变首先从这些薄弱环节处发生,即首先在这些部位发生空化。这些薄弱环节就称为"空化核"。

虽然如何使空化核稳定存在于液体中是尚未完全解决的问题,但液体中含有不可凝结气体的游离气泡,这些游离气泡是主要的空化核这一事实已经成为空化研究中的共识,也是空化研究和应用的重要理论基础。为了说明空化核在液体中的存在状态,首先讨论在静止液体中处于静平衡状态下的空化核的受力情况。假设空化核为球形气泡,简称为球泡。图 2-5 中,球泡半径为 $R$,$p$ 为作用于球泡外壁的液体压力,$p_n$ 为作用于球泡内壁的压力,包括蒸气分压 $p_v$ 和不可凝结气体的分压 $p_g$。如果只考虑球泡左半部分的静力平衡,则可建立如下方程:

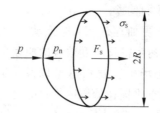

图 2-5　球泡的静力平衡

$$\pi R^2 (p_v + p_g) = \pi R^2 p + 2\pi R \sigma_s \tag{2-7}$$

式中，$\sigma_s$ 为表面张力系数，单位为 N/m；公式右端第二项表示表面张力 $F_s$，$F_s = 2\pi R \sigma_s$，它作用在球泡中心，如图 2-5 所示。

将上式合并同类项，则可简化为

$$p = p_v + p_g - \frac{2\sigma_s}{R} \tag{2-8}$$

假设球泡内不可凝结气体服从理想气体状态方程，即 $p_g = NT/R^3$，其中 $N$ 为气体常数。将不可凝结气体的分压 $p_g$ 的表达式代入式(2-8)中，则可得

$$\frac{NT}{R^3} - \frac{2\sigma_s}{R} = p - p_v \tag{2-9}$$

上式表示空化核尺度，即球泡半径为环境压力 $p$ 的函数。图 2-6 表示空化核半径随环境压力的变化情况。图中，横坐标表示空化核半径 $R$，纵坐标表示压力 $p$。

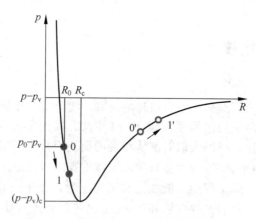

图 2-6　环境压力与空化核半径的变化关系

由式(2-9)可知，当 $\mathrm{d}(p - p_v)/\mathrm{d}R = 0$ 时可得空化核的临界半径 $R_c$ 与临界压力 $(p - p_v)_c$ 分别为

$$R_c = \sqrt{\frac{3NT}{2\sigma_s}}$$

$$(p - p_v)_c = -\frac{4\sigma_s}{3R_c} \tag{2-10}$$

以 $R = R_c$ 为界，可将图 2-6 中的曲线分成两部分：在空化核半径较小的阶段(即曲线的左侧部分)，空化核尺度随环境压力降低而缓慢增长。当外部压力稍微下降时，半径 $R_0 (R_0 <$

$R_c$)的空泡发生膨胀,空泡半径增大为 $R_1$。此时,空泡内气体压力与表面张力均减小,但表面张力比气体压力下降更快,使得空泡因内部压力降低而收缩;在空化核半径较大的阶段(即曲线的右侧部分),当处于状态"0′"的空泡发生膨胀时,由式(2-9)可知作用在泡壁处的压力随空泡半径增大而增大,空泡迅速朝状态"1′"转化。因此,当空化核半径大于临界值 $R_c$ 后,空化核在低压环境中会出现爆发性生长,通常称为空化核的空化。

若球泡内只含蒸气而没有不可凝结气体时,$R_c=0$。由式(2-10)可知,如果有这样的球泡存在,就必须使外界压力 $p$ 降为 $-\infty$,实际上就意味着液体不可能发生空化。这从另一个侧面说明液体中含有不可凝结气体的游离气泡是空化发生的基本条件。

### 2.2.2 空化核模型

通常情况下,游离气泡在静止液体中不能稳定存在,而是会在浮力作用下上浮并从自由表面逸出,或在表面张力作用下逐渐被溶解。如 $R=10\mu m$ 的空气泡,仅 5.6s 就完全溶解于 22℃ 的饱和水;$R=100\mu m$ 的空气泡,1.5h 才能完全溶解,但在浮力作用下却能以 15mm/s 的速度上浮,并很快消失。而对于半径 $R$ 很小的气泡,由式(2-8)可知液体表面张力项的数值很大,使得气泡很快被溶解。因而,在静止的液体中,游离气泡不能稳定存在。既然液体中的空化核不能稳定存在,那么空化发生的前提条件还能成立吗?

为了解决上述疑问,人们提出了一些空化核模型来解释气泡可以稳定存在于液体中,其中最著名的是固壁缝隙模型。图 2-7 表示在固体颗粒或绕流物体表面缝隙中未被溶解的一些气体,如果这些固体表面是疏水性的,在缝隙中的气体就会形成一个朝内凹陷的自由表面。图 2-7(a)中,处于平衡状态的气泡处于夹角为 $2\alpha$ 的锥形缝隙中,凹形自由表面的平衡态接触角为 $\theta_{e0}$,且 $\theta_{e0}>\pi/2+\alpha$。此时,表面张力阻止液面进入缝隙(即图 2-5 中 $F_s$ 的方向指向相反的方向),则气泡的静力平衡方程式(2-8)变为

$$p=p_v+p_g+\frac{2\sigma_s}{R_{e0}} \tag{2-11}$$

式中,$R_{e0}$ 为液体与气体界面的曲率半径。

在式(2-11)中,通常可假设 $p_v$、$\sigma_s$ 与界面曲率半径 $R_{e0}$ 无关。因此,界面曲率半径 $R_{e0}$ 将由气泡周围的液体压力 $p$ 与气体压力 $p_g$ 之差($p-p_g$)确定。

当周围液体压力 $p$ 突然增大(相对平衡状态)、泡壁的平衡状态被打破时,如果不考虑气体扩散则相间界面将向气体内部推进,气泡向新的状态过渡,如图 2-7(b)所示。在过渡状态下,新的接触角 $\theta_b>\theta_{e0}$,界面曲率半径 $R_b$ 变小,即 $R_b<R_{e0}$,由于气体体积减小,$p_g$ 逐步增加,最终达到如图 2-7(c)所示的新平衡状态。此时,由于缝隙的壁面性质不变,则接触角 $\theta_c\approx\theta_{e0}$;界面曲率半径 $R_c$ 小于 $R_{e0}$,式(2-11)中的表面张力项增大,气体压力 $p_g$ 增加,所以气泡自动建立了如式(2-11)所示的静力平衡。此外,由于存在表面张力,$R_c$ 不可能等于零。

而当周围液体压力 $p$ 突然下降(相对初始平衡状态)时,相间界面将向液体内部推进。此时,气泡从图 2-8(a)所示的初始平衡状态进入图 2-8(b)所示的过渡状态。由于气泡体积增大,气体压力 $p_g$ 逐步减小,界面曲率半径 $R_d$ 变大($R_d>R_{e0}$)。最终界面曲率半径 $R_f>R_{e0}$,表面张力项减小,气体压力 $p_g$ 减小,此时的受力关系仍能满足式(2-11),即满足新的静力平衡。

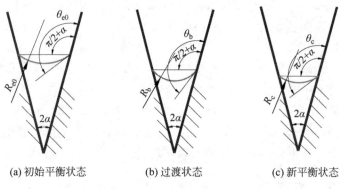

(a) 初始平衡状态    (b) 过渡状态    (c) 新平衡状态

图 2-7  物体表面缝隙中气泡的状态（$p$ 增大）

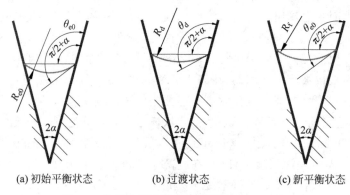

(a) 初始平衡状态    (b) 过渡状态    (c) 新平衡状态

图 2-8  物体表面缝隙中气泡的状态（$p$ 减小）

因此，液体中的游离气泡（空化核）总是处于不稳定的运动状态，又能够达到新的平衡状态。可以认为，液态流场中的游离气泡总能处于稳定的动平衡状态。

基于上述假设的空化核模型是哈维（E. N. Harvey）于 1947 年提出的，可用于解释空化核的成因[6]，当液体压力 $p$ 进一步下降使物体表面缝隙中气泡体积膨胀并超过缝隙体积时，溢出的气体进入流场，从而形成自由空化核。

### 2.2.3  空化核谱

一般工程实际中出现的空化并不是单一空化核空化的结果，而是空化核群共同作用的结果，这就需要引入空化核谱的概念。空化核谱是指液体中不同尺度空化核的数量及分布，空化核谱因不同的环境因素而不同，而环境因素包括不同水域（海域）、温度、压力、水中其他杂质的差异等。空化核谱对空化现象有重要影响，特别是影响初生空化，以及初生空化之后的空化发展。例如在其他条件不变的情况下，拥有较多和较大空化核的液体更容易发生空化。

空化核谱的表征需要两个参数，即空化核的尺度 $R_{0j}(j=1,2,3,\cdots)$，以及对应各个尺度空化核的数目密度 $N_j(j=1,2,3,\cdots)$。空化核数目密度函数定义为

$$N_j(\bar{R}_{0j}) = \frac{\displaystyle\int_{R_{0j}}^{R_{0j}+\Delta R_{0j}} N_j(R_{0j})\mathrm{d}R_{0j}}{\Delta R_{0j}}$$

$$\overline{R}_{0j} = \frac{1}{2}[R_{0j} + (R_{0j} + \Delta R_j)] \qquad (2\text{-}12)$$

式中,$\overline{R}_{0j}$ 为尺度位于 $R_{0j}$ 与 $R_{0j} + \Delta R_{0j}$ 之间的空化核平均半径。

图 2-9 是在中国船舶科学研究中心测量的三种不同播核压力下的空化核谱[7]。当改变播核压力 $p'_s$ 时,不同直径 $D_b$ 的空化核密度分布存在显著的差别。播核压力越大,主要空化核成分(直径 $D_b$ 为 $30\sim50\mu m$ 的空化核)的数量越大。当 $p'_s = 0.8\text{MPa}$ 时,每立方米水体中直径 $D_b$ 为 $30\mu m$ 的空化核数量超过 2 亿,这充分说明自然界水体中可存在数量巨大的空化核。

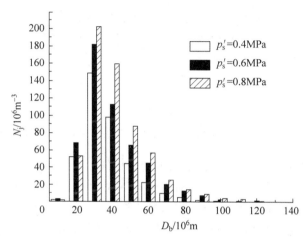

图 2-9 三种不同播核压力下的空化核谱[7]

### 2.2.4 空化核的尺度效应

空化核的尺度效应是指在流动相似的条件下,由于空化核谱的不同引起空化现象的差异。空化核的尺度效应可以分为两种情况,一种是同一设备(试验模型)在不同水质下试验时空化现象的差异,另一种是不同尺度的试验模型在同样水质下空化现象的差异。

对于同一设备(试验模型)在不同水质下的尺度效应,主要考虑不同的水源、不同的温度及不同性质的水中杂质,使得水中空化核谱存在差异。例如,船舶在不同水域、不同水深及不同季节与环境中空化核谱不同的条件下行驶,螺旋桨会出现不同的初生空化数;同样型号与规格的水泵安装在不同的工作环境,即使在同样的工作条件下运行时,也可能出现不同的空化现象。图 2-10 表示相同的模型在不同试验装置中测得的初生空化数据存在显著差异。图中,英文表示试验装置所属研究机构名称及试验模型代号。

不同尺度的试验模型在同样水质下空化的差异主要是由于空化核运动中发育时间历程不同而引起的。与小尺度模型相比,大尺度模型或原型试验情况下,空化核有较长的生长发育时间,所以比较容易发生空化。这里需要引入"有效核"的概念。"有效核"亦称"筛核效应",即对于确定的试验模型在一定的流动条件下并不是所有的空化核都可以空化,不同尺度模型在不同的流速下可以发育成为空化的空化核尺度不同,大尺度模型试验时可以发育成为空化的空化核谱更宽,充足的生长时间使得较小的空化核也有机会膨胀而空化;但是小尺度模型试验则不然。由于压力场对空化核的"筛选"作用,在来流中总数为 $N$ 的全部空化核

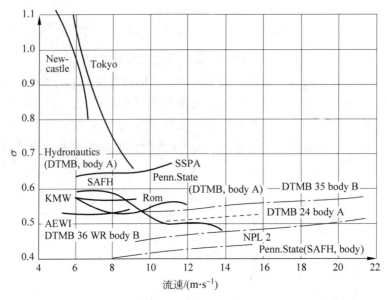

图 2-10　相同试验模型在不同水洞中初生空化数的测量结果[8]

中,只有初始半径位于 $R_{0L} < R_0 < R_{0H}$ 范围内的空化核才对空化事件做贡献,因此处于这个范围内的空化核称为有效核,其中 $R_{0L}$ 为有效核半径的低阈值,$R_{0H}$ 为有效核半径的高阈值。

　　为了消除空化核的尺度效应,勒科弗尔(Y. Lecoffre)等人从水轮机模型试验中总结出模型试验时与原型空化试验相当的水中空化核数量 $N_m$[9],即所谓"$\lambda^3$ 律":

$$N_m = \lambda^3 N_p \tag{2-13}$$

式中,$\lambda$ 为试验模型与原型的几何缩比;$N_p$ 为原型试验中的水中空化核数量。

　　也有学者从对空化有影响的"有效核"概念出发,在考虑速度效应及空化核谱规律后,提出了更一般性的模型试验中水中空化核数量的计算公式[10]:

$$N_m = \lambda^{-2\vartheta(a_0+1)} N_p \tag{2-14}$$

式中,$\vartheta$ 为模型试验的速度缩比;$a_0$ 是空化核谱分布函数 $N_j(R_{0j})$ 中的幂指数。

　　原则上,要通过缩比模型试验预报原型试验中的空化,就需要在模型试验的水中播种空化核。但同时需要指出的是,大部分缩比模型试验中空化核数目不够的主要原因,归根结底在于空化核的生长时间不够,即空化核在流场中的允许生长时间小于空化核的必要生长时间。所以,即使考虑了几何缩比引起的空化核谱变化,也不一定能够完全避免空化核的尺度效应。

　　另一方面,不同的空化类型对空化核的敏感度也不同。一般而言,固定型片空化对空化核不敏感,即对于附着在壁面上的固定型片空化,空化核尺度效应不明显;而对于漩涡型空化,空化核尺度效应的影响较大,不可忽略。

## 2.3　空化的分类

### 2.3.1　空化的分类方法

　　空化现象因环境条件不同会呈现不同的状态和类型。由于区分空化类型的原则和目的不同,实际工程应用中常出现不同的空化分类方法。例如针对不同的液体介质因素、不同的机械装置和空化部位、不同的空化形成动力因素、不同的空化阶段、不同的空化发展形态等均可分类。下面分别进行简要说明。

（1）对于液体介质因素，水是自然界中最常见的液体，而水利行业、造船行业、水力机械设备行业遇到的空化问题最多，研究也最集中。但除水以外的其他液体如各种油脂、血液、低温流体（如液氢、液氧、液氮、液态钠等）中也同样存在空化问题。根据发生空化的实际设备或结构，可以分为水翼空化、叶片空化、船舶螺旋桨空化、水中兵器雷头空化与弹肩空化、水力机械中水泵空化与水轮机空化、水工结构中的挑坎空化、泄洪洞空化、阀门空化、孔板空化，以及各类液体发动机喷嘴空化等。这些分类方法常用在不同的应用场合，并不能反映空化的本质。

（2）从空化产生的动力因素区分，一般可分为水力空化、能激空化、通气空化等。水力空化亦称水动力学空化，是液体流动过程中最常见的空化现象，即液体流过实际物体时在其表面或者附近产生的空化。水力空化产生的原因一般是当液体流经物体表面时，由于固体结构的某种限制作用，使得固体表面流速上升、压力降低，或产生漩涡后涡心压力降低，当压力降低到临界压力时就会产生空化。

能激空化可分为超声空化和光激空化。超声空化是指液体在超声波作用下压力振荡所激发的空化。当超声波在液体中传播时，液体中的微小空化核（不可凝结气体）受到声波密集相正压和稀疏相负压的交替循环作用。当声波处于稀疏相位（负压）时，液体内局部区域出现拉力而形成负压使空化核生长，同时压力的降低使液体中溶解的气体处于过饱和状态从而向空化核内扩散，也使空化核生长；而当声波处于密集相位（正压）时空化核缩小。但由于在一个周期的正负压力交替变化中，气体的溶解与气体的扩散并不完全对等，即正压时从空化核内向液体中扩散的气体量小于负压时从液体中向空化核内扩散的气体量，这就是所谓的"正交扩散"效应。"正交扩散"效应使得空化核不断生长，当空化核生长到临界尺度时液体中就会发生空化。光激空化则是采用激光或电火花给液体内的局部区域输入集中能量，使液体局部过热而激发的空化。

通气空化并非严格意义上的空化。由于工程或者研究的需要，有时候需要通过人工的方式向液体中通入不可凝结气体，这种方式发生的空化称为通气空化，也可将通气空化归类于非相变型空化。一般情况下，通气的目的是抑制空化，即针对液体中已经发生了空化的情况，通入不可凝结气体可以迅速抑制空化，在物体结构上形成完全包裹其表面的超空泡来达到减小阻力、防止空蚀、减小空化引起的结构振动等目的。在特定情况下，为了区分非相变型的通气空化，有时将常规的相变型空化称为自然空化。显而易见，通气空化与自然空化的性质有很大的差异。

在实际工程中，最常见的空化当属水力空化。水力空化中的空化类型一般依据空化形态进行分类，这主要是由于空化形态往往与流动特性相关，这样分类有利于从流体力学的角度研究和掌握空化的本质和特性。根据空化的形态特征，水力空化可分为游移型空化、固定型空化、漩涡型空化和振荡型空化四种类型。其中，固定型空化的形态还会根据流动条件变化而演化，可细分为片空化、云空化、超空化等。需要特别指出的是，实际工程中出现的空化现象并不一定是出现单一空化类型的简单现象，而经常是同时出现或交替出现多种空化类型的复杂现象。下面详细讨论这几种常见的水力空化。

### 2.3.2　游移型空化

游移型空化(traveling cavitation)是由在液体中移动且孤立的瞬态空泡或空泡群组成的空化现象,其显著标志是空泡随着液体的流动而移动,空泡在移动过程中随着流场的压力变化而膨胀、收缩和溃灭。

水翼或叶片上的泡状空化(bubble cavitation)是典型的游移型空化,如图 2-11 所示。游移型空化通常发生在小攻角的情况下,是来流中的空化核流经水翼背面低压区生长发育的结果。此时,水翼背压面的逆压梯度不大,流动无明显分离,而来流中有较丰富的空化核。

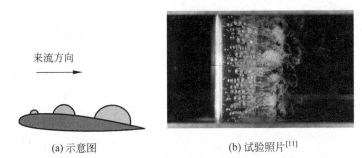

来流方向

(a) 示意图　　　　　(b) 试验照片[11]

图 2-11　水翼表面的游移型空化

文丘里管中也可以生成游移型空化。来流中的空化核在文丘里管喉部低压区发展为空泡并向下游移动,在喉部压力一定的情况下,只有大于某个尺度的空化核才能空化,文丘里测核方法就是利用了这一原理测量来流中的空化核谱。但是如果文丘里管喉部的下游扩散角过大时,容易发生流动分离,也可能出现固定型空化。

### 2.3.3　固定型空化

固定型空化也称附着型空化(attached cavitation),是指附着在固体边界上的空化,空泡有较明显和相对固定的边界。由于固定型空化的空泡长度一般小于物体的特征长度,又被称为部分空化(partial cavitation)。发生在水翼或水力旋转机械叶片上的固定型空化常称为片状空化(sheet cavitation)或片空化。图 2-12 给出了水翼和水下回转体上固定型空化的形态。图 2-13 表示火箭发动机透平泵诱导轮叶片表面的片空化,由于空泡占据了流道中的有效过流面积,引起流场发生较大的变化,所以固定型空化的出现会影响水力机械的水动力性能,导致较大的流动损失。

固定型空化的特征如下:

(1) 固定型空化的形成、空化形态一般与当地全湿流场物面的压力分布特性有关,常形成在强烈逆压梯度的下游。

(2) 固定型空化的空泡长度与空化数、物体几何参数等有关。如绕水翼的固定型空化就和空化数与 2 倍攻角的比值 $\sigma/(2\alpha)$ 密切相关。

(3) 固定型空化的前缘形态相对稳定。对有尖锐突起的物面,空化前缘固定在分离点;对平滑物面,空化前缘则在流动分离点或转捩点附近。

(4) 固定型空化的空泡尾部闭合在物面上,闭合区的液体压力与空泡内压力的不平衡造成空泡尾部闭合区的不稳定。由于闭合区的液体压力大于空泡内压力,该压力差引起液体向空泡内逆向流动,即形成所谓的"反向射流",使固定型空化发生不规则脱落,空泡长度产生大幅度的振荡。

(5)固定型空化发生不规则脱落,形成云空化。所以,在一定条件下,相对稳定的固定型空化与云空化同时存在。

(a) 水翼[12]　　　　　　　　　(b) 回转体[11]

图 2-12　固定型空化

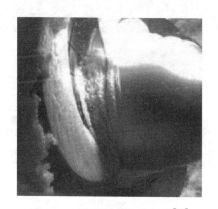

图 2-13　诱导轮中的片空化[12]

云空化可视为固定型空化的一部分。云空化(cloud cavitation)也称为雾状空化或云雾空化(cloudy cavitation),是指由大量微气泡群和水混合而成的空化现象。云空化容易引发噪声、振动、空蚀等不良后果,其形成、发展、溃灭规律及其控制方法备受关注,但目前对云状空化流动结构及其演化的认识还十分有限,有关云空化的物理模型和模拟方法仍在不断发展和完善之中。

图 2-14 为绕水翼云空化的典型情况。其中图 2-14(a)为某时刻的瞬态云空化照片,由图可知,云空化现象涵盖了水翼表面头部附近的固定型空化,空化发展后与水翼壁面的分离,以及空泡在水翼下游的脱落。为了进一步说明云空化的复杂性,图 2-14(b)表示绕水翼空化在一个演化周期(即 $T_{ref}$)内的试验照片。在每个时刻的一组照片中,上图为侧视图,下图为俯视图。由试验结果可知,云空化常与附着在水翼头部附近的片空化同时出现。当片空化发展到一定长度时(即图中 $0.475T_{ref}$ 时刻),片空化的尾部闭合区受到逆向运动的反向射流作用,在片空泡的下游出现空泡失稳现象;反向射流沿水翼表面持续朝水翼头部运动,使得片空化脱离水翼表面的部分越来越大,在 $0.875T_{ref}$ 时刻切断片空化,被切断后的空泡逐渐远离水翼表面,形成空泡脱落;脱落后的空泡在流场作用下继续朝下游运动,而水翼头部的片空化得以重新发展。

(a) 瞬态云空化

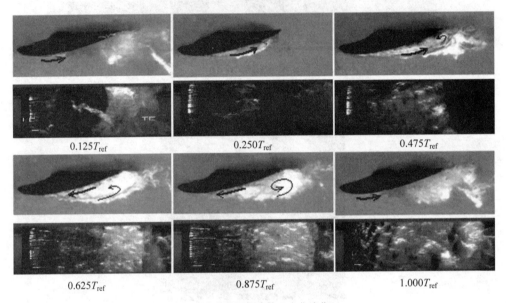

0.125$T_{\mathrm{ref}}$　　　　0.250$T_{\mathrm{ref}}$　　　　0.475$T_{\mathrm{ref}}$

0.625$T_{\mathrm{ref}}$　　　　0.875$T_{\mathrm{ref}}$　　　　1.000$T_{\mathrm{ref}}$

(b) 一个典型周期内的云空化演化

图 2-14　绕水翼云空化[13]（见彩页）

另外，漩涡型空化的断裂也可能出现云空化。实际上云空化总是与流动失稳、漩涡和湍流脉动等复杂流动现象联系在一起。图 2-15 为水翼背面云空化的形成、分离与溃灭过程，其中空泡呈 U 字形状，其生成与发展实际与马蹄涡密切相关。云空化溃灭引起的巨大冲击发生在图 2-15(b) 与图 2-15(c) 之间。

云空化是螺旋桨、泵及水轮机等高速水力旋转机械中普遍存在的现象。从空泡动力学的角度来看，与单泡流动不同，云空化属于群泡流动问题，群泡在演化过程中存在融合、分离现象，溃灭过程存在群泡间的相互作用；在流动特性方面，云空化流动常伴随漩涡流动结构，气泡在时空上并不是均匀分布的。群泡间的相互作用使云空化溃灭过程具有强烈的非定常特性，表现为宏观上的空泡体积脉动和微观上的气泡同时溃灭，由此带来的结构振动、空化噪声以及空蚀破坏较其他类型空化更为严重。

当固定型空化的空泡长度超过物体的特征长度时被称为超空化（supercavitation）。与同属固定型空化的部分空化一样，超空化的前缘与物面相接，但尾部则闭合在物体下游的液体中。如水翼超空化中空泡通常覆盖水翼的背面全部（见图 2-16(a)），而细长绕流体的超空化则表现为空泡覆盖整个水下航行体（见图 2-16(b)）。图 2-16 是水翼和回转体上超空泡的照片。

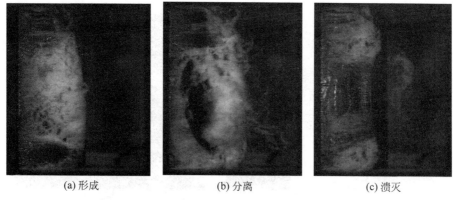

(a) 形成　　　　　　　　(b) 分离　　　　　　　　(c) 溃灭

图 2-15　绕水翼云空化的演化过程(流动方向由左向右)

在工程中,超空化常常被用于实现更好的装备性能,如半浸式螺旋桨、超空泡鱼雷、超空泡弹体发射与潜射导弹等。在自然环境中,超空化一般发生在空化数极低的情况下,所以很难实现自然状态的超空化。为了更好地控制超空化的发生条件,大多数情况下会采取人工通气的方法制造超空泡,这种方式发生的超空化称为通气超空化(ventilated supercavitation)。

(a) 水翼[12]　　　　　　　　　　　　　　(b) 回转体[11]

图 2-16　超空泡现象

### 2.3.4　漩涡型空化

漩涡型空化(vortex cavitation)是发生在液体流场漩涡中的空化现象,一般简称为漩涡空化或涡空化。漩涡型空化产生的机理在于漩涡中心的压力一般较低,空化首先发生在漩涡中心。这种类型的空化经常出现在水轮机尾水管中,如图 2-17(a)中浅色的漩涡(即尾水管涡带)包裹了深色的空泡。漩涡型空化频繁出现在轴流式泵与轴流式水轮机的叶片外缘、螺旋桨的叶梢(图 2-17(b))、螺旋桨的桨毂、水翼梢部,以及绕流体的尾部。而与湍流作用密切相关的剪切流动中发生的剪切空化(shear cavitation)本质上也属于漩涡型空化,如图 2-18 中就显示了在钝体尾流中出现的漩涡空化。由于漩涡具有较好的保持性,漩涡空化可以稳定地存在较长一段时间;同时,由于漩涡的不稳定性,此类空化将在流场中引起压力脉动,从而导致较强烈的振动。

图 2-19 表示不同试验条件下发生在水翼梢部的漩涡型空化。在图 2-19(a)中,空化处于初生状态,只有较细的漩涡空泡出现在水翼梢部。而随着空化数下降、流动攻角增大,梢涡增强、空泡尺度增大,在图 2-19(b)中可见水翼背面上发生的固定型空化朝水翼中间发展,流场中空泡体积急剧增大。

 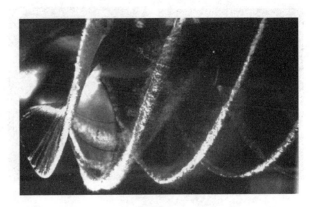

(a) 尾水管涡带与空泡　　　　　　　　(b) 螺旋桨梢涡空化[12]

图 2-17　水力机械中的漩涡型空化现象

图 2-18　钝体下游的漩涡型空化[12]

(a) σ=1.15, α=7.5°　　　　　　　　(b) σ=0.43, α=7.5°

图 2-19　不同试验条件下绕水翼的漩涡型空化[11]

　　漩涡型空化的具体形态比较复杂。图 2-20 表示绕水翼端部漩涡型空化或螺旋桨梢涡空化的结构,空泡呈线状分布,空泡直径一般较小,易受流场干扰而发生变化。由于漩涡在流场中长时间存在,水质对漩涡型空化有明显的影响。与其他类型空化相比,水中自由空化核和溶解气体对漩涡型空化的形成和演化影响更大,容易形成水-汽-气并存的复杂结构。在实际应用领域,漩涡型空化通常具有很大的危害性,会造成流体激振力、材料剥蚀、空化噪声等不良后果。目前对漩涡型空化机理尚缺乏系统性的认识,对漩涡空化结构尤其是漩涡空化的内部结构尚未进行过详尽的研究。此外,漩涡型空化与水质的相互影响还缺乏定量研究。

图 2-20　绕水翼漩涡型空化的结构[14]

### 2.3.5　振荡型空化

振荡型空化(oscillating cavitation)一般是指由于流场中压力振荡产生的空化现象。狭义的振荡型空化则特指在无主流情况下,空化核在高频、高振幅振荡压力场的作用下,不断生长达到临界半径而形成的空化。振荡型空化主要可分为两种情形:

(1) 液体中物体表面存在法向振动产生压力波,例如水力机械中的部件振动,特别是发生高频共振时在物体表面附近产生的空化,或者在声波传感器(如水听器)表面产生的空化。根据这一原理制作的空蚀试验设备——磁致振动空化仪广泛应用于材料试验。

(2) 超声波或激光诱导的振荡型空化。医学上,超声波碎石技术就是利用这一原理治疗人体内的肾结石、胆结石、尿道结石等。

有时也将振荡的空化(oscillated cavitation)称为"振荡型空化",例如图 2-21 中水翼尾部振动在其下游产生周期性的空化现象,其实质上是流体在水翼尾部分离形成漩涡产生的空化(空泡呈倒"燕尾"形,类似马蹄涡的形状),这种空化本质上属于漩涡型空化。因此,类似图 2-21 中振荡的空化是一种伪"振荡型空化"。

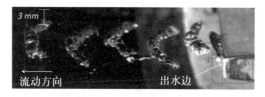

图 2-21　水翼振荡下的空化形态

## 2.4　空化的历程

按空化从出现到消亡的全部演化过程可分为三个阶段,即初生空化、空化发展和空化溃灭。图 2-22 表示了单个空泡从水翼头部初生空化、在水翼上发展及在水翼尾部附近溃灭的全过程。在时间尺度上,初生空化和空化溃灭均为瞬态过程,而空化发展则会持续较长时间,所以一般空化试验中我们可能看到的空化现象基本上都处于空化发展的阶段。在 2.3

节中描述的几种水力空化类型也是按空化发展阶段的空化形态来区分的。在工程应用中,人们关注空化演化过程的侧重点不同,重点考察的空化阶段也不同。例如对水力机械而言,如果研究机组稳定性与综合性能,则主要考察流道中是否会发生空化,关注的重点是初生空化;如果研究空化对机组性能(如效率、振动、噪声等)的影响,关注的重点是空化发展;如果研究造成机组流道表面材料破坏的空蚀,则须关注空化溃灭。

### 2.4.1　初生空化阶段

初生空化阶段是指空化从无到有的过程,空间上具有局部的特点,时间上具有断续的特点。图 2-23 表示了初生空化的三个要素:空化核、低压及低压作用时间。如图 2-23(a)所示,只有同时满足三个条件时(即图中三个要素重叠的斜线部分),流场中才能有初生空化。"空化核"是初生空化的介质要素,主要由液体物性及流动状态决定;"低压"是初生空化的水动力学要素,由绕流物体和流动状态决定,包括流场中的绝对压力、基本流速、压力梯度,以及流动边界层等;"低压作用时间"是初生空化的空泡动力学要素,取决于由液体介质、绕流物体、流动三者共同确定的局部流速。低压及低压作用时间也可称为"压力场"要素。如图 2-23(b)所示,依据空化核谱可以确定"空化核"要素,而"压力场"要素可以通过空化数来衡量;空化核只有在低压环境下,经一定低压作用时间的充分孕育,才能产生空化。

图 2-22　泡状游移型空化的演化过程[8]

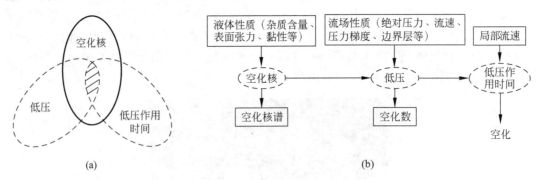

(a)　　　　　　　　　　　　(b)

图 2-23　初生空化的三要素

不同类型的初生空化具有不同的特点,对初生空化三要素的敏感程度不同。游移型空化和漩涡型空化对来流中的空化核非常敏感,固定型空化则对来流中的空化核相对不敏感,而对流场状态更为敏感。

初生空化的流动条件由初生空化数描述,理论上可以通过求解全湿流场来确定初生空化数和空化位置,但实际的初生空化则具有一定的随机性和模糊性。初生空化的随机性源自来流中空化核的尺度密度分布及空化核在流场内的生长发育过程,而模糊性则来源于对初生空化的不同判断标准,包括不同的观察者使用不同的仪器可能获得不同的初生空化数,以及工程上使用不同的物理参数(如效率下降百分比、声压级升高的数值等)来判断初生空化。目前,初生空化的模糊性遭遇严峻挑战,主要问题在于得到的初生空化数不确定,或者并不能代表真实的初生空化,所以未来需要进一步明确初生空化的判别标准,这也是工程实际中首先需要解决的问题。

### 2.4.2　空化发展阶段

空化发展阶段是指初生空化后到空化溃灭前的空化演化过程或状态,空化发展的实质在于液体中空泡结构的演化。空化发展主要取决于绕流体因素、流场特性和水质条件。以水翼空化为例,绕流体因素包括水翼几何线型、来流的攻角、表面粗糙状况等;流场特性主要包括流场压力分布和流速分布;水质条件除水温、黏性、表面张力系数等物理性质之外,还包括空化核分布和溶解气体含量。这些因素的组合形成了来流空化数、来流空化核谱、物面压力分布、边界层特性等,不仅决定着空化的类型,同时也对空化的发展演化有至关重要的影响。图 2-24 是水翼空化发展阶段的典型过程,揭示了空化发展、空泡脱落和空化再发展等系列瞬态行为。当片空化发展到一定长度后,在空泡尾部反向射流的强烈作用下,空泡在水翼头部附近脱落,脱落之后的空泡形成云空化,在涡流作用下发生翻转运动,与周围液体一起向下游移动并溃灭,同时新的片空化在水翼头部附近再次形成并开始新一轮的增长、脱落、溃灭。

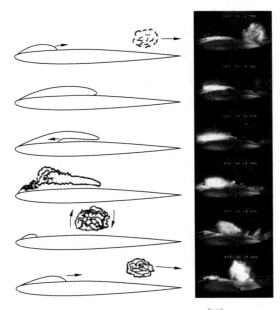

图 2-24　空化发展演化过程[15]

空化的发展过程具有强烈的非定常特性。对于螺旋桨、水泵、水轮机等水力旋转机械,其工作特性就具有周期性。对发生在特定叶片附近的空化来说,来流的速度分布和当地静压一直处于动态变化中,空泡的宏观体积会出现周期性的变化;即使对于定常的来流条件,由于空化流动的非线性特性,空化发展也是非定常的,例如云空化演化、片空化尾部闭合区的失稳脱落、梢涡空化的失稳破裂等。空化发展的非定常特性不仅会引起水力机械和水工设施的水动力性能变化,而且导致压力脉动和空化噪声。

### 2.4.3 空化溃灭阶段

空化溃灭是指空化破碎消失的过程,与发展空化的结构和周围压力场有关,一般发生在发展空化的下游高压区。空泡的溃灭过程极其短暂。图 2-25 是单个激光诱发空泡的溃灭过程,一个直径大约 1mm 的空泡溃灭过程持续时间小于 1ms。

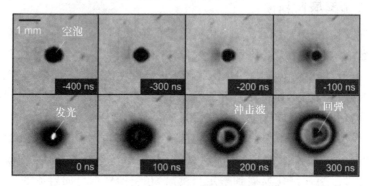

图 2-25  单个空泡溃灭过程[16]

空泡在极短的时间内溃灭,释放巨大的能量。图 2-26 给出了单空泡溃灭时用水听器测量的声压信号,两个脉冲分别对应着空泡第一次溃灭与反弹后第二次溃灭时释放的能量。对于激光诱导的单空泡,空泡溃灭释放的能量甚至能使液体分子产生电离,出现发光现象,溃灭过程的后期空泡半径会发生强烈反弹,产生幅值高达几百至几千兆帕的压力波,固壁附近的空泡溃灭还会产生指向固壁的微射流,其速度可达每秒几百米甚至更高。空泡溃灭产生高度集中的能量,无论是压力波还是微射流均具有极大的破坏力。

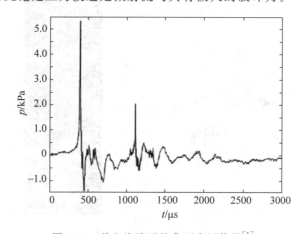

图 2-26  单空泡溃灭的典型声压信号[1]

实际工程中的空化溃灭是一个非常复杂的过程,具有瞬时、非定常、强非线性、强相变等特点,在群泡溃灭过程中存在"能量聚焦"的现象,即大量聚集的空泡群溃灭不是同时发生的,而是外围的空泡先溃灭,通过层层递进的溃灭过程,使得产生的压力波作用在处于最内层的空泡上,导致更大的压力波,直至位于中心的空泡溃灭,在流场中形成极其强烈的冲击波。这种过程类似于"核聚变"的现象,通过空泡群溃灭聚集巨大的能量,既可以对流道壁面材料造成损伤,也可以应用于空化碎石、切除肿瘤组织等临床治疗。

空化溃灭与工程上关心的空蚀问题密切相关,空化溃灭为空蚀提供了水动力载荷。但空化引起材料剥蚀还与材料的特性有关,是非常复杂的过程,目前工程上一般采用经验公式或模型试验来预报材料剥蚀,甚至还有了一些技术规范来评估空泡破坏的风险率。但是这些空蚀预估方法往往是定性的,而且其背后的物理过程也无法完全解释,故需要发展更加科学的空蚀研究方法。根据空泡溃灭现象的长期观测可知,材料剥蚀是和云空化内空泡群的演化规律及内部流动结构密切相关的。一些研究发现了瞬态空泡体积和物质形变能量生成率之间的关系[17],提出了定量预报空泡溃灭引起材料剥蚀的物理模型和数值模型[18]。但是由于空泡流动内部结构的复杂性,目前对云空化内微泡群的演化规律及内部流动结构还没有足够的认识,因而离精确定量预报空蚀还有较大距离。

# 参考文献

[1] BRENNEN C E. Hydrodynamics of Pumps [M]. Vermont: Concepts ETI, Inc. and Oxford University Press, 1994.

[2] KELLER A P. Cavitation scale effects [C]. Proceedings of 4th International Symposium on Cavitation, Pasadena, USA, June 20-23, 2001. Paper No. CAV2001:lecture.001.

[3] MCCORMICK B W. On cavitation produced by a vortex trailing from a lifting surface [J]. Transaction of the ASME, Journal of Basic Engineering, 1962, 84(3): 369-370.

[4] ARAKERI V H, ACOSTA A. Viscous effects in the inception of cavitation[J]. Journal of Fluids Engineering, 1981, 103(6): 280-287.

[5] ARNDT R E A, HOLL J W, BOHN J C, et al. Influence of surface irregularities on cavitation performance[J]. Journal of Ship Research, 1979, 23(3): 157-170.

[6] HARVEY E N, MCELROY W D, WHITELEY A H. On cavity formation in water[J]. Journal of Applied Physics, 1947, 18(2): 162-172.

[7] 徐良浩, 彭晓星, 张国平, 等. 空泡水筒中空化核测量与控制[C]//2015 年船舶水动力学学术会议论文集. 哈尔滨, 2015, 7: 354-360.

[8] TROPEA C, YARIN A L, FOSS J F. Springer Handbook of Experimental Fluid Mechanics[M]. Berlin: Springer Berlin Heidelberg, 2007.

[9] LECOFFRE Y, CHANTREL P, TEILLER J. Le grand tunnel hydrodynamique (GTH): France's new large cavitation tunnel for naval hydrodynamics research [C]. In Proceedings of ASME International Symposium on Cavitation Research Facilities and Techniques, 1987: 13-18.

[10] 潘森森. 空化核尺度分布谱[J]. 水动力学研究与进展, 1987, 2(2): 57-65.

[11] BRENNEN C E. Cavitation and bubble dynamics[M]. Oxford: Oxford University Press, 1995.

[12] D'AGOSTINO L, SALVETTI M V. Fluid dynamics of cavitation and cavitating turbopumps[M]. Vienna: Springer Vienna. 2007.

[13] HUANG B, QIU S C, LI X B, et al. A review of transient flow structure and unsteady mechanism of cavitating flow[J]. Journal of Hydrodynamics, 2019, 31(3): 429-444.

[14] KUIPER G. Cavitation Research and Ship Propeller Design[J]. Applied Scientific Research, 1997, 58(1-4): 33-50.

[15] DE LANGE F D, DE BRUIN G J. Sheet cavitation and cloud cavitation, re-entrant jet and three-dimensionality[J]. Applied Scientific Research, 1998, 58(1-4): 91-114.

[16]    FARHAT M. The role of pressure anisotropy on cavitation bubble dynamics[C]. 2nd International Symposium on Cavitation and Multiphase Flow，Zhenjiang，China，October 22-25，2016.

[17]    FERREIRA P J，SANDE J B V，FORTES M A，et al. Microstructure development during high-velocity deformation[J]. Metallurgical and Materials Transactions A（Physical Metallurgy and，Materials Science），2004，35(10):3091-3101.

[18]    DULAR M，COUTIER-DELGOSHA O. Numerical modelling of cavitation erosion［J］. International Journal for Numerical Methods in Fluids，2009，61(12):1388-1410.

# 第3章

# 空泡动力学基础

## 3.1 静力平衡的球形空泡

根据空化理论中的"空化核"假说,空化总是源自尺度很小的空化核。当空化核处于流场中局部压力较低的位置时,可能发生膨胀成为可见的空泡,此时在液体中发生空化。因而,空化核也可以被理解为尺度很小的空泡。空泡动力学即为分析尺度不同的空泡在流场中生长过程的理论。

### 3.1.1 静止液体中单空泡的平衡

首先考虑静止液体中处于平衡状态的单个球形空泡。为了分析空泡的受力,将半径为 $R$ 的空泡沿中心线剖分为两半,则空泡左半部分的受力情况如图 3-1 所示。空泡受到三种力的作用:

(1) $F_s$ 为表面张力,是分布在空泡剖面圆周的表面应力 $\sigma_s$ 的合力,即 $F_s = 2\pi R\sigma_s$,作用在球心上。

(2) $p_v + p_g$ 为泡内压力,包括饱和蒸气压 $p_v$ 和气体压力 $p_g$,作用在空泡的内壁。需要说明的是,一般空泡中除了饱和蒸气外,还含有从液体扩散到泡内的原溶于液体中的不可凝结气体,$p_g$ 即不可凝结气体的压力。由于饱和蒸气和不可凝结气体之间没有化学反应,它们分别对空泡的内壁施加压力,所以 $p_v$、$p_g$ 也被称为泡内压力的蒸气分压和气体分压。

(3) $p$ 为流场中的液体压力,作用在空泡的外壁。

当空泡处于静平衡状态时,可列出力平衡方程为

$$\pi R^2 (p_v + p_g) = \pi R^2 p + 2\pi R\sigma_s \tag{3-1}$$

式(3-1)可简化为

$$p = p_v + p_g - 2\sigma_s/R \tag{3-2}$$

上式表示处于平衡状态下单个空泡外壁上所受的压力。当 $p < (p_v + p_g) - 2\sigma_s/R$ 时,空泡内压力大于空泡外壁上的压力,空泡将发生体积膨胀;当 $p > (p_v + p_g) -$

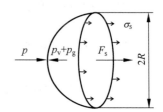

图 3-1 球形空泡的静平衡

$2\sigma_s/R$ 时,空泡内压力小于空泡外壁上的压力,空泡将被压缩。

### 3.1.2　单空泡静力平衡时所受的压力

式(3-2)表示最普遍的单空泡受力情况。在不同的条件下,空泡外壁上所受的压力 $p$ 可以表示为各种不同的形式。具体说明如下:

(1) 若不考虑液体表面张力 $F_s$,则式(3-2)变为

$$p = p_v + p_g \tag{3-3}$$

此时,空泡内外的压力相等。在数值上,可认为作用在空泡外壁上的压力 $p$ 即为泡内压力。

(2) 通常情况下可认为饱和蒸气压保持不变,即 $p_v$ 为常数。在常温条件下,饱和蒸气的密度较小,空泡质量很小,而一般液体的热容量很大。因而,空化引起空泡周围液体温度的变化不大,可看成等温状态。

(3) 当空泡内只含有饱和蒸气时,气体分压 $p_g = 0$,则式(3-2)变为

$$p = p_v - 2\sigma_s/R \tag{3-4}$$

对于等温情况下的纯汽泡,$p_v$ 为常数,则泡壁压强 $p$ 随空泡半径 $R$ 增大而单调上升。这种状态属不稳定平衡状态,因而空泡不能持久存在。

(4) 当空泡内含有不可凝结气体时,$p_g \neq 0$。此时 $p_g$ 的大小与空泡体积有关,可按照如下三种变化规律求得:

① 若空泡内气体运动遵循理想气体状态方程变化规律,则气体分压为

$$p_g = NT/R^3 \tag{3-5}$$

式中,$N$ 为与泡内气体有关的常数;$T$ 为气体的绝对温标。

将式(3-5)代入式(3-2),即可得到空泡外壁的压力为

$$p = p_v + NT/R^3 - 2\sigma_s/R \tag{3-6}$$

② 若空泡半径 $R$ 变化比较缓慢,气体分压计算可按理想气体等温变化过程处理,即

$$p_g = p_{g0}(R_0/R)^3 \tag{3-7}$$

式中,$R_0$ 为初始状态的空泡半径;$p_{g0}$ 为初始状态的气体分压。因此,式(3-2)可表达为

$$p = p_{g0}(R_0/R)^3 + p_v - 2\sigma_s/R \tag{3-8}$$

依据式(3-2)可知,在初始状态下空泡外壁的压力 $p_0 = p_v + p_{g0} - 2\sigma_s/R_0$,则

$$p_{g0} = p_0 - p_v + 2\sigma_s/R_0$$

将 $p_{g0}$ 的表达式代入式(3-7),则可得平衡状态的气体分压为

$$p_g = p_{g0}(R_0/R)^3 = (p_0 - p_v + 2\sigma_s/R_0)(R_0/R)^3$$

再将 $p_g$ 的表达式代入式(3-2),即可得到空泡外壁的压力为

$$p = (p_0 - p_v + 2\sigma_s/R_0)(R_0/R)^3 + p_v - 2\sigma_s/R \tag{3-9}$$

③ 若空泡半径 $R$ 迅速变化,则可按理想气体绝热变化过程计算气体分压,即

$$p_g = p_{g0}(R_0/R)^{3\gamma} \tag{3-10}$$

式中,$\gamma$ 为气体的绝热指数。此时,平衡状态下空泡外壁的压力为

$$p = p_{g0}(R_0/R)^{3\gamma} + p_v - 2\sigma_s/R \tag{3-11}$$

与等温过程类似,可得

$$p = (p_0 - p_v + 2\sigma_s/R_0)(R_0/R)^{3\gamma} + p_v - 2\sigma_s/R \tag{3-12}$$

### 3.1.3　空泡的等温变化

由式(3-2)可知,泡内压力 $p_v+p_g$ 总是具有使空泡半径增大的作用,而表面张力则有阻碍空泡体积变化的作用。因此,在液体中的单空泡从一个状态向另一个状态转变的过程中,必定存在一个临界状态,此时的空泡半径为临界半径 $R_c$,而对应的临界液体压力为 $p_c$。

将式(3-8)右侧的饱和蒸气压力 $p_v$ 移项至方程式等号左侧,即

$$p-p_v=p_{g0}(R_0/R)^3-2\sigma_s/R$$

对上式求导,则

$$\frac{\mathrm{d}(p-p_v)}{\mathrm{d}R}=-3p_{g0}R_0^3/R^4+2\sigma_s/R^2$$

当上式的右边为零时,可求得空泡的临界半径为

$$R_c=R_0\sqrt{\frac{3p_{g0}R_0}{2\sigma_s}} \tag{3-13}$$

将式(3-13)代入式(3-8)就可以求出空泡达到临界半径时的泡壁压力 $p_c$,即

$$p_c=p_v-\frac{4\sigma_s}{3R_c} \tag{3-14}$$

对于一个等温过程,假设初始状态的空泡半径为 $R_0$、作用在泡壁的压力为 $p_0$,根据温度可查出 $p_v$ 与 $\sigma_s$ 的具体数据,可绘制不同空泡半径 $R$ 所对应的压力 $p$,如图3-2所示。图中,横坐标表示不同状态下的空泡半径,纵坐标为作用在空泡外壁的压力,虚线表示各种初始状态所对应空泡临界半径的连接曲线。

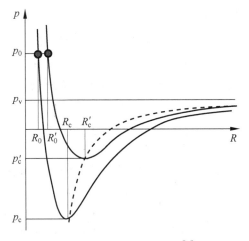

图 3-2　球形空泡的平衡[1]

由该曲线可以定性地分析空泡处于稳定状态的条件是 $R<R_c$,即处于虚线左侧的状态是稳定的。原因是虚线左侧的空泡半径较小。当空泡的半径增大时,由式(3-7)可知泡内压力 $p_g$ 按 $(R_0/R)^3p_{g0}$ 的规律急剧下降,而表面张力变化较小,则空泡在泡壁压力 $p$ 作用下被压缩,从而恢复到原来的尺度;而空泡或空化核不稳定的条件是 $R>R_c$,即处于虚线右侧的空泡将在泡内压力作用下逐渐膨胀。此时,空泡半径的增加值相对于空泡初始半径 $R_0$

的比率较小。与表面张力 $F_s$ 的下降相比,泡内压力 $p_g$ 下降是次要的,所以导致泡内压力 $(p_v+p_g)$ 主导空泡的生长。对空化核而言,由于半径不断增大而形成可见的空泡,即液体内部发生了空化。

对于初始半径分别为 $R_0$ 和 $R_0'$ 的空泡,在流场压力 $p$ 作用下趋于稳态或发生空化的过程是不同的。在相同的泡壁压力 $p_0$ 作用下,由于空泡半径 $R_0'$ 大于 $R_0$,由式(3-2)可知 $p_{g0}'$ 小于 $p_{g0}$。与初始半径为 $R_0$ 的空泡相比,根据式(3-13)和式(3-14)可知初始半径为 $R_0'$ 的空泡所对应的临界半径 $R_c'$ 较大,而临界压力 $p_c'$ 较小。

由图 3-2 还可看出,临界压力 $p_c$ 与此时的饱和蒸气压力 $p_v$ 之间存在压力差。该压力差 $(p_v-p_c)$ 可认为是一种表示空化孕育的相关量,对应液体由当前状态至发生空化的静态延迟时间。在相同的流场条件下,空泡或空化核的初始半径越小,则静态延迟时间越长;而空泡或空化核的初始半径越大,则静态延迟时间越短。

进一步考虑式(3-14)表示的临界压力 $p_c$。由式(3-2)可知

$$p_c = p_v + p_{gc} - \frac{2\sigma_s}{R_c}$$

式中,$p_{gc}$ 为达到临界半径时的气体分压。在上式的左侧代入式(3-14)表示的临界压力,可求得临界气体分压为

$$p_{gc} = \frac{2\sigma_s}{3R_c} \tag{3-15}$$

因此,对于初始半径 $R_0$ 越小的空泡或空化核,对应的临界半径 $R_c$ 越大,气体分压 $p_{gc}$ 越小。

### 3.1.4　空泡的绝热变化

将式(3-11)右侧的饱和蒸气压力 $p_v$ 移项至等式左侧,即

$$p - p_v = p_{g0}(R_0/R)^{3\gamma} - 2\sigma_s/R$$

求出上式的导数表达式。当 $d(p-p_v)/dR = 0$ 时,可求出绝热变化过程的空泡临界半径 $R_c$ 为

$$R_c = R_0 \sqrt[3\gamma-1]{\frac{3\gamma p_{g0} R_0}{2\sigma_s}} \tag{3-16}$$

与空泡的等温变化类似,由临界半径 $R_c$ 的表达式即可求得临界压力为

$$p_c = p_v - \left(1 - \frac{1}{3\gamma}\right)\frac{2\sigma_s}{R_c} \tag{3-17}$$

在空泡或空化核达到临界半径时,由式(3-2)和式(3-17)可求得临界气体分压为

$$p_{gc} = p_{g0}(R_0/R_c)^{3\gamma} \tag{3-18}$$

### 3.1.5　空泡按理想气体状态方程变化

将式(3-6)右侧的 $p_v$ 移项至等式左侧,可得

$$p - p_v = NT/R^3 - 2\sigma_s/R$$

求出上式的导数表达式。当 $d(p-p_v)/dR = 0$ 时,可求出按理想气体状态方程变化时的空泡临界半径为

$$R_c = \sqrt{\frac{3NT}{2\sigma_s}} \tag{3-19}$$

由临界半径 $R_c$ 的表达式即可求得临界压力为

$$p_c = p_v - \frac{2}{3}\frac{(2\sigma_s)^{3/2}}{(3NT)^{1/2}} \tag{3-20}$$

将上式代入式(3-6)，可求得临界气体分压为

$$p_{gc} = \frac{(2\sigma_s)^{3/2}}{(3NT)^{1/2}} \tag{3-21}$$

# 3.2　瑞利方程

　　空泡在液态流场中的运动是个复杂的动态过程，不仅与空泡本身的各种参数有关，且受液体的黏性、可压缩性等物理性质的影响。同时，空泡运动还与气体的扩散、溶解、热传导有一定联系。本节仅讨论在无限域液态流场中单个球形空泡的球对称运动。

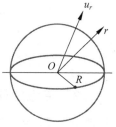

图 3-3　球形空泡的运动

　　图 3-3 表示无限域液态流场中单个球形空泡的运动。图中，$O$ 为空泡的球心，也是径向坐标的原点。$R$ 为空泡半径，$r$ 为径向坐标，$u_r$ 为空泡壁面处的径向速度。为了便于分析，作如下假设：①空泡外液体为不可压缩的理想流体；②当空泡受到外力作用时，可认为外力瞬时施加至空泡的外壁。

## 3.2.1　空泡运动的速度势函数

　　假设空泡外的无限域液态流场中的液体流动为无旋运动，而紧贴空泡外壁的液体作径向运动，可写出空泡运动的势函数 $\Psi$ 为

$$\Psi = \int_R^r u_r\,\mathrm{d}r$$

则空泡壁面的运动速度 $u_r$ 为

$$u_r = \mathrm{d}\Psi/\mathrm{d}r$$

在球坐标系下，不可压缩流体的质量守恒方程为

$$\frac{1}{r^2}\frac{\partial(r^2 u_r)}{\partial r} + \frac{1}{r\sin\theta}\frac{\partial(u_\theta \sin\theta)}{\partial\theta} + \frac{1}{R\sin\theta}\frac{\partial u_\varphi}{\partial\varphi} = 0$$

式中，$u_\theta$、$u_\varphi$ 分别为沿球坐标中的两个方向角度 $\theta$、$\varphi$ 的速度。

　　对于球对称的径向运动，任何变量沿两个方向角度的偏导数应为零，即

$$\frac{\partial}{\partial\theta} = 0, \qquad \frac{\partial}{\partial\varphi} = 0$$

则球坐标下的质量守恒方程可变成

$$\frac{\mathrm{d}(r^2 u_r)}{\mathrm{d}r} = 0$$

　　根据上式，流场中自空泡壁面至无穷远处，存在如下关系：

$$r^2 u_r = \text{const} \tag{3-22}$$

在空泡的壁面处$(r = R)$，可得

$$u_R = u_r \mid_{r=R} = \frac{\mathrm{d}R}{\mathrm{d}t} = \dot{R} \tag{3-23}$$

式中，$\dot{R}$为空泡壁面处的运动速度，即空泡壁面运动的速度。

在空泡的壁面处，$r^2 u_r \mid_{r=R} = R^2 \dot{R}$。则根据式(3-22)，可以写出空泡外任意半径处的液体质点速度表达式为

$$u_r = R^2 \dot{R} / r^2 \tag{3-24}$$

将式(3-24)代入速度势函数的表达式，则

$$\Psi = \int_R^r u_r \, \mathrm{d}r = \int_R^r \frac{R^2 \dot{R}}{r^2} \mathrm{d}r = -\frac{R^2 \dot{R}}{r}$$

由于$R$是时间$t$的函数，则空泡运动速度势函数对时间的偏导数为

$$\frac{\partial \Psi}{\partial t} = -\frac{2R\dot{R}\dot{R} + R^2 \ddot{R}}{r} = -(2R\dot{R}^2 + R^2 \ddot{R})/r \tag{3-25}$$

式中，$\ddot{R}$为空泡壁面处的运动加速度，即空泡壁面运动的加速度。

### 3.2.2　空泡壁面处液体运动的拉格朗日积分式

对理想不可压缩流体，有势流动的拉格朗日积分为

$$\frac{\partial \Psi}{\partial t} + \frac{u^2}{2} + gz + \frac{p}{\rho} = F(t)$$

式中，$F(t)$为干扰作用力，是时间$t$的任意函数，其大小由边界条件决定。在某一时刻，在整个流场中可认为是常数，如无限远处的压强$p_\infty / \rho$。

对球形空泡外的流体，$u = u_r$。$p$以空泡壁面处的液体压力$p_L$表示，当忽略质量力时，有势流动的拉格朗日积分变为

$$\frac{\partial \Psi}{\partial t} + \frac{1}{2} u_r^2 + \frac{p_L}{\rho} = F(t) \tag{3-26}$$

将式(3-25)和式(3-24)代入上式，可得

$$-\frac{2R\dot{R}^2 + R^2 \ddot{R}}{r} + \frac{1}{2}\left(\frac{R^2}{r^2}\dot{R}\right)^2 + \frac{p_L}{\rho} = F(t) \tag{3-27}$$

上式表示空泡在无限域液态流场中被压缩或膨胀时，其壁面外流体的拉格朗日积分式。

考虑在空泡的壁面处的情况。此时$r = R$，则式(3-27)成为

$$-\frac{2R\dot{R}^2 + R^2 \ddot{R}}{R} + \frac{1}{2}\left(\frac{R^2}{R^2}\dot{R}\right)^2 + \frac{p_L}{\rho} = F(t)$$

将上式进行整理，可得

$$\frac{3}{2}\dot{R}^2 + R\ddot{R} = \frac{p_L}{\rho} - F(t) \tag{3-28}$$

上式被称为瑞利方程(Rayleigh equation)。该式于1917年发表，为球形空泡的运动方程式[2]。该式可以用于计算空泡运动中周围液体压强的瞬时分布。

### 3.2.3　瑞利方程的变换形式

将式(3-28)的等式左边乘以 $2R^2\dot{R}$，则

$$2R^2\dot{R}\left(\frac{3}{2}\dot{R}^2+R\ddot{R}\right)=3R^2\dot{R}\dot{R}^2+R^3 2\dot{R}\ddot{R}$$

而 $\dfrac{\mathrm{d}}{\mathrm{d}t}(R^3\dot{R}^2)=3R^2\dot{R}\,\dot{R}^2+R^3 2\dot{R}\,\ddot{R}$，故

$$\frac{3}{2}\dot{R}^2+R\ddot{R}=\frac{\mathrm{d}(R^3\dot{R}^2)}{\mathrm{d}t}\Big/(2R^2\dot{R})$$

将上式代入式(3-28)，则

$$\frac{\mathrm{d}(R^3\dot{R}^2)}{\mathrm{d}t}=2R^2\left[\frac{p_{\mathrm{L}}}{\rho}-F(t)\right]\frac{\mathrm{d}R}{\mathrm{d}t}$$

还可以将上式变成

$$\frac{\mathrm{d}(R^3\dot{R}^2)}{\mathrm{d}R}=2R^2\left[\frac{p_{\mathrm{L}}}{\rho}-F(t)\right] \tag{3-29}$$

上式被称为瑞利方程的变换形式。式中，$p_{\mathrm{L}}$ 为作用在空泡壁面的液体压力，由式(3-2)可知 $p_{\mathrm{L}}=p_{\mathrm{v}}+p_{\mathrm{g}}-2\sigma_s/R$；$F(t)$ 为干扰作用力，可表示为无限远处的液体压强 $\pm p_\infty/\rho$，并且当空泡突然压缩时(对应空泡周围的液体增压过程)取正值，而当空泡突然膨胀时(对应空泡周围液体的降压过程)取负值。

## 3.3　纯汽泡的运动特性

纯蒸气泡是指空泡内不含不可凝结气体，而只含有蒸气的情况。为便于叙述，将纯蒸气泡简称为纯汽泡，而将空泡的壁面简称为泡壁。

### 3.3.1　纯汽泡的泡壁运动方程

忽略表面张力的影响时，根据式(3-2)可知纯汽泡壁面处的压力 $p_{\mathrm{L}}=p_{\mathrm{v}}$，则式(3-29)可表示为

$$\mathrm{d}(R^3\dot{R}^2)=2R^2\left[\frac{p_{\mathrm{v}}}{\rho}-F(t)\right]\mathrm{d}R$$

将汽泡的初始半径记为 $R_0$，将上式进行积分，即

$$\int_{R_0}^{R}\mathrm{d}(R^3\dot{R}^2)=2\left[\frac{p_{\mathrm{v}}}{\rho}-F(t)\right]\int_{R_0}^{R}R^2\,\mathrm{d}R$$

求解可得

$$R^3\dot{R}^2=\frac{2}{3}\left[\frac{p_{\mathrm{v}}}{\rho}-F(t)\right](R^3-R_0^3)$$

由上式可得出泡壁的运动速度表达式 $\dot{R}$，即

$$\dot{R}^2=\frac{2}{3}\left[\frac{p_{\mathrm{v}}}{\rho}-F(t)\right]\left(1-\frac{R_0^3}{R^3}\right) \tag{3-30}$$

将上式对时间 $t$ 求导,则可求出泡壁运动的加速度 $\ddot{R}$ 为

$$\ddot{R} = \left[\frac{p_v}{\rho} - F(t)\right]\frac{R_0^3}{R^4} \tag{3-31}$$

### 3.3.2　纯汽泡的突然膨胀过程

因为纯汽泡突然膨胀,此时泡壁外液体受压,则 $F(t) = -p_\infty/\rho$,式(3-30)变为

$$\dot{R}^2 = \frac{2}{3}\left[\frac{p_v + p_\infty}{\rho}\right]\left(1 - \frac{R_0^3}{R^3}\right) \tag{3-32}$$

则纯汽泡突然膨胀时泡壁的运动速度为

$$\dot{R} = \sqrt{\frac{2}{3}\frac{p_v + p_\infty}{\rho}\left(1 - \frac{R_0^3}{R^3}\right)}$$

而泡壁运动的加速度公式可表示为

$$\ddot{R} = \frac{p_v + p_\infty}{\rho} \cdot \frac{R_0^3}{R^4} \tag{3-33}$$

表 3-1 表示单个纯汽泡突然膨胀时泡壁速度的变化。在纯汽泡发生膨胀的初期,泡壁速度为零;随着纯汽泡的半径逐渐增大,泡壁速度增大;当纯汽泡的半径膨胀至初始半径的 4 倍以上时,泡壁速度趋于稳定值 $\sqrt{\frac{2}{3}\frac{p_v + p_\infty}{\rho}}$。

表 3-1　纯汽泡突然膨胀时的泡壁速度

| $R/R_0$ | 1 | 1.25 | 1.5 | 2 | 3 | 4 | 5 | ⋯ |
|---|---|---|---|---|---|---|---|---|
| $\dfrac{\dot{R}}{\sqrt{2(p_v + p_\infty)/(3\rho)}}$ | 0 | 0.699 | 0.839 | 0.935 | 0.981 | 0.992 | 0.996 | ⋯ |

由表 3-1 的结果可知,在纯汽泡发生膨胀的初期,泡壁速度急剧增大。这说明泡壁运动的加速度很大;随着纯汽泡的半径增大,泡壁速度的增量急剧下降,因而泡壁运动的加速度急剧减小,并逐渐趋于零。

将式(3-32)、式(3-33)和 $F(t) = -p_\infty/\rho$ 代入式(3-27),求得纯汽泡膨胀时泡壁周围的液体压力 $p_L$ 为

$$\frac{p_L + p_\infty}{p_v + p_\infty} = \frac{1}{3}\frac{R}{r}\left(4 - \frac{R_0^3}{R^3}\right) - \frac{1}{3}\frac{R^4}{r^4}\left(1 - \frac{R_0^3}{R^3}\right) \tag{3-34}$$

当 $R^3 \gg R_0^3$ 时,式(3-34)可简化为

$$\frac{p_L + p_\infty}{p_v + p_\infty} \approx \frac{R}{3r}\left(4 - \frac{R^3}{r^3}\right)$$

在远离纯汽泡处(即 $r > 3R$),此时 $(R/r)^3$ 已很小。上式可进一步简化为

$$\frac{p_L + p_\infty}{p_v + p_\infty} \approx \frac{4R}{3r}$$

### 3.3.3 纯汽泡的突然压缩过程

当纯汽泡被突然压缩时,此时泡壁周围的液体对纯汽泡加压,即 $F(t)=p_\infty/\rho$ 。此时因为 $p_\infty$ 远大于饱和蒸气压 $p_v$,可忽略 $p_v$ 的作用。由式(3-30)和式(3-31)分别得出泡壁运动的速度和加速度为

$$\dot{R}=\sqrt{\frac{2}{3}\frac{p_\infty}{\rho}\left(\frac{R_0^3}{R^3}-1\right)} \tag{3-35}$$

$$\ddot{R}=-\frac{p_\infty}{\rho}\frac{R_0^3}{R^4} \tag{3-36}$$

将式(3-35)、式(3-36)和 $F(t)=p_\infty/\rho$ 代入式(3-27),求得纯汽泡被压缩时泡壁周围的液体压力 $p_L$ 为

$$\frac{p_L}{p_\infty}=1+\frac{R}{3r}\left(\frac{R_0^3}{R^3}-\frac{R_0^3}{r^3}-4+\frac{R^3}{r^3}\right) \tag{3-37}$$

上式表示当空泡半径由 $R_0$ 突然压缩至 $R$ 时,距纯汽泡中心 $r$ 处的液体压力。

将上式等号的两边对 $r$ 求导,且令 $\mathrm{d}p_L/\mathrm{d}r=0$,则可求出流场中最大压力点距纯汽泡中心的半径为

$$r_c=\sqrt[3]{\frac{4(R^3-R_0^3)}{4R^3-R_0^3}}\cdot R \tag{3-38}$$

当纯汽泡的尺寸被压缩得极小(即 $R_0/R$ 极大)时,上式可以简化为

$$r_c=\sqrt[3]{4}\cdot R\approx1.587R$$

令 $\frac{R_0^3}{R^3}-4=a$,则 $\frac{r_c}{R}=\sqrt[3]{\frac{4(a+3)}{a}}$ 。将 $r_c/R$ 的值代入式(3-37),则有

$$\frac{p_L}{p_\infty}=1+\frac{a}{4}\sqrt[3]{\frac{a}{4(a+3)}}$$

再将 $a=\frac{R_0^3}{R^3}-4$ 代入上式,整理后可得

$$\frac{p_{Lmax}}{p_\infty}=1+\frac{1}{4}\left(\frac{R_0^3}{R^3}-4\right)\sqrt[3]{\frac{R_0^3-4R^3}{4(R_0^3-R^3)}}$$

当纯汽泡的半径被压缩得很小($R_0\gg R$)时,上式可简化为

$$\frac{p_{Lmax}}{p_\infty}\approx\frac{1}{4^{4/3}}\left(\frac{R_0}{R}\right)^3 \tag{3-39}$$

由上式可知,当纯汽泡被压缩时,压缩比 $R_0/R$ 越大,纯汽泡周围的压力越大。图 3-4 是根据式(3-37)绘制的纯汽泡被压缩时周围液体的压强[3]。由图中曲线可知,在无穷远处,液体压力趋近 $p_\infty$;不同的压缩比对应着不同的最大压力 $p_{Lmax}$,图中虚线为不同压缩比时最大液体压力 $p_{Lmax}$ 的轮廓线;当 $(R_0/R)^3=50$ 时,在 $r_c=1.587R$ 处液体压强达到最大值 $p_{Lmax}=8.09p_\infty$。

根据纯汽泡突然压缩时泡壁的运动速度式(3-35),可以得出纯汽泡溃灭时间的计算

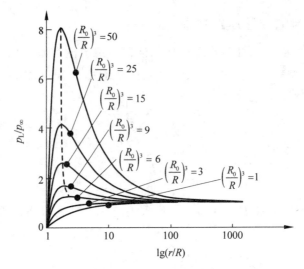

图 3-4　纯汽泡被压缩时周围液体的压强

式,即

$$dt = \sqrt{\frac{3\rho}{2p_\infty} \cdot \frac{R^3}{R_0^3 - R^3}} dR$$

将上式进行积分,可得

$$t = \int_{R_0}^{R} \sqrt{\frac{3\rho}{2p_\infty} \frac{R^3}{R_0^3 - R^3}} dR \qquad (3-40)$$

引入变量 $x$,令 $x = (R/R_0)^3$。因此,当 $R$ 趋近于零时,$x$ 也趋近于零;当 $R$ 趋近于 $R_0$ 时, $x$ 趋近于 1;且 $dR = \frac{1}{3}R_0 x^{-\frac{2}{3}} dx$。将 $x$ 代入式(3-40),则可求得

$$t = R_0 \sqrt{\frac{\rho}{6p_\infty}} \int_0^1 x^{-1/6} (1-x)^{-1/2} dx \qquad (3-41)$$

由上式即可求出纯汽泡由初始半径 $R_0$ 被压缩到溃灭的时间 $t$。式(3-40)可进一步表示为

$$t = 0.91468 R_0 (\rho/p_\infty)^{1/2} \qquad (3-42)$$

纯汽泡被压缩时,自泡壁至无限远处的液体均产生运动。这部分液体的总动能 $E$ 为

$$E = \int_R^\infty (\partial\Psi/\partial r)^2 \cdot \left(\frac{1}{2}\rho \times 4\pi r^2 \cdot dr\right) = \frac{1}{2} \times 4\pi \cdot \rho \int_R^\infty \left(\frac{R^2}{r^2}\dot{R}\right)^2 \cdot r^2 dr$$

上式经整理,可得

$$E = 2\pi\rho\dot{R}^2 R^3 \qquad (3-43)$$

当纯汽泡被压缩时,可假设液体增加的动能与外压强 $p_\infty$ 所做的功在数值上相等。而外压强所做的功 $A$ 应为

$$A = \int_{R_0}^{R} 4\pi r^2 \cdot p_\infty \cdot dr = -\frac{4}{3}\pi p_\infty (R_0^3 - R^3) \qquad (3-44)$$

由式(3-44)可知,当纯汽泡开始被压缩时,即 $R = R_0$ 时,$E = 0$;当纯汽泡被压缩至溃灭时, 即 $R = 0$ 时,$E = -A$。则液体增加的总动能等于液体做功,为

$$E = -A = \frac{4}{3}\pi p_\infty R_0^3 \tag{3-45}$$

上式表明,液体增加的动能 $E$ 与空泡溃灭时的空蚀强度有密切关系。

## 3.4 纯气泡的绝热膨胀与压缩

本节讨论空泡中只含有不可凝结气体的纯气泡运动现象。此时,空泡内 $p_v=0$,$p_g \neq 0$。如果忽略表面张力的影响,则 $p_L = p_g$。

### 3.4.1 纯气泡的一般运动方程

将 $p_L = p_g$ 的关系代入式(3-28),可得到忽略表面张力影响时纯气泡的瑞利方程为

$$R\ddot{R} + \frac{3}{2}\dot{R}^2 = \frac{p_g}{\rho} - F(t) \tag{3-46}$$

或者将 $p_L = p_g$ 的关系代入瑞利方程的变换形式,可得

$$d(R^3 \dot{R}^2) = 2R^2 [p_g/\rho - F(t)] dR \tag{3-47}$$

对绝热过程,有 $p_g = p_{g0}(R_0/R)^{3\gamma}$。将 $p_g$ 的表达式代入式(3-47),则

$$d(R^3 \dot{R}^2) = 2R^2 \left[ \frac{p_{g0}}{\rho}\left(\frac{R_0}{R}\right)^{3\gamma} - F(t) \right] dR$$

将上式等号两边进行积分,可得

$$R^3 \dot{R}^2 = 2\int_{R_0}^{R} R^2 \left[ \frac{p_{g0}}{\rho}\left(\frac{R_0}{R}\right)^{3\gamma} - F(t) \right] dR \tag{3-48}$$

对上式进行整理,可得在绝热过程中纯气泡的泡壁运动速度表达式为

$$\dot{R}^2 = \frac{2}{3}\frac{p_{g0}}{\rho\cdot(\gamma-1)}\left[\left(\frac{R_0}{R}\right)^3 - \left(\frac{R_0}{R}\right)^{3\gamma}\right] - \frac{2}{3}F(t)\left[1 - \left(\frac{R_0}{R}\right)^3\right] \tag{3-49}$$

当然,对上式求导,可得出在绝热过程中纯气泡的泡壁运动加速度。

### 3.4.2 纯气泡的绝热膨胀

在膨胀过程中,泡壁外的作用力体现为压力,即 $F(t) = -p_\infty/\rho$。当 $p_\infty$ 与泡内压力 $p_g$ 相比可被忽略时,式(3-49)变为

$$\dot{R}^2 = \frac{2}{3}\frac{p_{g0}}{\rho\cdot(\gamma-1)}\left[\left(\frac{R_0}{R}\right)^3 - \left(\frac{R_0}{R}\right)^{3\gamma}\right]$$

取绝热指数 $\gamma=4/3$,则纯气泡绝热膨胀时泡壁运动的速度 $\dot{R}$ 为

$$\dot{R} = \sqrt{\frac{2p_{g0}}{\rho}\left(\frac{R_0}{R}\right)^3\left(1-\frac{R_0}{R}\right)} \tag{3-50}$$

令 $\frac{R}{R_0}=1+x$,则 $\dot{R}=\frac{dR}{dt}=R_0\frac{dx}{dt}$。将这些关系代入式(3-50),可得

$$R_0\frac{dx}{dt} = \sqrt{\frac{2p_{g0}}{\rho}(1+x)^{-3}\left(1-\frac{1}{1+x}\right)}$$

$$= (1+x)^{-2} \sqrt{\frac{2 p_{g0}}{\rho} \cdot x}$$

对上式进行整理,可得

$$\frac{1}{R_0} \sqrt{p_{g0}/\rho} \cdot \mathrm{d}t = \frac{(1+x)^2}{\sqrt{2x}} \mathrm{d}x \tag{3-51}$$

将上式等号的两边积分,则

$$\frac{1}{R_0} \sqrt{p_{g0}/\rho} \cdot t = \sqrt{2x}\left(1 + \frac{2}{3}x + \frac{1}{5}x^2\right) \tag{3-52}$$

由上式可知,当 $x$ 膨胀并趋向无穷大时(即 $R \to \infty$),纯气泡绝热膨胀的时间 $t \to \infty$。

在纯气泡绝热膨胀的初始时刻,$t=0$,$R=R_0$,依据式(3-50)可知 $\dot{R}=0$;当 $t \to \infty$ 时,$x \to \infty$,即 $R \to \infty$,依据式(3-50)可知 $\dot{R}=0$。

图 3-5 是以 $p_{g0}=9.8 \times 10^4 \mathrm{Pa}$,$\rho=980 \mathrm{kg/m^3}$ 的情况为例,根据式(3-50)得出的纯气泡膨胀过程的泡壁速度变化曲线。由此可知,在纯气泡的膨胀过程中,必定存在最大膨胀速度 $\dot{R}_{\max}$。

将式(3-50)对 $t$ 求导,得

$$2\dot{R}\ddot{R} = 2\frac{p_{g0}}{\rho}\left(-3\frac{R_0^3}{R^4} + 4\frac{R_0^4}{R^5}\right)\dot{R} = 2\frac{p_{g0}}{\rho}\frac{R_0^3}{R^4}\left(4\frac{R_0}{R} - 3\right)\dot{R}$$

对上式进行整理,可得纯气泡膨胀过程中泡壁运动的加速度为

$$\ddot{R} = \frac{p_{g0}}{\rho}\frac{R_0^3}{R^4}\left(4\frac{R_0}{R} - 3\right) \tag{3-53}$$

当加速度为零时,由上式求得纯气泡半径为 $R = \frac{4}{3}R_0$。此时,纯气泡膨胀的速度为最大值,即 $\dot{R} = \dot{R}_{\max} = u_{r\max}$。

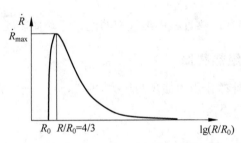

图 3-5　纯气泡膨胀的泡壁速度

### 3.4.3　纯气泡的绝热压缩

在压缩过程中,泡壁外的液体压力增大,即 $F(t) = p_\infty/\rho$。此时,纯气泡的泡壁运动速度式(3-49)变为

$$\dot{R}^2 = \frac{2}{3}\frac{p_{g0}}{\rho}\frac{1}{(\gamma-1)}\left[\left(\frac{R_0}{R}\right)^3 - \left(\frac{R_0}{R}\right)^{3\gamma}\right] - \frac{2}{3}\frac{p_\infty}{\rho}\left[1 - \left(\frac{R_0}{R}\right)^3\right] \tag{3-54}$$

则纯气泡绝热压缩时泡壁运动的速度 $\dot{R}$ 为

$$\dot{R} = \sqrt{\frac{2}{3}\frac{p_{g0}}{\rho}\frac{1}{(\gamma-1)}\left[\left(\frac{R_0}{R}\right)^3 - \left(\frac{R_0}{R}\right)^{3\gamma}\right] - \frac{2}{3}\frac{p_\infty}{\rho}\left[1 - \left(\frac{R_0}{R}\right)^3\right]}$$

当 $\dot{R}=0$ 时,纯气泡被压缩至最小半径 $R_c$,其满足如下关系:

$$\frac{p_{g0}}{p_\infty}\frac{1}{(\gamma-1)}\left[\left(\frac{R_0}{R_c}\right)^3 - \left(\frac{R_0}{R_c}\right)^{3\gamma}\right] = 1 - \left(\frac{R_0}{R_c}\right)^3 \tag{3-55}$$

当绝热指数 $\gamma=4/3$ 时,上式变为

$$\frac{p_{g0}}{p_\infty}\left(\frac{R_0}{R_c}\right)^3\left(1 - \frac{R_0}{R_c}\right) = \frac{1}{3}\left[1 - \left(\frac{R_0}{R_c}\right)^3\right] \tag{3-56}$$

由上式可知,纯气泡半径的极值 $R_c$ 不仅与初始半径 $R_0$ 有关,也与泡内初始压力 $p_{g0}$ 和泡外液体的压力 $p_\infty$ 之比有关。

下面举例说明纯气泡的运动过程:

(1) 当 $p_\infty = p_{g0}$ 时,由式(3-56)可知 $R_c = R_0$。此时,纯气泡的泡壁内外压强相等,纯气泡不膨胀也不压缩。

(2) 当 $p_\infty = 3p_{g0}$ 时,由式(3-56)得

$$\left(\frac{R_0}{R_c}\right)^3\left(1 - \frac{R_0}{R_c}\right) = 1 - \left(\frac{R_0}{R_c}\right)^3$$

令 $x=R_0/R_c$,则上式变为 $x^3(1-x)=1-x^3$。解方程得: $x=1.839$,即 $R_c \approx 0.544R_0$。此时,纯气泡半径被压缩至原来的约 0.544 倍。

(3) 当 $3p_\infty = p_{g0}$ 时,由式(3-56)求得 $R_c \approx 1.661R_0$,即纯气泡半径将膨胀至原有尺寸的约 1.661 倍。

因此,根据式(3-56)可以求出任意压力比($p_{g0}/p_\infty$)时纯气泡绝热压缩与膨胀时的临界半径 $R_c$。表 3-2 给出了几种压力比对应的纯气泡临界半径。

表 3-2　纯气泡的临界尺寸与压力比的关系

| $p_{g0}/p_\infty$ | 3 | 2.5 | 2 | 1.5 | 1 | 2/3 | 1/2 | 1/3 |
|---|---|---|---|---|---|---|---|---|
| $R_0/R_c$ | 0.602 | 0.652 | 0.720 | 0.822 | 1 | 1.234 | 1.446 | 1.839 |

理论上,纯气泡运动在绝热情况下是一个不稳定的振荡过程。不论空泡首先膨胀还是被压缩,纯气泡总是在被压缩至最小的空泡半径 $R_{cmin}$ 和膨胀至最大的空泡半径 $R_{cmax}$ 之间作不衰减的往复振荡,即纯气泡总是在不同的临界半径之间循环运动。

下面举例说明纯气泡的绝热变化过程:

(1) 当 $p_{g0} = 2p_\infty$ 时,由于纯气泡内部压力大于外部作用,纯气泡将开始膨胀,空泡半径增大。根据表 3-2 可知膨胀后最大半径 $R_{cmax} = (1/0.720)R_0$,而对应的纯气泡内部压力下降至最低。

对绝热膨胀过程($\gamma=4/3$), $p_g = p_{g0}\left(\frac{R_0}{R}\right)^4$,则

$$\frac{p_{min}}{p_\infty} = \frac{p_{g0}}{p_\infty}\left(\frac{R_0}{R_{cmax}}\right)^4 = 2\times(0.720)^4 = 0.537$$

上式说明当纯气泡半径膨胀至 $R_{cmax}$ 时,对应纯气泡内部压力 $p_g = 0.537p_\infty$。该绝热膨胀过程对应图 3-6 中由状态"Ⅰ"变化至状态"Ⅱ"。

(2) 当 $p_{g0} = 0.537p_\infty$ 时,纯气泡将经历绝热压缩过程。根据式(3-56),可计算得出压缩过程的最小空泡尺寸 $R_{cmin} = 0.720R_0$,此时压缩比为 $R_0/R_{cmin} = 1.389$。

根据最小空泡尺寸 $R_{cmin}$ 求出最大压力 $p_{max}$,即

$$\frac{p_{max}}{p_\infty} = \frac{p_{g0}}{p_\infty}\left(\frac{R_0}{R_{cmin}}\right)^4 = 0.537 \times 1.389^4 = 2.000$$

上式的结果表明,纯气泡在绝热压缩过程中半径减小至 $0.720R_0$,此时泡内压力增大至 $2p_\infty$。该绝热压缩过程对应图 3-6 中由状态"Ⅱ"变化至状态"Ⅲ"。

(3) 由于 $p_{g0} = 2p_\infty$,空泡将再次膨胀。根据表 3-2 可知,膨胀后最大空泡半径 $R_{cmax} = (1/0.720)0.720R_0 = R_0$,即空泡恢复至初始尺度。此时对应的空泡压力为

$$\frac{p_{min}}{p_\infty} = \frac{p_{g0}}{p_\infty}\left(\frac{R_0}{R_{cmax}}\right)^4 = 2 \times 0.720^4 = 0.537$$

所以,经过第二轮膨胀,空泡的半径为 $R_0$,空泡内压力为 $0.537p_\infty$。该绝热膨胀过程对应图 3-6 中由状态"Ⅲ"变化至状态"Ⅳ"。

(4) 因为此时空泡内压力较小,即 $p_{g0} = 0.537p_\infty$,纯气泡将经历再次绝热压缩过程。根据式(3-56)进行计算,可得出压缩过程的最小空泡尺寸 $R_{cmin} = 0.720R_0$,此时压缩比为 $R_0/R_{cmin} = 1.389$。

根据最小空泡尺寸 $R_{cmin}$ 求出最大压力 $p_{max}$,即

$$\frac{p_{max}}{p_\infty} = \frac{p_{g0}}{p_\infty}\left(\frac{R_0}{R_{cmin}}\right)^4 = 0.537 \times 1.389^4 = 2.000$$

上式的结果表明,纯气泡在第二轮绝热压缩过程中半径减小至 $0.720R_0$,此时泡内压力重新增大至 $2p_\infty$。该绝热压缩过程对应图 3-6 中由状态"Ⅳ"变化至状态"Ⅴ"。

按照上述计算,当空泡所处流场中压力突然降低时,纯气泡在绝热变化过程中先经历膨胀—压缩—膨胀的过程,空泡半径恢复到初始状态 $R_0$。由于空泡内外不平衡,空泡将继续"压缩—膨胀"的往复循环,空泡半径始终在初始半径 $R_0$ 至最小半径 $0.720R_0$ 之间振荡。因此,对于纯气泡而言,当空泡内外压力失去平衡后,在理论上纯气泡可以在空泡的最大与最小半径之间进行不衰减的往复振荡。

当纯气泡被大幅压缩(即 $R_{cmin} \ll R_0$)时,式(3-55)可以简化为

$$\frac{p_{g0}}{p_\infty}\frac{1}{(\gamma-1)}\left[1 - \left(\frac{R_0}{R_{cmin}}\right)^{3(\gamma-1)}\right] = -1$$

根据上式求得

$$\frac{R_0}{R_{cmin}} = \sqrt[3(\gamma-1)]{1 + \frac{p_\infty}{p_{g0}}(\gamma-1)} \tag{3-57}$$

当 $\gamma = 4/3$ 时,上式可表示成

$$\frac{R_0}{R_{cmin}} = 1 + \frac{p_\infty}{3p_{g0}}$$

上式可进一步转化为

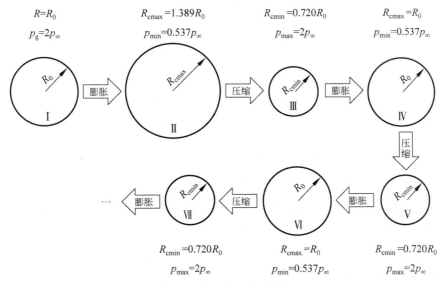

图 3-6　空泡绝热运动过程

$$R_{\mathrm{cmin}} = \frac{R_0}{1 + \dfrac{p_\infty}{3p_{\mathrm{g}0}}} \tag{3-58}$$

由上式也可求出各种压缩状态下的压力比 $p_\infty / p_{\mathrm{g}0}$。

　　为了计算纯气泡运动的加速度与最大压缩速度,对式(3-54)求导,则

$$2\dot{R}\ddot{R} = \frac{2}{3}\frac{p_{\mathrm{g}0}}{\rho} \cdot \frac{1}{(\gamma-1)}\left[-3\frac{R_0^3}{R^4}\dot{R} + 3\gamma\frac{R_0^{3\gamma}}{R^{3\gamma+1}}\dot{R}\right] - \frac{2}{3}\frac{p_\infty}{\rho}\left[3\frac{R_0^3}{R^4}\dot{R}\right]$$

整理上式,可得

$$\begin{aligned}
\ddot{R} &= \frac{p_{\mathrm{g}0}}{\rho}\cdot\frac{1}{(\gamma-1)}\frac{R_0^3}{R^4}\left[\gamma\left(\frac{R_0}{R}\right)^{3(\gamma-1)}-1\right] - \frac{p_\infty}{\rho}\frac{R_0^3}{R^4}\\
&= \frac{p_{\mathrm{g}0}}{\rho}\cdot\frac{1}{(\gamma-1)}\frac{R_0^3}{R^4}\left[\gamma\left(\frac{R_0}{R}\right)^{3(\gamma-1)}-1-\frac{p_\infty}{p_{\mathrm{g}0}}(\gamma-1)\right]
\end{aligned}$$

当 $\ddot{R}=0$ 时,可求得达到最大压缩速度时的气泡半径为

$$R_{\mathrm{cmin}} = \sqrt[3(\gamma-1)]{\gamma\left/\left[1+(\gamma-1)\frac{p_\infty}{p_{\mathrm{g}0}}\right]\right.} \cdot R_0 \tag{3-59}$$

将式(3-57)代入上式,则

$$R_{\mathrm{cmin}} = \sqrt[3(\gamma-1)]{\gamma} \cdot R_0$$

因此,当 $\gamma=4/3$ 时,$R_{\mathrm{cmin}}=4/3R_0$,此时纯气泡运动的速度最大。

　　将式(3-59)代入式(3-54),可求得最大压缩速度为

$$\dot{R}_{\max}^2 = \frac{2}{3}\frac{p_{\mathrm{g}0}}{\rho}\left\{(1/\gamma)^{\frac{\gamma}{\gamma-1}}\left[1+\frac{p_\infty}{p_{\mathrm{g}0}}(\gamma-1)\right]^{\frac{\gamma}{\gamma-1}} - \frac{p_{\mathrm{g}0}}{p_\infty}\right\} \tag{3-60}$$

纯气泡被压缩时会引起泡内温度升高。纯气泡的温度变化可根据下式计算

$$T = T_0(R_0/R)^{3(\gamma-1)} \tag{3-61}$$

式中，$T$ 为空泡内气体的绝对温度；$T_0$ 为空泡内气体的初始绝对温度。

将式(3-59)代入式(3-61)，则可求得纯气泡被压缩至最小尺寸时的泡内气体温度为

$$T_{\max} = T_0 \left[ 1 + (\gamma - 1) \frac{p_{\infty}}{p_{g0}} \right] \tag{3-62}$$

当 $\gamma = 4/3$ 时，泡内气体温度为

$$T_{\max} = T_0 \left( 1 + \frac{1}{3} \frac{p_{\infty}}{p_{g0}} \right) \tag{3-63}$$

对纯气泡，当初始温度 $T_0 = 300K$ 时，$\gamma = 4/3$，$p_{g0} = 980.8Pa$，$p_{\infty} = 98088Pa$，$\rho = 980.9kg/m^3$，求得纯气泡压缩过程中的运动参数如下：

① 最大压缩速度 $\dot{R}_{\max} = 541.4m/s$；

② 纯气泡被压缩到最小尺寸时的半径 $R_{cmin} = 0.029R_0$；

③ 泡内最大压力 $p_{\max} = 1.363 \times 10^9 Pa$；

④ 泡内最高温度 $T_{\max} = 10300 K$。

纯气泡的泡壁最大压缩速度、泡内最大压力和最高温度的数值都很大。由于气体的热传导系数很大，如果气泡表面的温度为 $T_0$，则泡内气体将具有很大的温度梯度。实验观测到在空化流场中常常伴有闪光现象，很可能就是空泡压缩过程中泡内高温所致。

## 3.5 纯气泡的等温膨胀与压缩

### 3.5.1 纯气泡运动的速度与加速度

对于纯气泡的等温变化过程，仍然采用式(3-46)所示的瑞利方程或者式(3-47)所示的瑞利方程的变换形式来描述空泡的运动。

对等温变化的气体，$p_g = p_{g0}(R_0/R)^3$。将 $p_g$ 代入式(3-47)，则

$$d(R^3 \dot{R}^2) = 2R^2 \left[ \frac{p_{g0}}{\rho} \left( \frac{R_0}{R} \right)^3 - F(t) \right] dR$$

对上式积分并整理，可得

$$\dot{R}^2 = 2 \frac{p_{g0}}{\rho} \left( \frac{R_0}{R} \right)^3 \ln \frac{R}{R_0} - \frac{2}{3} F(t) \left[ 1 - \left( \frac{R_0}{R} \right)^3 \right] \tag{3-64}$$

把上式代入式(3-46)，可得纯气泡的泡壁运动加速度为

$$\ddot{R} = \frac{R_0^3}{R^4} \left[ \frac{p_{g0}}{\rho} \left( 1 - 3\ln \frac{R}{R_0} \right) - F(t) \right] \tag{3-65}$$

### 3.5.2 纯气泡的等温膨胀

将 $F(t) = -p_{\infty}/\rho$ 代入式(3-64)，则

$$\dot{R}^2 = 2 \frac{p_{g0}}{\rho} \left( \frac{R_0}{R} \right)^3 \ln \frac{R}{R_0} + \frac{2}{3} \frac{p_{\infty}}{\rho} \left[ 1 - \left( \frac{R_0}{R} \right)^3 \right]$$

因此，纯气泡等温膨胀的泡壁运动速度为

$$\dot{R} = \sqrt{2\frac{p_{g0}}{\rho}\left(\frac{R_0}{R}\right)^3 \ln\frac{R}{R_0} + \frac{2}{3}\frac{p_\infty}{\rho}\left[1 - \left(\frac{R_0}{R}\right)^3\right]} \tag{3-66}$$

将 $F(t) = -p_\infty/\rho$ 代入式(3-65),则可求出纯气泡等温膨胀的泡壁运动加速度为

$$\ddot{R} = \frac{R_0^3}{R^4}\left[\frac{p_{g0}}{\rho}\left(1 - 3\ln\frac{R}{R_0}\right) + \frac{p_\infty}{\rho}\right] \tag{3-67}$$

### 3.5.3　纯气泡的等温压缩

将 $F(t) = p_\infty/\rho$ 代入式(3-64),则

$$\dot{R}^2 = 2\frac{p_{g0}}{\rho}\left(\frac{R_0}{R}\right)^3 \ln\frac{R}{R_0} - \frac{2}{3}\frac{p_\infty}{\rho}\left[1 - \left(\frac{R_0}{R}\right)^3\right] \tag{3-68}$$

根据上式求出纯气泡等温压缩的泡壁运动速度为

$$\dot{R} = \sqrt{2\frac{p_{g0}}{\rho}\left(\frac{R_0}{R}\right)^3 \ln\frac{R}{R_0} - \frac{2}{3}\frac{p_\infty}{\rho}\left[1 - \left(\frac{R_0}{R}\right)^3\right]}$$

将 $F(t) = p_\infty/\rho$ 代入式(3-65),则可求出纯气泡等温压缩的泡壁运动加速度为

$$\ddot{R} = \frac{R_0^3}{R^4}\left[\frac{p_{g0}}{\rho}\left(1 - 3\ln\frac{R}{R_0}\right) - \frac{p_\infty}{\rho}\right] \tag{3-69}$$

根据式(3-66)、式(3-67)、式(3-68)和式(3-69),可进行与3.4节中类似的各种纯气泡运动特性的讨论。

## 3.6　复合空泡的运动特性

在实际的空化流动中,空泡多体现为复合空泡,即空泡中既有蒸气成分,也有不可凝结的气体成分。此外,液体的表面张力在微重力、多相界面等条件下对空泡运动有重要影响。因此,在本节中讨论在压力场和表面张力作用下复合空泡的运动。

### 3.6.1　复合空泡的绝热压缩

首先考虑表面张力影响下,纯汽泡的绝热压缩过程。此时,$p_L = p_v - \dfrac{2\sigma_s}{R}$,$F(t) = p_\infty/\rho$。把这些关系代入式(3-29),则

$$\frac{\mathrm{d}(R^3\dot{R}^2)}{\mathrm{d}R} = 2R^2\left[\frac{p_v - p_\infty}{\rho} - \frac{2\sigma_s}{\rho R}\right]$$

将上式等号的两边积分,并整理可得

$$\dot{R}^2 = \frac{2}{3}\frac{p_v - p_\infty}{\rho}\left(1 - \frac{R_0^3}{R^3}\right) - \frac{2\sigma_s}{\rho R}\left(1 - \frac{R_0^2}{R^2}\right) \tag{3-70}$$

或者写成如下形式:

$$\dot{R}^2 = \frac{2}{3}\frac{p_v}{\rho}\left(1 - \frac{R_0^3}{R^3}\right) - \frac{2}{3}\frac{p_\infty}{\rho}\left(1 - \frac{R_0^3}{R^3}\right) - \frac{2\sigma_s}{\rho R}\left(1 - \frac{R_0^2}{R^2}\right) \tag{3-71}$$

与式(3-30)相比,式(3-70)多了考虑表面张力影响的项 $-\dfrac{2\sigma_s}{\rho R}\left(1-\dfrac{R_0^2}{R^2}\right)$。按照相同的思路,在复合空泡绝热压缩时的泡壁速度公式中还有必要增加表示纯气泡绝热压缩的项。

当 $\gamma=4/3$ 时,表示纯气泡绝热压缩过程中泡壁运动速度的式(3-54)变为

$$\dot{R}^2 = 2\frac{p_{g0}}{\rho}\left(\frac{R_0}{R}\right)^3\left(1-\frac{R_0}{R}\right) - \frac{2}{3}\frac{p_\infty}{\rho}\left[1-\left(\frac{R_0}{R}\right)^3\right]$$

上式中,等号右边的第二项 $-\dfrac{2}{3}\dfrac{p_\infty}{\rho}\left[1-\left(\dfrac{R_0}{R}\right)^3\right]$ 表示液体流场对空泡运动的影响,它在形式上与式(3-71)等号右边的第二项完全相同。这样可以认为,上式等号右边的第一项 $2\dfrac{p_{g0}}{\rho}\left(\dfrac{R_0}{R}\right)^3\left(1-\dfrac{R_0}{R}\right)$ 就是表示空泡中气体分压对空泡绝热压缩影响的项。因此,在式(3-70)的基础上,可以得到复合空泡绝热压缩时的泡壁速度公式为

$$\dot{R}^2 = \frac{2}{3}\frac{p_v - p_\infty}{\rho}\left(1-\frac{R_0^3}{R^3}\right) + 2\frac{p_{g0}}{\rho}\left(\frac{R_0}{R}\right)^3\left(1-\frac{R_0}{R}\right) - \frac{2\sigma_s}{\rho R}\left(1-\frac{R_0^2}{R^2}\right) \qquad (3-72)$$

### 3.6.2 复合空泡的等温压缩

式(3-68)是纯气泡等温压缩时泡壁运动的速度计算式。在该式基础上,增加表示蒸气分压影响的项 $\dfrac{2}{3}\dfrac{p_v}{\rho}\left(1-\dfrac{R_0^3}{R^3}\right)$ 和考虑表面张力影响的项 $-\dfrac{2\sigma_s}{\rho R}\left(1-\dfrac{R_0^2}{R^2}\right)$,可得出复合空泡等温压缩时泡壁运动的速度公式,即

$$\dot{R}^2 = \frac{2}{3}\frac{p_v - p_\infty}{\rho}\left(1-\frac{R_0^3}{R^3}\right) + 2\frac{p_{g0}}{\rho}\left(\frac{R_0}{R}\right)^3\ln\frac{R}{R_0} - \frac{2\sigma_s}{\rho R}\left(1-\frac{R_0^2}{R^2}\right) \qquad (3-73)$$

在式(3-72)与式(3-73)中,等号右边的第一项表示空泡内蒸气分压与外力对泡壁运动的影响,第二项表示气体分压对泡壁运动的影响,而第三项表示液体的表面张力对泡壁运动的影响。

同样地,根据泡壁运动的速度计算式如式(3-72)与式(3-73),可以求出泡壁运动的加速度,以及复合空泡的其他运动特征参数。

此外,基于同样的思路,也可以分析在蒸气分压、气体分压和表面张力作用下,复合空泡经历绝热与等温膨胀过程中泡壁运动的速度、加速度等运动特性。

## 3.7 液体物性对空泡的影响

实际流动中,液体的密度、黏性、饱和蒸气压力、表面张力系数等物性参数均会影响流场,进而影响空泡的泡壁运动,影响空化的发生与发展。本节主要讨论黏性液体中空泡的膨胀和压缩,以及液体可压缩性对空泡运动的影响。

### 3.7.1 液体的黏性

基于不可压缩黏性液体、球对称流动的假设,且暂不考虑表面张力的影响,则作用在空泡泡壁上的压强 $p_L$ 为

$$p_L = p_v + p_g + 2\mu \frac{\partial u_r}{\partial r} = p_R + 2\mu \frac{\partial u_r}{\partial r} \tag{3-74}$$

式中,$p_R$ 为空泡内部的压强。

根据球对称假设,不可压缩流体的质量守恒方程为

$$\frac{\partial u_r}{\partial r} + 2\frac{u_r}{r} = 0$$

将上式等号左边的第二项移项至等号右边,则在空泡的泡壁处(即 $r=R$),可得

$$u_r = \dot{R}$$

$$\frac{\partial u_r}{\partial r}\bigg|_{r=R} = -\frac{2\dot{R}}{R}$$

将上式代入式(3-74),可得

$$p_L = p_R - 4\mu\frac{\dot{R}}{R} \tag{3-75}$$

把上式再代入瑞利方程(即式(3-28)),得到不可压缩液体流场中不考虑表面张力、在球对称假设条件下的泡壁运动方程

$$R\ddot{R} + \frac{3}{2}\dot{R}^2 = \frac{p_R}{\rho} - \frac{4\mu}{\rho}\frac{\dot{R}}{R} - F(t) \tag{3-76}$$

当空泡收缩时,令 $F(t) = p_\infty/\rho$,则上式变为

$$R\ddot{R} + \frac{3}{2}\dot{R}^2 = \frac{p_R - p_\infty}{\rho} - \frac{4\mu}{\rho}\frac{\dot{R}}{R} \tag{3-77}$$

由于 $R\ddot{R} + \frac{3}{2}\dot{R}^2 = \frac{\mathrm{d}(R^3\dot{R}^2)}{\mathrm{d}t}\frac{1}{2R^2\dot{R}}$,则上式可变为

$$\frac{\mathrm{d}(R^3\dot{R}^2)}{\mathrm{d}t} = 2R^2\frac{p_R - p_\infty}{\rho}\frac{\mathrm{d}R}{\mathrm{d}t} - \frac{8\mu R}{\rho}\dot{R}^2$$

将上式的等号两边同时乘以 $\mathrm{d}t$,则上式可化为

$$\mathrm{d}(R^3\dot{R}^2) = 2R^2\frac{p_R - p_\infty}{\rho}\mathrm{d}R - \frac{8\mu R}{\rho}\dot{R}^2\mathrm{d}t$$

将上式等号两边分别积分,可得

$$R^3\dot{R}^2 = \frac{2(p_R - p_\infty)}{\rho}\int_{R_0}^{R} R^2\mathrm{d}R - \frac{8\mu}{\rho}\int_0^t R\dot{R}^2\mathrm{d}t$$

上式经整理后,可化为

$$\frac{2(p_R - p_\infty)}{3}(R^3 - R_0^3) = \rho R^3\dot{R}^2 + 8\mu\int_0^t R\dot{R}^2\mathrm{d}t \tag{3-78}$$

为了便于分析,将式(3-77)、式(3-78)进行无量纲化。

(1) 空泡被压缩的情形。定义无量纲半径 $\beta = R/R_0$,则

$$\mathrm{d}R = R_0\mathrm{d}\beta, \quad \mathrm{d}^2R = R_0\mathrm{d}^2\beta$$

定义无量纲时间 $\tau = \frac{t}{R_0}\sqrt{\frac{p_\infty - p_R}{\rho}}$,则

$$dt = R_0 \sqrt{\frac{\rho}{p_\infty - p_R}} \cdot d\tau$$

定义无量纲黏性系数 $c = \dfrac{4\mu}{R_0 \sqrt{\rho(p_\infty - p_R)}}$，则

$$\dot{R} = \frac{dR}{dt} = \sqrt{\frac{p_\infty - p_R}{\rho}} \frac{d\beta}{d\tau}$$

将上述关系代入式(3-77)、(3-78)，则得到无量纲的形式为

$$\beta \frac{d^2\beta}{d\tau^2} + \frac{3}{2} \left(\frac{d\beta}{d\tau}\right)^2 + \frac{c}{\beta} \frac{d\beta}{d\tau} + 1 = 0 \tag{3-79}$$

$$\frac{1}{3}(1-\beta^3) - \frac{1}{2}\beta^3 \left(\frac{d\beta}{d\tau}\right)^2 - c \int_0^\tau \beta \left(\frac{d\beta}{d\tau}\right)^2 d\tau = 0 \tag{3-80}$$

(2) 空泡膨胀的情形。由于空泡内部压力 $p_R$ 大于外力 $p_\infty$，所以无量纲时间与无量纲黏性系数的定义分别为

$$\tau = \frac{t}{R_0} \sqrt{\frac{p_R - p_\infty}{\rho}}$$

$$c = \frac{4\mu}{R_0 \sqrt{\rho(p_R - p_\infty)}}$$

将无量纲半径、无量纲时间与无量纲黏性系数及其对应的微分、导数等关系式分别代入式(3-77)、式(3-78)，则

$$\beta \frac{d^2\beta}{d\tau^2} + \frac{3}{2} \left(\frac{d\beta}{d\tau}\right)^2 + \frac{c}{\beta} \frac{d\beta}{d\tau} - 1 = 0 \tag{3-81}$$

$$\frac{1}{3}(\beta^3 - 1) - \frac{1}{2}\beta^3 \left(\frac{d\beta}{d\tau}\right)^2 - c \int_0^\tau \beta \left(\frac{d\beta}{d\tau}\right)^2 d\tau = 0 \tag{3-82}$$

(3) 无量纲黏性系数的影响。分析式(3-80)和式(3-82)可知，$c = 6^{0.5}$ 为方程求解的临界值。当 $c \geqslant 6^{0.5}$ 时，压缩或膨胀的时间 $t \to \infty$；当 $c < 6^{0.5}$ 时，压缩或膨胀的时间 $t$ 为有限值。

下面举例说明黏性系数对空泡运动的影响：

① 空泡被压缩的情形。当 $\rho = 1000\text{kg/m}^3$，$\mu = 0.001\text{N} \cdot \text{s/m}^2$，$R_0 = 10^{-7}\text{ m}$，$p_\infty - p_R = 10^4\text{kPa}$ 时，可求出 $c = 4$。图 3-7(a)表示无量纲空泡半径随无量纲时间的变化。在理想流体状态(即 $c = 0$)下，空泡半径随时间急剧下降，在无量纲时间为 1 时被压缩至很小的尺度；而在 $c = 4$ 时，空泡被缓慢压缩，压缩时间大幅延长。

② 空泡膨胀的情形。当 $\rho = 1000\text{kg/m}^3$，$\mu = 0.001\text{N} \cdot \text{s/m}^2$，$R_0 = 10^{-7}\text{m}$，$p_R - p_\infty = 160\text{Pa}$ 时，可求出 $c = 100$。图 3-7(b)表示无量纲空泡半径随无量纲时间的变化。在理想流体状态(即 $c = 0$)下，空泡半径随时间急剧增大，在较短的时间内就膨胀至很大的尺度；而在 $c = 100$ 时，空泡缓慢膨胀，膨胀时间也大幅延长。

因此，黏性对空泡运动的影响主要体现为液体的阻尼作用，即液体黏性会限制空泡的膨胀与压缩过程，延缓空泡膨胀与压缩的时间。国内外学者还开展了大量的试验，充分证明了液体黏性对空泡的影响[3]。

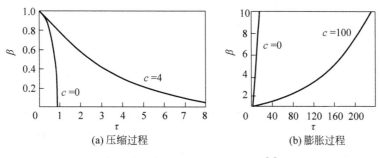

图 3-7　黏性对空泡运动的影响[3]

### 3.7.2　液体的表面张力

在式(3-74)中加入表示表面张力的项,则泡壁上的作用力表达式变为

$$p_L = p_R + 2\mu \frac{\partial u_r}{\partial r} - \frac{2\sigma_s}{R}$$

考虑表面张力后,式(3-75)应表示为

$$p_L = p_R - 4\mu \frac{\dot{R}}{R} - \frac{2\sigma_s}{R}$$

将上式代入瑞利方程,则

$$R\ddot{R} + \frac{3}{2}\dot{R}^2 = \frac{p_R - p_\infty}{\rho R} - \frac{4\mu}{\rho}\frac{\dot{R}}{R} - \frac{2\sigma_s}{\rho R} \tag{3-83}$$

将上式进行转换,可得

$$\frac{2(p_R - p_\infty)}{3}(R^3 - R_0^3) = -2\sigma_s(R_0^2 - R^2) + \rho R^3 \dot{R}^2 + 8\mu \int_0^t R\dot{R}^2 \mathrm{d}t \tag{3-84}$$

与式(3-78)相比,上式的等号右边多了表面张力项$-2\sigma_s(R_0^2 - R^2)$。同样地,将式(3-84)进行无量纲化,定义无量纲半径为$\beta = R/R_0$。

当空泡被压缩时,定义无量纲时间为$\tau = \frac{t}{R_0}\sqrt{\frac{p_\infty - p_R}{\rho}}$,无量纲黏性系数为$c = \frac{4\mu}{R_0\sqrt{\rho(p_\infty - p_R)}}$、无量纲表面张力系数为$D = \frac{\sigma_s}{R_0(p_\infty - p_R)}$。

将上述关系代入式(3-84),可得到该式的无量纲形式为

$$\frac{1}{3}(1 - \beta^3) + D(1 - \beta^2) - \frac{1}{2}\beta^3\dot{\beta}^2 - c\int_0^\tau \beta\dot{\beta}^2 \mathrm{d}\tau = 0 \tag{3-85}$$

当空泡膨胀时,定义无量纲时间为$\tau = \frac{t}{R_0}\sqrt{\frac{p_R - p_\infty}{\rho}}$,无量纲黏性系数为$c = \frac{4\mu}{R_0\sqrt{\rho(p_R - p_\infty)}}$、无量纲表面张力系数为$D = \frac{\sigma_s}{R_0(p_R - p_\infty)}$。

将上述关系代入式(3-84),可得到空泡膨胀时的无量纲形式为

$$\frac{1}{3}(\beta^3 - 1) + D(\beta^2 - 1) - \frac{1}{2}\beta^3\dot{\beta}^2 - c\int_0^\tau \beta\dot{\beta}^2 \mathrm{d}\tau = 0 \tag{3-86}$$

下面举例说明表面张力对空泡运动的影响:

(1) 空泡被压缩的情形。$\rho = 1000\text{kg/m}^3$,$\mu = 0.001\text{N} \cdot \text{s/m}^2$,$R_0 = 10^{-7}\text{m}$,$p_\infty - p_R = 10^4\text{kPa}$,$\sigma_s = 0.025\text{N/m}$,可求出 $c = 4$,$D = 0.025$。图 3-8(a)表示不同表面张力系数情况下无量纲空泡半径随无量纲时间的变化。由此可知,液体的表面张力将加速空泡被压缩的过程。

(2) 空泡膨胀的情形。$\rho = 1000\text{kg/m}^3$,$\mu = 0.001\text{N} \cdot \text{s/m}^2$,$R_0 = 10^{-7}\text{m}$,$p_R - p_\infty = 160\text{Pa}$,$\sigma_s = 4 \times 10^{-6}\text{N/m}$,可求出 $c = 100$,$D = 0.25$。图 3-8(b)表示两种表面张力系数条件下无量纲空泡半径随无量纲时间的变化。与无表面张力的情况相比,$D = 0.25$ 时空泡膨胀的速率减缓。

因此,液体的表面张力加速了空泡的压缩过程,而对膨胀起到延缓作用。

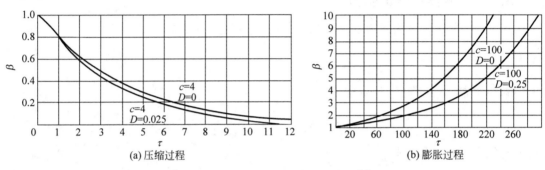

图 3-8　表面张力对空泡运动的影响[3]

### 3.7.3　液体的可压缩性

由式(3-60)可知,在纯气泡的绝热压缩过程中泡壁最大压缩速度很大,可达到接近或者超过液体中声速的数值。因此,在空泡运动的分析中须考虑液体可压缩性的影响。尤其在空泡被压缩的后期或者空泡溃灭时,液体可压缩性的影响是不可忽略的。

对于实际可压缩非恒定的球对称流动,质量与动量守恒方程为

$$\frac{\partial \rho}{\partial t} + u_r \frac{\partial \rho}{\partial r} = -\frac{\rho}{r^2} \frac{\partial (r^2 u_r)}{\partial r} \tag{3-87}$$

$$\frac{\partial u_r}{\partial t} + u_r \frac{\partial u_r}{\partial r} + \frac{1}{\rho} \frac{\partial p}{\partial r} = 0 \tag{3-88}$$

显然,在动量守恒方程中并未考虑黏性力与表面张力。尽管如此,上述公式仍然无法直接求出解析解。但在实际工程中可以采用"拟声学近似法",即认为 $\frac{\partial \rho}{\partial r} u_r = 0$,$\frac{\partial u_r}{\partial r} u_r = 0$,且流场中的密度等于无穷远处的液体密度($\rho_\infty$),从而使方程得到简化。这样,式(3-87)和式(3-88)可分别简化为

$$\frac{\partial \rho}{\partial t} = -\frac{\rho_\infty}{r^2} \frac{\partial (r^2 u_r)}{\partial r} \tag{3-89}$$

$$\frac{\partial u_r}{\partial t} + \frac{1}{\rho_\infty} \frac{\partial p}{\partial r} = 0 \tag{3-90}$$

当空泡被压缩时,由于空泡被压缩的过程很迅速,通常可以忽略热扩散,将空泡运动看成绝热变化过程。因此,液体的压强与密度的关系为

$$\frac{p+B}{p_\infty+B} = \left(\frac{\rho}{\rho_\infty}\right)^n$$

式中,$B$ 和 $n$ 为常数;下标 $\infty$ 表示未受扰动的、无穷远处的参数。

由于液体中的声速 $c_a = \sqrt{dp/d\rho}$,则

$$c_a = c_{a\infty}\left(\frac{p+B}{p_\infty+B}\right)^{\frac{n-1}{2n}} \tag{3-91}$$

式中,$c_{a\infty}$ 为未受扰动的液体声速。由上式可知,流场中的压强 $p$ 增大时声速 $c_a$ 也增大。

因为 $\dfrac{\partial \rho}{\partial t} = \dfrac{\partial \rho}{\partial p} \cdot \dfrac{\partial p}{\partial t}$,则式(3-89)等号左边的第一项可变为 $\dfrac{\partial \rho}{\partial t} = \dfrac{1}{c_{a\infty}^2}\dfrac{\partial p}{\partial t}$。而 $u_r = \dfrac{\partial \Psi}{\partial r}$,则可将式(3-89)、式(3-90)分别改写为

$$\frac{1}{c_{a\infty}^2}\frac{\partial p}{\partial t} = -\frac{\rho_\infty}{r^2}\frac{\partial}{\partial r}\left(r^2\frac{\partial \Psi}{\partial r}\right) \tag{3-92}$$

$$\frac{\partial^2 \Psi}{\partial r \partial t} = -\frac{1}{\rho_\infty}\frac{\partial p}{\partial r} \tag{3-93}$$

联立式(3-92)和式(3-93),则可得

$$\frac{\partial^2 (r\Psi)}{\partial t^2} = c_{a\infty}^2\frac{\partial^2 (r\Psi)}{\partial r^2} \tag{3-94}$$

显然,上式为一维(球形)波动方程。因此,其通解为

$$r\Psi = f\left(t - \frac{r}{c_{a\infty}}\right) + F\left(t - \frac{-r}{c_{a\infty}}\right) \tag{3-95}$$

上式的解包括一组沿坐标 $r$ 正向传播的波和一组沿 $r$ 反向传播的波。对于沿坐标 $r$ 正向传播的波 $r\Psi = f(t - r/c_{a\infty})$,有

$$\frac{\partial (r\Psi)}{\partial t} = f'$$

$$\frac{\partial (r\Psi)}{\partial r} = -\frac{1}{c_{a\infty}}f'$$

则存在如下关系:

$$\left(\frac{\partial}{\partial t} + c_{a\infty}\frac{\partial}{\partial r}\right)(r\Psi) = 0 \tag{3-96}$$

上式说明 $(r\Psi)$ 沿 $r$ 正向、以 $c_{a\infty}$ 的速度传播。

将式(3-88)改写为

$$\frac{\partial}{\partial t}\left(\frac{\partial \Psi}{\partial r}\right) + \frac{\partial}{\partial r}\left(\frac{u_r^2}{2}\right) + \frac{1}{\rho}\frac{\partial p}{\partial r} = 0 \tag{3-97}$$

将上式的等号两边积分,得

$$\frac{\partial \Psi}{\partial t} + \frac{u_r^2}{2} + \int_{p_\infty}^{p}\frac{dp}{\rho} = 0$$

将上式等号左边的后两项移至等号右边,得

$$\frac{\partial \Psi}{\partial t} = -\frac{u_r^2}{2} - \int_{p_\infty}^{p} \frac{\mathrm{d}p}{\rho} \tag{3-98}$$

再对式(3-98)求偏导,则可得

$$\frac{\partial^2 \Psi}{\partial t^2} = -u_r \frac{\partial u_r}{\partial t} - \frac{1}{\rho} \frac{\partial p}{\partial t} \tag{3-99}$$

将式(3-96)分解,并对 $t$ 求偏导,得

$$r \frac{\partial^2 \Psi}{\partial t^2} + c_{a\infty} \frac{\partial \Psi}{\partial t} + c_{a\infty} r \frac{\partial u_r}{\partial t} = 0 \tag{3-100}$$

再将式(3-88)等号左边的后两项移至等号右边,得

$$\frac{\partial u_r}{\partial t} = -u_r \frac{\partial u_r}{\partial r} - \frac{1}{\rho} \frac{\partial p}{\partial r} \tag{3-101}$$

将式(3-99)、式(3-98)和式(3-101)的关系式代入式(3-100),则可得

$$r \left( u_r \frac{\partial u_r}{\partial t} + \frac{1}{\rho} \frac{\partial p}{\partial t} \right) + c_{a\infty} \left( \frac{u_r^2}{2} + \int_{p_\infty}^{p} \frac{\mathrm{d}p}{\rho} \right) + c_{a\infty} r \left( u_r \frac{\partial u_r}{\partial r} + \frac{1}{\rho} \frac{\partial p}{\partial r} \right) = 0 \tag{3-102}$$

上式表示液体流场中任意位置的速度与压强之间的关系。

在空泡的泡壁处,即 $r = R$ 时, $u_r = \dot{R}$ , $\dfrac{\mathrm{d}u_r}{\mathrm{d}t} = \ddot{R}$ , $p = p_R$ ,则

$$\frac{\mathrm{d}p_R}{\mathrm{d}t} = \frac{\partial p}{\partial t}\bigg|_{r=R} + \dot{R} \frac{\partial p}{\partial r}\bigg|_{r=R}$$

$$\ddot{R} = \frac{\partial u_r}{\partial t}\bigg|_{r=R} + \dot{R} \frac{\partial u_r}{\partial r}\bigg|_{r=R} \tag{3-103}$$

此时,式(3-87)可变换为

$$\frac{1}{\rho(c_{a\infty})^2} \frac{\partial p}{\partial t}\bigg|_{r=R} + \frac{\dot{R}}{\rho(c_{a\infty})^2} \frac{\partial p}{\partial r}\bigg|_{r=R} + \frac{\partial u_r}{\partial r}\bigg|_{r=R} + \frac{2\dot{R}}{R} = 0 \tag{3-104}$$

在泡壁处,式(3-88)可写成如下形式:

$$\frac{\partial u_r}{\partial t}\bigg|_{r=R} + \dot{R} \frac{\partial u_r}{\partial r}\bigg|_{r=R} + \frac{1}{\rho} \frac{\partial p}{\partial r}\bigg|_{r=R} = 0 \tag{3-105}$$

联立式(3-103)、式(3-104)和式(3-105),可得出下列关系式:

$$\begin{cases} \dfrac{\partial p}{\partial r}\bigg|_{r=R} = -\rho\ddot{R} \\[2mm] \dfrac{\partial p}{\partial t}\bigg|_{r=R} = \dfrac{\mathrm{d}p_R}{\mathrm{d}t} + \rho\dot{R}\ddot{R} \\[2mm] \dfrac{\partial u_r}{\partial r}\bigg|_{r=R} = -\dfrac{2\dot{R}}{R} - \dfrac{1}{\rho(c_{a\infty})^2} \dfrac{\mathrm{d}p_R}{\mathrm{d}t} \\[2mm] \dfrac{\partial u_r}{\partial t}\bigg|_{r=R} = \ddot{R} + \dfrac{2\dot{R}^2}{R} + \dfrac{1}{\rho(c_{a\infty})^2} \dfrac{\mathrm{d}p_R}{\mathrm{d}t} \end{cases}$$

将上述关系式代入式(3-102),则可得到考虑液体可压缩性影响的瑞利方程(即空泡的泡壁运动方程式)为

$$\left(1 - \frac{2\dot{R}}{c_{a\infty}}\right)R\ddot{R} + \left(\frac{3}{2} - \frac{2\dot{R}}{c_{a\infty}}\right)\dot{R}^2 = \frac{R}{\rho\dot{R}}\left(\frac{\dot{R}}{c_{a\infty}} - \frac{\dot{R}^2}{c_{a\infty}^2} + \frac{\dot{R}^3}{c_{a\infty}^3}\right)\frac{\mathrm{d}p_R}{\mathrm{d}t} + \int_{p_\infty}^{p}\frac{\mathrm{d}p}{\rho} \quad (3\text{-}106)$$

由于在液体中的声速较大，因此 $\dot{R}/c_{a\infty}$ 往往较小，故上式可通常简化为式(3-28)。

当 $\rho \approx \rho_\infty$ 时，忽略式(3-106)中 $(\dot{R}/c_{a\infty})$ 的高次项，并在公式等号两边乘以 $2R^2$ 后进行积分，经整理后可得

$$\left(1 - \frac{4\dot{R}}{3c_{a\infty}}\right)R^3\dot{R}^2 - \left(1 - \frac{4\dot{R}\mid_{R=R_0}}{3c_{a\infty}}\right)R_0^3\dot{R}^2\mid_{R=R_0}$$

$$= \frac{2p_\infty}{3\rho_\infty}(R_0^3 - R^3) + \frac{2}{\rho_\infty}\int_{p_\infty}^{p}\left(p_R + \frac{R\dot{R}}{c_{a\infty}}\frac{\mathrm{d}p_R}{\mathrm{d}R}\right)R^2\mathrm{d}R \quad (3\text{-}107)$$

式中，$\dot{R}\mid_{R=R_0}$ 表示泡壁的初始运动速度。

如果已知空泡内的气体状态(如绝热、等温等)，则可给出 $p_R$ 与 $R$ 的关系，再通过数值方法求出在考虑液体可压缩性影响时的泡壁运动速度 $\dot{R}$。

# 3.8　流场特性对空泡的影响

## 3.8.1　变化的压力场

在前面的讨论中，往往认为无穷远处的压力场是恒定的，即 $p_\infty$ 为常数，但实际上 $p_\infty$ 通常是连续变化的，且为时间函数，即 $p_\infty = p_\infty(t)$。所以，需要考虑变化的压力场对空泡运动的影响。

当考虑液体表面张力的影响，且气体等温变化时，则在变化的压力场中的瑞利方程为

$$R\ddot{R} + \frac{3}{2}\dot{R}^2 = \frac{p_v}{\rho} + \frac{p_{g0}}{\rho}\left(\frac{R_0}{R}\right)^3 - \frac{2\sigma_s}{\rho R} - \frac{p(t)}{\rho}$$

将 $p_{g0}$ 的表达式代入上式，则可得

$$R\ddot{R} + \frac{3}{2}\dot{R}^2 = \frac{p_v}{\rho} + \frac{1}{\rho}\left(p_0 - p_v + \frac{2\sigma_s}{R_0}\right)\left(\frac{R_0}{R}\right)^3 - \frac{2\sigma_s}{\rho R} - \frac{p(t)}{\rho} \quad (3\text{-}108)$$

对于上式，其初始条件($t=0$)为

$$R = R_0, \quad \dot{R} = 0, \quad \ddot{R} = 0, \quad p(0) = p_0$$

由于 $p(t)$ 为时间的函数，因此式(3-108)无法直接积分，只能采取数值积分方法求解。下面讨论由超声波引起的压力变化对空泡运动的影响。

假设空泡周围的压强为

$$p(t) = p_a - p_0'\sin(\omega_e t) \quad (3\text{-}109)$$

式中，$p_a$ 为无限远处的静压强；$p_0'$ 为超声波的压强振幅；$\omega_e$ 为超声波的频率。

如果空泡内不含气体时，由式(3-108)和式(3-109)可得

$$R\ddot{R} + \frac{3}{2}\dot{R}^2 + \frac{2\sigma_s}{\rho R} = \frac{p_a - p_v - p_0'\sin(\omega_e t)}{\rho} \quad (3\text{-}110)$$

如果 $p_v$ 远小于空泡周围的压强而可以被忽略时，则由式(3-108)和式(3-109)可得

$$RR + \frac{3}{2}\dot{R}^2 - \frac{1}{\rho}\left(p_0 + \frac{2\sigma_s}{R_0}\right)\left(\frac{R_0}{R}\right)^3 + \frac{2\sigma_s}{\rho R} = -\frac{p_a - p_0'\sin(\omega_e t)}{\rho} \qquad (3\text{-}111)$$

如果空泡中不含气体,则上式等号左边的第三项应为零。由此可推断,只有当 $p_0' >$ $p_a + \frac{2\sigma_s}{R}$ 时,空泡才能发生膨胀。因此,当初始空泡(空化核)的半径 $R_0$ 小于 $\left|\frac{2\sigma_s}{p_0' - p_a}\right|$ 时,液体流场中不发生空化。

对于 $p_a = 10^5\,\text{Pa}$, $p_0' = 4 \times 10^5\,\text{Pa}$ 的变化压力场,空泡半径随时间变化的曲线如图 3-9 所示。图 3-9(a)表示 $\omega_e = 3 \times 10^6\,\text{s}^{-1}$, $R_0 = 3.2 \times 10^{-6}\,\text{m}$,且空泡中含有气体时空泡半径变化的曲线;而图 3-9(b)表示 $\omega_e = 9 \times 10^4\,\text{s}^{-1}$, $R_0 = 16 \times 10^{-6}\,\text{m}$,且空泡中只含有蒸气时空泡半径变化的曲线。

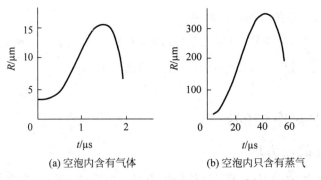

(a) 空泡内含有气体　　　　(b) 空泡内只含有蒸气

图 3-9　空泡半径随时间的变化曲线[3]

由图 3-9 可知,在变化的压力场中空泡半径随时间发生了较大的变化。如当空泡内只含有蒸气时空泡半径可达 $420\mu\text{m}$,比初始半径增大了 20 多倍。与空泡内只含有蒸气的情形相比,空泡内含有气体时空泡的惯性较大,空泡半径的变化相对较小。例如,图 3-9(a)中最大空泡半径为 $15\mu\text{m}$,比图 3-9(b)中的最大空泡半径小得多。

### 3.8.2　压强梯度

当球形空泡移动至流道壁面附近时,空泡由于受周围压强梯度影响,将成为不对称形状。下面以空泡溃灭过程为例,说明流道壁面与压强梯度对空泡运动的影响。

在溃灭的初始时刻,空泡为球形,可认为空泡周围液体为理想不可压缩,空泡内外的压差为常数,且忽略重力与表面张力影响;假设距空泡无穷远处的液体流速为 0、压强为 $p_\infty$,且 $\lim\limits_{|x| \to 0} \Psi(x,t) = 0$。对于无旋的有势流动(势函数为 $\Psi$),可将伯努利方程的拉格朗日-柯西积分形式 $\frac{\partial \Psi}{\partial t} + \frac{1}{2}u_r^2 + \frac{p_L}{\rho} = F(t)$(即式(3-26))改写为

$$\frac{\partial \Psi}{\partial t} + \frac{v^2}{2} = \frac{\Delta p}{\rho} \qquad (3\text{-}112)$$

式中,$v$ 为非球对称的泡壁速度;$\Delta p$ 为空泡内外的压力差,即 $\Delta p = (\pm p_\infty - p_v)/\rho$。

在 $t = 0$ 时,由于空泡为球对称状态,可通过理论求解出流场。对已给定的空泡位置,取若干微小时段 $\Delta t$,求出每个时段流场中相应的 $\Psi$ 值,再算出流场中各点的流速,由此知道

每个时段之前的空泡表面各点流速,经过一个微小时段 $\Delta t$ 后,求出空泡表面各点的位移为

$$\Delta x_i = v_i \cdot \Delta t$$

而根据式(3-112)的微分形式求出空泡表面上各点 $\Psi$ 的改变量为

$$\Delta \Psi = \left( \frac{\Delta p}{\rho} - \frac{v_i^2}{2} \right) \cdot \Delta t$$

这样,可求出下一时段之前空泡表面上各点相应的 $\Psi$、$v$、$\Delta x$、$\Delta \Psi$。逐段计算,求出每一时段后空泡的形状。图 3-10 和表 3-3 为一个初始半径 $R_0 = 1mm$、空泡初始球心距壁面 1mm 的计算结果[1]。图中,A~J 对应不同时刻的空泡形状;表 3-3 为不同时刻空泡的形状代号、无量纲时间 $\tau_0$ $\left( \tau_0 = R_0 \sqrt{\dfrac{\rho}{p_\infty - p_v}} \right)$ 与沿对称轴空泡上端点处的速度 $v_u$。该结果表明:空化溃灭过程中,在远离壁面的空泡上端点处的速度较大,球形空泡逐渐朝内凹陷,而在溃灭后期将形成一个指向壁面的高速微射流,最大速度约 130m/s。

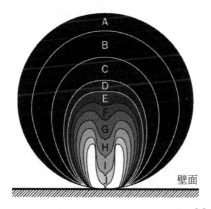

图 3-10  球形空泡在壁面的溃灭过程[1]

表 3-3  空泡变形对应的时间与速度[1]

| 形状代号 | $\tau_0$ | $v_u$/(m/s) |
| --- | --- | --- |
| A | 0.63 | 7.7 |
| B | 0.885 | 19 |
| C | 0.986 | 42 |
| D | 1.013 | 65 |
| E | 1.033 | 100 |
| F | 1.048 | 125 |
| G | 1.066 | 129 |
| H | 1.082 | 129 |
| I | 1.098 | 128 |
| J | 1.119 | 128 |

## 参考文献

[1]  FRANC J P，MICHEL J M. Fundamentals of cavitation［M］. Dordrecht：Kluwer Academic Publishers，2004.

[2]  LORD RAYLEIGH O M F R S VIII. On the pressure developed in a liquid during the collapse of a spherical cavity［J］. Philosophical Magazine，1917，34(200)：94-98.

[3]  黄继汤. 空化与空蚀的原理及应用［M］. 北京：清华大学出版社，1991.

# 第4章

# 初 生 空 化

## 4.1 概述

初生空化是指流场中最初发生空化的状态。理论上,当流场中最低压力小于或等于饱和蒸气压力($p_{min} \leqslant p_v$)时,液体中发生空化。初生空化(cavitation inception)是液体流场中有空化与无空化的界限。所以,初生空化也可以认为是临界空化状态。

### 4.1.1 空化的三要素

根据空化核理论,液体流场中存在可见或不可见的空化核是初生空化的先决性条件,即流场中的空化核是空化的必要条件。在液体中从无空化至有空化的流动发展过程中,空化核的尺度比较小,且人们单纯用肉眼不能观察到空化核的存在。

在常温的液体流场中,当空化核到达压力较低的区域时出现体积膨胀现象。当空化核达到一定的尺度后,空化核就能被观测到。由空泡动力学的原理可知,空化核膨胀过程取决于空化核内外的压力差。如果空化核周围流场中的压力越低,将越有利于空化核生长。

空化核在流场中低压区的膨胀过程受到许多因素的影响。对于变化的压力场而言,空化核所在位置的压力随时间变化;对于在流场中运动的空化核而言,空化核周围的压力也随时间发生变化。这样,空化核发生膨胀的有效时间只局限在空化核所处位置的压力低于空化核内压力的一段时间。只有在空化核处于低压区并且时间足够长的情况下,空化核才能充分膨胀,发展成为可见的空泡。

因此,初生空化应该具备三个必要条件,即空化核、低压与低压作用时间。如图 4-1 所示,只有当液体中存在必要浓度的空化核、流场中有局部低压区(压力一般须低于当地的饱和蒸气压),且空化核周围的低压区维持足够时间时,空化核才能膨胀为尺度较大、可见的空泡,初生空化才能发生。所以,上述的三个必要条件就是空化的三要素。

在空化的三要素中,空化核属于介质因素,也是

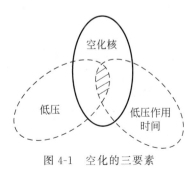

图 4-1 空化的三要素

首要因素,取决于液态介质及其流动状态;"低压"属于水动力学因素,取决于液态介质及其流动状态;"低压作用时间"属于空泡动力学因素,取决于液态介质、绕流体及其性质,以及液体的流动状态。

### 4.1.2　初生空化数的理论值

理论上,当流场中某点的压力降低至当地饱和蒸气压强时,空化就发生了。此时的空化数即为初生空化数。在数值上初生空化数等于流场中最小压力系数的负值,即 $\sigma_i = -C_{p\min}$。

考虑流场中处于平衡状态的单个空泡,其静力平衡方程为

$$p + \frac{2\sigma_s}{R} = p_g + p_v$$

以下标 0 表示初始状态的空泡,则上式变为

$$p_0 + \frac{2\sigma_s}{R_0} = p_{g0} + p_v$$

当空泡按等温状态变化时,则有

$$p_{g0} R_0^3 = p_g R^3$$

由上述三个公式,可得

$$p - p_v = \left(p_0 - p_v + \frac{2\sigma_s}{R_0}\right)\frac{R_0^3}{R^3} - \frac{2\sigma_s}{R}$$

整理上式,则

$$p - p_v = (p_0 - p_v)\frac{R_0^3}{R^3} + \frac{2\sigma_s}{R_0}\frac{R_0^3}{R^3}\left(1 - \frac{R^2}{R_0^2}\right) \tag{4-1}$$

根据空化数与压力系数的定义,即

$$\sigma = \frac{p_\infty - p_v}{\rho U_\infty^2/2}$$

$$C_p = \frac{p - p_\infty}{\rho U_\infty^2/2}$$

则有如下关系:

$$\frac{\sigma + C_p}{\sigma} = \frac{p - p_v}{\sigma \cdot \rho U_\infty^2/2}$$

设 $p_\infty = p_0$,并将式(4-1)代入上式,可得

$$\frac{\sigma + C_p}{\sigma} = \frac{R_0^3}{R^3} + \frac{R_0^3}{R^3}\frac{8}{\sigma \cdot We}\left(1 - \frac{R^2}{R_0^2}\right) \tag{4-2}$$

式中,$We$ 为韦伯数,$We = \dfrac{2\rho U_\infty^2 R_0}{\sigma_s}$。

当流场中最低压强等于临界压强 $p_c$ 时,空泡半径达到临界值 $R_c$。此时空化核达到不稳定状态,流场中出现空化(即初生空化)。由式(3-14)可知

$$p_{\min} = p_c = p_v - \frac{4\sigma_s}{3R_c}$$

将 $p_{min} = p_v - \dfrac{4\sigma_s}{3R_c}$ 进行变换,可得

$$C_{pmin} + \sigma_i = -\frac{16}{3We}\frac{R_0}{R_c} \tag{4-3}$$

再将上式进行变换,则有

$$\frac{R_0}{R_c} = -(C_{pmin} + \sigma_i)\frac{3We}{16} \tag{4-4}$$

在临界状态下,即 $R = R_0$、$p = p_c$ 时,$C_p = C_{pmin}$,$\sigma = \sigma_i$,则式(4-2)变为

$$\frac{\sigma_i + C_{pmin}}{\sigma_i} = \frac{R_0^3}{R_c^3}\left(1 + \frac{8}{\sigma_i \cdot We}\right) - \frac{8}{\sigma_i \cdot We}\frac{R_0}{R_c} \tag{4-5}$$

将式(4-4)代入上式,则可得

$$\sigma_i + C_{pmin} = \frac{16}{3\sqrt{3}We}\frac{1}{\left(1 + \dfrac{\sigma_i We}{8}\right)^{\frac{1}{2}}} \tag{4-6}$$

由上式可知,如果已知流场中必要的参数如 $C_{pmin}$、$U_\infty$、$R_0$、$\sigma_s$,即可通过该式求解出初生空化数 $\sigma_i$。

### 4.1.3　初生空化数的不确定性

如果在循环水洞中进行试验,一般会在固定的流速下逐渐降低水洞中的压强,使得试验模型上某处首先出现空化,该状态下的空化数即为初生空化数 $\sigma_i$。

在实际的流动中,初生空化与流场发展有紧密联系。已有的研究[1]表明,空化与边界层之间是强相关的。图 4-2 表示水翼表面初生空化的前缘位置与层流分离点(laminar separation)、最低压力点的位置关系。由此推论,初生空化的前缘位置与层流分离点比较接近(距离为 λ),而与最低压力点相距较远。从流动的角度看,空泡生成导致流动分离,所以可将初生空化的前缘位置称为空化脱离点(cavity detachment)。显然,空化脱离点与水翼表面的最低压力点在空间位置上存在一个沿弦长方向的差值。

空化改变绕流体表面的压力分布,在通常情况下初生空化使得层流分离点向上游位置移动。这样,在层流分离点与空化脱离点之间也存在一个差值。该现象称为空化延迟。此时的初始空化数与层流分离点处的压力系数不相等,存在如下关系:

$$\sigma_i \approx -(C_p)_{LS} - \Delta C_p' \tag{4-7}$$

式中,$(C_p)_{LS}$ 是层流分离点处的压力系数;而 $\Delta C_p'$ 是造成空化延迟的压力差,可由下式计算

$$\Delta C_p' = \frac{p_{LS} - p_{min}}{\frac{1}{2}\rho U_\infty^2} \tag{4-8}$$

式中,$p_{LS}$ 为层流分离点的静压;$p_{min}$ 为水翼表面的最低压力;$U_\infty$ 为未受扰动的来流速度。

空化延迟的现象源自流动分离区强烈的压力脉动。正是由于存在较大幅值的压力脉动,使得流动分离区的局部瞬时压力低于饱和蒸气压,从而使得初生空化发生在水翼表面最低压力点之后的位置。所以,$\Delta C_p'$ 就相当于分离区的脉动压力系数。表 4-1 表示了不同试验得到的脉动压力系数。由实验数据可知,无论在层流边界层还是自然转捩区,都存在较大的脉动压力系数,尤其是最大脉动压力系数很大,从而明显地影响了水翼表面的压力分布。

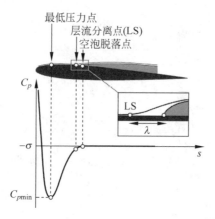

图 4-2  绕水翼流动的压力分布及边界层[1]

**表 4-1  脉动压力系数试验数据[2]**

| | $\Delta C_p'$ | $(\Delta C_p')_{\max}$ | 试验物体 | 数据来源 |
|---|---|---|---|---|
| 层流边界层 | 10% | 25% | 半球头体 | Arakeri & Acosta (1973) |
| | 15% | 55% | S-2 头体 | Huang & Hannan (1976) |
| | 18% | — | 二维支架 | Blake (1975) |
| | 6%~8% | — | 半球头体 | Holl & Carroll (1979) |
| 自然转捩区 | 1%~9% | 均方值的 3 倍 | 1.5 口径比尖拱体 | Arakeri (1975) |
| | 4% | 20% | T-3 头体 | Huang & Hannan (1976) |
| | 1.55%~5% | 均方值的 2.7 倍 | 振动翼 | Peterson (1980) |

初生空化不仅受到流场中脉动压力的影响,还与液体中空化核分布有关,所以在一定工况下的初生空化数 $\sigma_i$ 均有一定程度的分散性。图 4-3 表示 $U_\infty = 6.70$ m/s 时绕水翼的初生空化数。图中,纵坐标为未受扰动时液体流场的空化数 $\sigma\left(\sigma = \dfrac{p_\infty - p_v}{\rho U_\infty^2 / 2}\right)$。虚线对应各种攻角下的 $-C_{p\min}$;实心记号表示初生空化数,其中,实心圆记号表示含气量 9% 的数据,非圆形记号表示含气量 11% 的数据。

由图 4-3 可知,在正攻角的情况下,在水翼背面观测到初生空化。当攻角较小时初生空化数偏离 $-C_{p\min}$ 曲线;随着攻角增大,初生空化数趋近 $-C_{p\min}$ 曲线。而在负攻角的情况下,在水翼正面观测到初生空化,初生空化数均偏离 $-C_{p\min}$ 曲线,且流场中出现间歇性空化时的空化数大于出现稳定性空化时的空化数。当流场中空化核含量较大时,初生空化出现明显的不确定性,初生空化数的分散性更大。

图 4-3 中给出了用空心圆记号表示的消失空化数 $\sigma_d$ (desinent cavitation)。消失空化数是指当增大空化流场的压力,使空化逐渐消失时对应的空化数。消失空化数 $\sigma_d$ 在数值上通常大于初生空化数 $\sigma_i$。与初生空化数相比,消失空化数更接近于 $-C_{p\min}$ 曲线。因此,对于实际流动而言,采用消失空化数 $\sigma_d$ 比初生空化数 $\sigma_i$ 可更准确地说明流场中发生空化的可能性,即消失空化数更具实际意义。

为了从试验上确定初生空化数或者消失空化数,在水洞或减压箱中分别独立地改变 $U_\infty$ 及 $p_\infty$,使空化发生。常用的试验方法主要有如下几种:

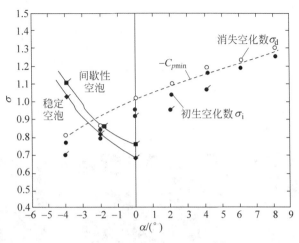

图4-3 绕水翼初生空化数[3]

（1）目测法，即根据肉眼观测来确定初生空化的方法。当试验观察者确切地发现液体流场中的可见空泡时，可认为此时发生了初生空化。目测法是一种简单、但不准确的方法，试验结果因人而异，试验数据的重复性较差。由于目测法不需借助仪器，简便易行，所以现在仍广泛应用于初生空化的初步判定，或者作为仪器测量初生空化的辅助手段来使用。当然，借助目前先进的高速数值摄像技术，采用目测法可获得更精确的初生空化试验结果。

（2）声学法，即通过声压传感器探测、记录空泡溃灭时的超声波和声谱，再基于声场信息来判定初生空化的方法。由于空泡属于体积声源或单极子声源，其声辐射效率较高，所以空泡在空化过程中的声学特征为空化的声学法检测奠定了科学依据。

在不同的空化状态，采用声学法得到的噪声水平不同。当空泡处于生成与发育阶段时，声辐射的能量约只占空泡势能的1%，声辐射信号较弱；当空泡处于溃灭阶段时，声辐射能量可达空泡势能的30%～50%，所以此时的声辐射强度大。因而，如果采用声学法测定消失空化数$\sigma_d$，则可得到较精确的数据。

空泡的声辐射频率主要取决于空泡的尺度，较大的空泡对应着较低的频率，而单个空泡与空泡群的频率特性基本相同；空泡中的含气量对声辐射的声谱有较大影响：当含气量较低时，空泡溃灭导致液体流场中的强冲击波，这使得声谱中的高频成分增强；当含气量较高时，声谱中以低频成分为主。

因此，依据声学法试验所测得的频域特性即可确定空化所处的状态，试验的精度与重复性均较好。

（3）纹影法，即利用空化前后流场中的密度分布不同来判断初生空化的方法，包括黑白纹影法、彩色纹影法和干涉纹影法。

此外，初生空化的试验方法还有全息摄影法、射线法等。

## 4.2 空化的尺度效应

### 4.2.1 空化尺度效应的现象

在20世纪60年代，一些著名的空化研究机构针对相同的ITTC轴对称标准头型进行了初生空化试验,而得到的试验结果却令当时的学者异常吃惊。图 4-4 给出了 9 张绕标准头型空化形态的照片[4]。尽管空化试验条件相似,但从试验拍摄的照片可清楚看出这些空化结果彼此之间具有明显的差异。例如图中 4、5、9 号照片中的空化现象看起来类似于附着型片状空化的初生状态,但 9 号照片显示了片状空泡与较大尺度单空泡相互混合的形态;其他 6 张照片中的空化现象就表现出游移型空化的特征,尤其是 3 号照片中出现了尺度较大、边界清晰的孤立型空泡。

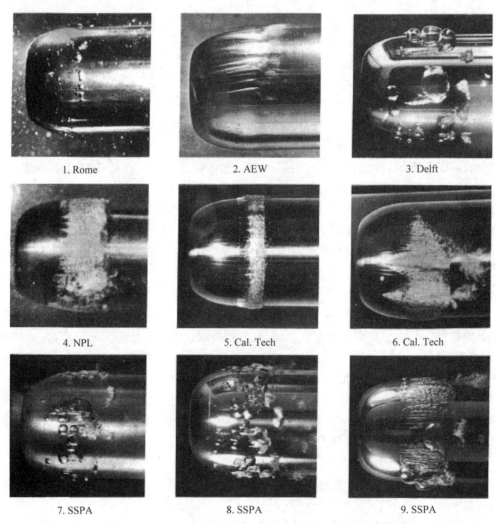

1. Rome　2. AEW　3. Delft
4. NPL　5. Cal. Tech　6. Cal. Tech
7. SSPA　8. SSPA　9. SSPA

图 4-4　不同测试系统中 ITTC 标准头型的初生空化[4]

图 4-5 表示不同研究机构采用 ITTC 轴对称标准头型进行初生空化试验的结果。图中实线是闭式射流试验段的数据,而虚线是采用开式射流试验段的数据。基于这些结果,可推断:

(1) 即使采用相同的试验段,在不同机构的水洞中测量得到的初生空化数并不相同,而且数据差异较大。

(2) 当试验流速较小时,试验数据更分散;当试验流速较大时(图中 $U_\infty > 18\text{m/s}$ 时),测得的初生空化数相对集中。

（3）大多数试验测得的初生空化数 $\sigma_i$ 小于 $-C_{p\min}$，而且只有少数试验数据与 $-C_{p\min}$ 接近。这说明初生空化不仅取决于流场中的静压，还与试验中其他因素密切相关。

如图 4-6 所示，试验的模型尺度与流速对初生空化数的影响非常明显。三个不同机构的水洞试验均得出了初生空化数 $\sigma_i$ 随着模型尺度增大而增加的共同趋势，这说明较大尺度的模型试验中空化核在流场中的低压作用时间更长，有利于初生空化。但是对于试验流速的影响，三条实心圆记号的曲线（LCC 的数据）表示初生空化数随流速增大而减小，而三条方块记号的曲线（ARL 的数据）则表明当模型尺度较大时，初生空化数随流速增大而增大。由此可见，两个机构得出的初生空化数随流速的变化趋势是相互矛盾的。

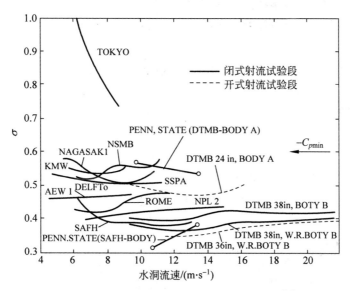

图 4-5　ITTC 轴对称头型初生空化试验结果[2]

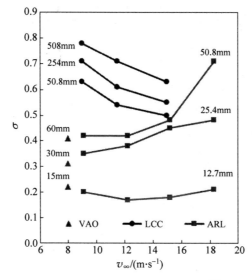

图 4-6　不同尺度模型的初生空化[5]

上述事例充分说明,初生空化是一种受到诸多因素影响的复杂现象。与通常的单相流动比较,空化的尺度效应中除了很重要的黏性影响外,还与流场中的空化核、流道的壁面性质等因素密切相关。不同因素的影响及相应的影响规律将在本章下文进行详细论述。

### 4.2.2　空化的模拟公式

模型空化试验除了需要满足几何相似和动力相似之外,还需空化数相同。所以,空化模拟试验的主要相似数包括雷诺数 $Re$、佛汝德数 $Fr$、欧拉数 $Eu$、空化数 $\sigma$ 等。由于空化流动中的动力相似与单相液体流场中的动力相似具有同样的含义,因此在此仅讨论空化数的相似。

本书中,下标"m"代表模型空化试验的参数,下标"p"代表原型空化试验的参数。设 $\lambda$ 为原型与模型的几何缩比,$L$ 为空化试验的特征几何尺度,则 $\lambda = L_p/L_m$。根据几何相似与佛汝德数相似准则,有

$$\lambda = \frac{L_p}{L_m} = \frac{U_p^2}{U_m^2} \tag{4-9}$$

根据压力与速度之间的关系,可得出如下公式:

$$\lambda = \frac{L_p}{L_m} = \frac{p_p}{p_m} \tag{4-10}$$

在空化数的定义式 $\left( \sigma = \dfrac{p_\infty - p_v}{\rho U_\infty^2/2} \right)$ 中,$p_\infty$ 为绝对压力,$p_\infty = p_a + p$。其中 $p_a$ 为大气压,$p$ 为相对压力,亦称为表压。所以,空化数的定义式可变换为

$$\sigma = \frac{p_a + p - p_v}{\rho U_\infty^2/2} \tag{4-11}$$

在相似工况下,模型试验与原型试验的空化数应保持相等,即

$$\left( \frac{p_a + p - p_v}{\rho U_\infty^2/2} \right)_p = \left( \frac{p_a + p - p_v}{\rho U_\infty^2/2} \right)_m \tag{4-12}$$

在模型试验与原型试验中,当采用的试验液体介质相同、温度相同,且忽略 $p_v$ 在试验过程中的变化时,将式(4-9)和式(4-10)代入上式,则可得

$$\frac{p_{ap} + \lambda p_m - p_v}{\rho \lambda U_{\infty m}^2/2} = \frac{p_{am} + p_m - p_v}{\rho U_{\infty m}^2/2}$$

整理上式,则可得

$$p_{am} = \frac{p_{ap}}{\lambda} + \left( 1 - \frac{1}{\lambda} \right) p_v \tag{4-13}$$

通常情况下,由于大气压远大于饱和蒸气压(即 $p_a \gg p_v$),且 $1 - \dfrac{1}{\lambda} < 1$,所以式(4-13)可进一步简化为

$$p_{am} = \frac{p_{ap}}{\lambda} \tag{4-14}$$

式(4-13)是基于空化数相等推导的空化模拟公式,而式(4-14)是简化的空化模拟公式。理论上,满足空化模拟公式是进行模型空化试验模拟实际空化现象的必要条件。

由式(4-14)可知,当空化试验的模型尺度 $L_m$ 小于原型尺度 $L_p$ 时,即 $\lambda > 1$ 时,要使模型与原型的空化数相等(即 $\sigma_m = \sigma_p$),则应使模型试验的大气压小于原型试验的大气压,即 $p_{am} < p_{ap}$。这样就需要降低模型试验中的大气压强(由 $p_{ap}$ 下降至 $p_{am}$)。因为一般原型试验时的大气压为常压,所以进行模型空化试验时须将环境压力降低至常压之下。因而,模型空化试验通常被称为"减压模型试验",在试验中可用真空泵抽气来实现减压。

若空化试验的几何缩比 $\lambda$ 较大时,根据式(4-14)可知模型试验要求的环境压力 $p_{am}$ 值必须降低至常压的 $1/\lambda$。这样就要求模型试验装置的减压设备(如真空泵)具有很强的抽吸真空能力,以及试验装置具有稳定维持高真空度的性能,但这在技术上难以实现。因此,$\lambda$ 不能取得过大。从另一个方面考虑,如果几何缩比取得太小,则导致模型空化试验的特征尺度较大,这样使得模型制作、试验装置的建设与运行都比较困难,所以在试验设计时也应避免 $\lambda$ 取值过小的情况。通常 $\lambda$ 合理的取值范围为 $10 \sim 30$。

大量的空化试验研究表明,即便模型与原型的几何相似,佛汝德数和空化数都相等,实际发生的空化现象也不一定相似,有时甚至有非常明显的差别。这种模型空化试验与原型空化试验之间的差异被称为空化的"尺度效应"(scale effect)。

## 4.3 初生空化的主要影响因素

有别于一般流动的是,空化流动还要涉及相变,由此导致其影响因素更多,而且影响规律更加错综复杂。基于空化概念的分析可知,初生空化的主导性影响因素在于流场中的绝对压力。但实际上影响初生空化的因素还很多,大致可分为两类[6-7]:

(1)影响流场中最低压力的相关因素,如湍流强度、漩涡运动、绕流物体的表面粗糙度、边界层及其分离等;

(2)影响流场中空化核分布的因素,包括空化核谱(空化核的尺度及对应各尺度的分布)、液体的暴露时间等。

此外,空化的热效应也影响初生空化。

### 4.3.1 壁面粗糙度

壁面粗糙度对初生空化和空化发展的影响在工程上十分重要。在绕流物体的壁面上,粗糙凸起后面的流动易发生分离,从而使压力脉动增加、最小压力降低。壁面粗糙度还将改变空化核的发育过程和发育环境。所以,粗糙壁面要比光滑壁面更早发生初生空化。

通常可以认为,流道壁面不平整的突体影响突体周围的局部流速与边界层内的压力分布,最低压力系数受到突体的高度 $h$ 与边界层厚度 $\delta$ 之比、边界层的位移厚度 $\delta^*$ 与动量厚度 $\theta$ 之比、表征突体绕流特征的雷诺数 $\dfrac{u_h \cdot h}{\nu}$(式中,$u_h$ 为绕流突体的速度;$\nu$ 为液体的运动黏度)等因素影响。

对于如图 4-7 所示的光滑水翼,突体的存在导致空化提前发生,此时的初生空化数 $\sigma_i$ 需按下式进行必要的修正[6]:

$$\sigma_i = -C_p + (1 - C_p)\sigma_{i0} \qquad (4\text{-}15)$$

式中,$C_p$ 为光滑水翼的压强系数;$\sigma_{i0}$ 为突体在平板上的初生空化数。

图 4-7　绕光滑水翼及其二维突体的流动

式(4-15)表明带有二维突体时,绕流水翼的初生空化在理论上提前发生,初生空化数增大。与绕流光滑水翼时的情况相比,绕流带有二维突体的水翼时初生空化数有一个增量 $\Delta\sigma$,其数值为 $(1 - C_p)\sigma_{i0}$。

突体在平板上的初生空化数 $\sigma_{i0}$ 可根据图 4-8 确定。由图中结果可知,$\sigma_{i0}$ 随着突体高度与边界层厚度之比(即图中的相对高度 $h/\delta$)增大而增大;对于图中的锥形突体,其底边长度 $H_0$ 越小,在同样的相对高度下 $\sigma_{i0}$ 越大,则绕流带有二维突体的水翼时初生空化数的增量 $\Delta\sigma$ 也越大。

此外,也可以分别采用如下的经验式(4-16)、式(4-17)来预估平板上二维、三维突体的初生空化数[6]。

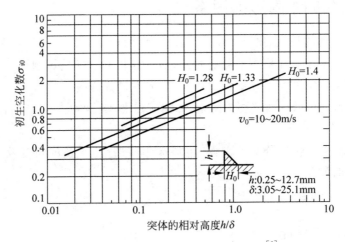

图 4-8　平板上二维突体的初生空化数[6]

$$\sigma_{i0} = C \cdot \left(\frac{h}{\delta}\right)^m \left(\frac{v_0\delta}{\nu}\right)^n \qquad (4\text{-}16)$$

式中,$C$、$m$、$n$ 均为与突体形状有关的常数。

$$\sigma_{i0} \approx 16C_f \qquad (4\text{-}17)$$

式中,$C_f$ 为壁面摩擦力系数,$C_f = \dfrac{\tau_0}{\rho v_0^2/2}$,其中 $\tau_0$ 为壁面切应力。

因此,如果已知壁面粗糙度的相关参数,可以根据图 4-8、式(4-16)或者式(4-17)计算平板上绕流突体的初生空化数 $\sigma_{i0}$,再依据式(4-15)求得绕流带有突体的水翼(或其他物体)时的初生空化数 $\sigma_i$。

### 4.3.2　壁面的浸润性

流道壁面的浸润性主要决定于材料的亲水性(hydrophilicity)与疏水性(hydrophobicity)。

对于由带有极性基团的分子构成的固体材料,其表面易被水所润湿,具有这种性质的材料为亲水性材料。常见的大多数金属、玻璃等属于亲水性材料。如铬、铝及其生成的氢氧化物以及具有毛细现象的物质都有良好的亲水效果。由于亲水性材料表面的固体材料分子与水分子之间的相互吸引力大于水分子之间的内聚力,流道表面被水润湿,而空化核则被隔离而游离在流场中。

而对于疏水性材料,如聚四氟乙烯、聚乙烯、尼龙等高分子材料,因为水分子之间的内聚力大于水分子与流道表面材料分子之间的吸引力,则材料表面不易被水所润湿。此时,空化核容易积聚在流道壁面上。

已有研究表明在相同的空化试验中,采用疏水性材料制作的流道模型得到的初生空化数大于采用亲水性材料时的初生空化数,而且二者的空化残迹也明显不同。导致这种差别的主要原因在于影响初生空化的空化核在流场中所处的位置。对于亲水性材料,流道壁面的空化核含量低,所以主导初生空化的空化核主要是流动的空化核;而对于疏水性材料,流道壁面聚集了较多空化核,主导初生空化的空化核主要是表面空化核[6]。

图 4-9 表示三种不同浸润性质表面对应的空泡形状。试验测得空泡附着在壁面上的接触角分别为:采用亲水性涂层时约为 15°,未涂层时约为 50°,而采用疏水性涂层时为 100°。

　　(a) 亲水性涂层　　　　　　　(b) 未涂层的金属壁面　　　　　　　(c) 疏水性涂层

图 4-9　三种不同表面的空泡[8]

图 4-10 列出了 NACA16-021 椭圆形水翼(最大弦长 40mm,展向尺度 60mm)在 $Re = 2.0 \times 10^5$、三种不同攻角下的空化现象。试验水翼的表面采用了图 4-9 中三种不同浸润性质的材料。图中,左侧为亲水性涂层的壁面、中间为未涂层的金属壁面、右侧为疏水性涂层壁面的空化形态。涂层的厚度为 $3 \sim 4\mu m$。在每一种攻角下,亲水性涂层壁面对应的空化发展较迟缓,而疏水性涂层壁面对应的空化发展最快。试验结果表明,采用亲水性涂层时,绕水翼流动的初生空化数最小,而采用疏水性涂层时的初生空化数最大。此外,在较小的攻角(如 $\alpha = 10°$)下,采用亲水性涂层可以显著缓解绕水翼的空化。

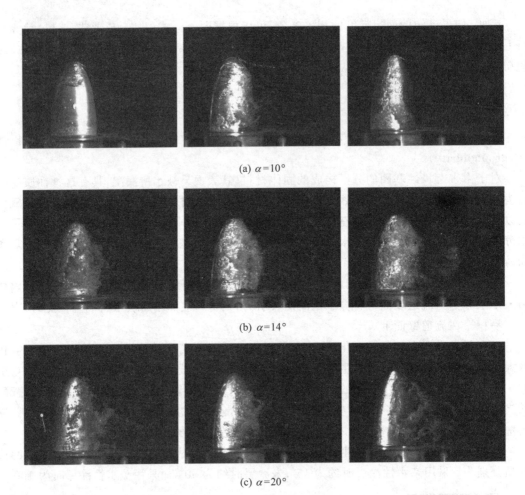

(a) $\alpha=10°$

(b) $\alpha=14°$

(c) $\alpha=20°$

图 4-10    不同壁面浸润性质的水翼空化比较[8]

### 4.3.3    含气量及空化核分布

在大量的水洞空化试验中发现,当采用固定流速 $U_\infty$ 时初生空化数 $\sigma_i$ 随流道中含气量增大而增大。这就充分说明含气量对初生空化的影响不可忽视。所以,在水洞试验中一般利用重溶器保持大体不变的含气量和空化核状态,从而保证空化试验具有较好的重复性。

由式(4-4)可知,如果已知流场中的参数 $C_{p\min}$、$U_\infty$、$\sigma_i$,则可求出初生空化的临界空化核半径 $R_0$。换言之,凡是初始半径小于 $R_0$ 的空化核都不能导致流场中的空化,只有初始半径大于 $R_0$ 的空化核才能引起初生空化;而当空化核的初始尺度较大时,由于空泡受到流场中液体的拖曳作用而不易进入流道壁面的低压区,这样空化核也不能膨胀而发生空化。因此,可以认为只有尺度在某个区间内的空化核才能导致空化,即第 2 章中的"筛核效应"。令空化核尺度有效区间的最小值为 $R_{0L}$,最大值为 $R_{0H}$,则可得以下结论:

(1) 当空化核的初始半径较小(即 $R_0 < R_{0L}$)时,空化核即使穿过流道壁面的低压区,在有限的时间内空化核半径虽然出现了一定的增长,但还不能达到肉眼可见或者通过常规空化试验检测到的尺度范围,所以流场中不会发生空化;

（2）当空化核的初始半径处于 $R_{0L}<R_0<R_{0H}$ 时,空化核在流道壁面的低压区经历一定时长的膨胀过程而成为肉眼可见或通过常规空化试验检测到的空泡,这样流场中出现初生空化;

（3）当空化核较大(即 $R_0>R_{0H}$)时,空化核均不穿过流道壁面的低压区,不会引起空化。

目前已知, $R_{0L}$ 与空化试验中流动的特征尺度无关,而 $R_{0H}$ 与流动的特征尺度相关。

对单个空化核而言,其尺度决定了流场中能否出现空化的可能性。而对空化试验而言,无论是空化核含量还是空化核在各尺度上的分布都具有重要的作用。很显然,当流场中尺度处于有效区间的空化核数量越多,空化现象越明显;反之,则空化现象不明显。基于这样的分析,就很容易理解图 4-4 与图 4-5 中的试验结果:即便采用相同的试验模型,在相似的试验条件下获得的初生空化结果确实可能非常不同;即使采用同样的试验装置,不同批次的试验结果也可能出现不小的差异,这主要是由于空化核在试验装置中的不稳定状态所致。

图 4-11 给出了六种含气量下初生空化数与流速之间的关系[5]。在流速较大(如大于170m/s)时,含气量对初生空化数的影响较小;而在流速较低时,含气量对初生空化数的影响则非常显著。这主要是由于流场中的空化核含量改变了液体的表面张力:高含气量对应着负的表面张力;而低含气量则对应着正的表面张力;0.5%的含气量基本对应着表面张力为零的情况。当含气量较低时,初生空化数与流速之间呈单调变化规律,即 $\sigma_i$ 随着流速增加而增大;当含气量较高(如大于 0.5%)时, $\sigma_i$ 随着流速增加先减小后增大。

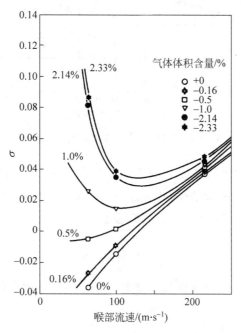

图 4-11 不同含气量下初生空化数与流速的关系[5]

由于空化核与含气量对初生空化的影响规律比较复杂,所以在空化试验设计中一般尽可能保证采用相同的空化核与含气量。在循环水洞中,采用播核设备可以较好地控制空化试验的空化核条件,对保证空化试验的重复性、提高试验精度均有重要意义。

### 4.3.4 雷诺数

液体的黏性不仅是影响边界层分离的主要因素,而且对初生空化也有重要影响。液体黏性对初生空化的影响实际反映了雷诺数的影响。

图 4-2 表示在层流状态下,层流边界层的分离导致了空化脱离点的延迟,这种延迟现象当然与黏性的影响相关。当边界层的流动处于自然转捩区时,式(4-8)表示的造成空化延迟的压力差 $\Delta C'_p$ 接近于零。这就表明了当试验中的雷诺数处于不同范围时,黏性对初生空化的影响存在一定的差异。

采用直径为 $1.6\sim38.1$ mm 的锐缘圆碟(有时也称为空化器或空泡诱发器)作为试验模型得到的初生空化试验结果[6],如图 4-12 所示。图中横坐标为雷诺数,纵坐标为初生空化数;试验中,空化核的含量与液体的温度均在一定范围内变化。尽管图中的试验数据有一定的分散性,但大致的规律很明显,即 $\sigma_i$ 均随 $Re$ 的增大而增大。

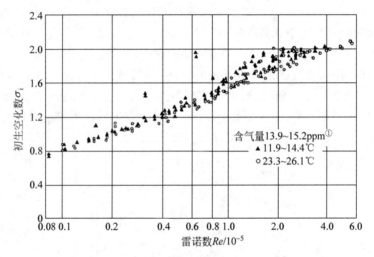

图 4-12　初生空化数与雷诺数的关系[6]

雷诺数包含了液体的运动黏度 $\nu$、试验模型的尺度 $L$ 以及来流的速度 $U_\infty$ 三个因素,图 4-12 中的结果反映了雷诺数的综合影响。根据凯勒(A. P. Keller)的统计[5],这三种因素对初生空化的影响可分别用如下三个公式来表示,即

$$\sigma_i = k_\nu \left(\frac{\nu_0}{\nu}\right)^{\frac{1}{4}} \sigma'_{i0} \tag{4-18}$$

式中,$k_\nu$ 为黏度影响系数;$\nu$ 为液体的运动黏度;$\nu_0$ 为参考运动黏度;$\sigma'_{i0}$ 为参考运动黏度对应的初生空化数。

$$\sigma_i = k_L \left(\frac{L}{L_0}\right)^{\frac{1}{2}} \sigma'_{i0} \tag{4-19}$$

式中,$k_L$ 为模型尺度影响系数;$L$ 为模型尺度;$L_0$ 为参考模型尺度;$\sigma'_{i0}$ 为参考模型尺度对应的初生空化数。

---

① 1ppm 是用溶质质量占全部溶液质量的百万分比来表示的浓度,1ppm=1mg/kg。

$$\sigma_i = \left[1 + \left(\frac{U_\infty}{U_{\infty 0}}\right)^2\right]\sigma'_{i0} \tag{4-20}$$

式中,$U_\infty$ 为参考来流速度,它是与绕流体形状、尺度及液体种类无关的基准常数,约等于 12m/s;$\sigma'_{i0}$ 为参考来流速度下的初生空化数。

此外,来流的湍流强度对初生空化也有一定影响。设湍流强度 $I_t = \sqrt{(u'^2 + v'^2 + w'^2)/3}$,其中 $u$、$v$、$w$ 为直角坐标系下来流速度 $U_\infty$ 的三个分量。湍流强度对初生空化数的影响规律[5] 为

$$\sigma_i = \left(1 + k_T \frac{I_t}{I_{t0}}\right)\sigma'_{i0} \tag{4-21}$$

式中,$k_T$ 为湍流强度影响系数;$I_{t0}$ 为参考湍流强度;$\sigma'_{i0}$ 为参考湍流强度对应的初生空化数。

综合上述各种影响因素,可得初生空化数为

$$\sigma_i = k_0 \left(\frac{\nu_0}{\nu}\right)^{\frac{1}{4}} \left(\frac{L}{L_0}\right)^{\frac{1}{2}} \left[1 + \left(\frac{U_\infty}{U_{\infty 0}}\right)^2\right]\left(1 + k_T \frac{I_t}{I_{t0}}\right)\sigma'_{i0} \tag{4-22}$$

式中,$k_0$ 为取决于绕流体形状、空化类型的特征参数,它与绕流体特征长度、运动黏度、自由来流速度及其均方差均无关;$\sigma'_{i0}$ 为参考条件下的初生空化数。

## 4.4 其他因素对初生空化的影响

### 4.4.1 聚合物

人们很早就能够运用高分子聚合物来降低液体流场中的运动阻力。但对于聚合物在空化流动中的作用,则研究甚少,而这方面研究的历史也较短。

在 20 世纪 60 至 70 年代,研究者采用不同的聚合物进行了系列空化试验。结果表明,在液体中添加一定浓度的高分子聚合物可明显抑制空化,从而降低了绕不锈钢球头模型流动的初生空化数。在其中的一些试验中,加入聚合物后使初生空化数减小了 45%。这说明了聚合物抑制空化的作用非常显著。但是,有的试验结果也显示聚合物对初生空化基本没有明显的影响[6]。

在大多数情况下,在液体中添加聚合物能够有效抑制空化。这种观点已经成为人们的共识。有时候,即便只加入少量的聚合物,也可以得到较为明显的空化抑制效果。随着聚合物浓度的增加,初生空化数逐渐降低;当聚合物浓度达到一定值后,虽然继续增大浓度还能增强抑制空化的效果,但是这种增强的趋势就已经变得极其平缓了。

需要说明的是,在液体中添加聚合物虽然对局部流场中的液体物性有一定影响(如减小液体的表面张力等),但并不能改变液体中的空化核含量。基于现有的文献可以推断,聚合物抑制空化的主要原因在于聚合物引起的水动力学效应:加入聚合物后,流场中边界层内的阻力减小,在一定程度上延迟了层流边界层分离,从而抑制了初生空化。此外,加入的聚合物降低了自由剪切层过渡区的压力脉动,使得空化现象被抑制。这也是一种可能的解释。

### 4.4.2 固形物含量

在工程实际中经常遇到液体中含有大量固形物的空化现象。由于我国汛期河流含沙量大,高含沙水流下的空化与空蚀问题就相当普遍。例如黄河上运行的泵、水轮机,水利工程

中的溢洪道、闸门等设备或设施中就经常发生空化。此外,在一些工业流程中,作为流动载体的液体需要挟带大量的固体物料。如矿山、冶金、煤炭、电力等工业部门用于输送磨料固液混合物的管道与渣浆泵内也发现类似的空化现象。

图 4-13 为我国学者总结的含沙量与初生空化的关系[6]:

(1) 当含沙量小于 $10kg/m^3$ 时,泥沙对空化的发生、发展有促进作用;

(2) 当含沙量在 $10\sim40kg/m^3$ 时,泥沙对空化有明显的抑制作用;

(3) 当含沙量大于 $40kg/m^3$ 时,泥沙对空化的抑制作用逐渐趋于稳定。

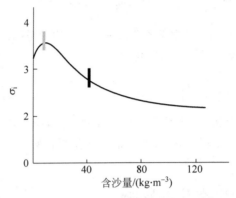

图 4-13　含沙量与初生空化的关系[6]

泥沙等固形物对初生空化的影响主要可从如下几方面分析:

(1) 泥沙对液体物性的影响。泥沙表面是空化核聚集的场所,随着泥沙含量增大,流场中的空化核数量增大。此外,泥沙改变了混合流体的黏性,进而影响初生空化。

(2) 泥沙对液体流场本身的影响。通常的泥沙密度与液体密度不同,这使得液体微团与固体颗粒之间出现速度差,导致流体的受力发生变化,进而影响流场中速度与压力分布。

(3) 泥沙对流场中压力脉动的影响。例如在含沙水中,泥沙受到水流的挟带作用,而泥沙会阻碍水的运动,降低水流的压力脉动。

基于上述分析,可以较好地解释图 4-13 的结果。当水流中含沙量较小时,流场中空化核含量增大,且固液两相因密度差而出现的相对运动有利于空化发生。含沙量增大后,水的黏滞性明显加大,对空化产生抑制作用。但含沙量增大到一定值后,这种抑制作用也就逐渐趋于稳定,$\sigma_i$ 值不再随含沙量的增加而明显减小。

## 4.5　初生空化和空化发展对流场的影响

### 4.5.1　水动力学性能

在初生空化阶段,空化对水流的运动特性和动力特性影响很小。随着空化数进一步降低,空化对水流的影响逐渐加剧,将改变水流的水动力学特性,对绕流体的升、阻力有明显影响。图 4-14 表示某水翼在空化状态下,升力系数随时间的变化。图中,时刻 1 处于空泡稳定发展阶段,而时刻 3、4 则处于大量云空泡脱离阶段。由时刻 5 至时刻 7,新的空泡生成并发展。由此可知,升力脉动对应着绕水翼的空化演化及空泡体积的变化[9]。

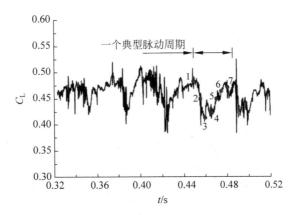

图 4-14　空化状态下的升力系数脉动[9]

空化对绕流体阻力的影响可从如下两个方面分析：

(1) 空化影响流动的表面摩擦阻力。空化对边界层内的流速有干扰作用，而该作用取决于空化的发展状态、边界层类型、空泡相对于边界层的厚度等。若绕流体周围的边界层为湍流边界层，则空泡对表面摩擦阻力的影响类似于壁面粗糙度对阻力的影响。

对于游移型空化，空泡的移动速度与水流速度大致相等，且空泡直径大于边界层中黏性底层的厚度，这样空泡大部分存在于黏性底层之外。当空泡溃灭时，空泡引起的射流很可能冲击绕流体的壁面，通过干扰边界层而使表面摩擦阻力增加；而对于固定型（或附着型）空化，反向射流（re-entrant jet）现象使得水流在空泡的前端脱离物面，在空泡的尾部再与壁面接触，或闭合于绕流体下游。这样在空泡内将不会发生正常的表面摩擦阻力，且由于反向射流的方向与主流方向相反，可能导致负向的表面摩擦阻力。此外，边界层在空泡下游重新发展，导致较大的动量变化，从而产生阻力。总体上，固定型空化将使得绕流体的表面摩擦阻力有所减少。

(2) 空化改变绕流体的形状阻力。形状阻力即由于绕流体周围的压力分布不同而导致的流动阻力，亦称压差阻力。空化可使绕流体的层流边界层转捩而变为紊流边界层，并导致边界层分离点位置改变，引起绕流体上的压强分布发生较大变化；在绕流体上附着的固定型空化可直接改变主流的方向，引起绕流体上的压强重新分布。形状阻力与绕流体的形状特征有密切联系，可以通过积分绕流体表面所受的压强来求得。

在工程实际中，可以通过空化状态来控制作用在水下航行体或水下结构件的阻力。这就是空化减阻的原理。

### 4.5.2　空化诱发噪声

空泡溃灭时的压力可根据第 3 章中的瑞利方程进行推导、计算。

图 4-15 给出了单个空泡溃灭时的声压信号随时间的变化。图中的结果表明，空泡在实际流场中经历了能量逐渐衰减的过程，在 $450\mu s$ 第一次溃灭时能量最强，声压峰值超过 5kPa。而在 $1100\mu s$ 第二次溃灭时声压已经不到第一次溃灭声压的 $50\%$，之后则再也没有显著的脉动峰值。这种单个空泡溃灭噪声的典型频率通常为 $10\sim100kHz$。

宏观空化流场中的空泡溃灭呈现群发状态，对其中的单个空泡而言也具有一定的随机

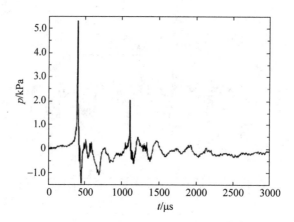

图 4-15  单个空泡溃灭的声压信号[10]

性,因而空化诱导的噪声具有很复杂的能量谱。空化流场中除了存在单空泡溃灭时导致的 10kHz 以上的高频噪声,一般还存在空泡体积变化引起的噪声,其频率通常为 $1\sim2$kHz。不同诱发机理导致的噪声发生相互作用,会调制出其他频率的噪声。所以,空化诱导的噪声有比较宽的频率范围。

为了更好地理解空化诱导噪声的来源,下面简要推导有关声发生的普遍方程。

当无限、静止的液体场中发生质量脉动时,该脉动如同普通的扰动一样向周围传播。此时,流动的质量守恒方程与动量守恒方程分别为

$$\frac{\partial \rho}{\partial t} + \frac{\partial(\rho u_i)}{\partial x_i} = q(x,t) \tag{4-23}$$

$$\frac{\partial(\rho u_i)}{\partial t} + \frac{\partial(\rho u_i u_j)}{\partial x_j} = -\frac{\partial p}{\partial x_i} + f_i(x,t) + \frac{\partial \tau_{ij}}{\partial x_j} \tag{4-24}$$

式中,$q$ 为(新增或减少的)质量流量;$f_i$ 为作用在流体微团上的质量力;$\tau$ 为黏性剪切应力。

将式(4-23)对时间 $t$ 求导数,则可得

$$\frac{\partial^2 \rho}{\partial t^2} + \frac{\partial^2(\rho u_i)}{\partial x_i \partial t} = \frac{\partial q(x,t)}{\partial t} \tag{4-25}$$

对式(4-24)求散度,则有

$$\frac{\partial^2(\rho u_i)}{\partial t \partial x_i} + \frac{\partial^2(\rho u_i u_j)}{\partial x_i \partial x_j} = -\frac{\partial^2 p}{\partial x_i^2} + \frac{\partial f_i(x,t)}{\partial x_i} + \frac{\partial^2 \tau_{ij}}{\partial x_i \partial x_j} \tag{4-26}$$

将式(4-25)与式(4-26)的等号两边分别相减,则可得

$$\frac{\partial^2 \rho}{\partial t^2} = \frac{\partial q}{\partial t} + \frac{\partial^2(\rho u_i u_j - \tau_{ij})}{\partial x_i \partial x_j} + \frac{\partial^2 p}{\partial x_i^2} - \frac{\partial f_i(x,t)}{\partial x_i} \tag{4-27}$$

引入下列公式

$$c_a^2 \frac{\partial^2 \rho}{\partial x_i^2} = \delta_{ij} c_a^2 \frac{\partial^2 \rho}{\partial x_i^2}$$

式中,$c_0$ 为液体中的声速;$\delta_{ij}$ 为克罗内克符号(Kronecker delta),即当 $i=j$ 时,$\delta_{ij}=1$;当 $i\neq j$ 时,$\delta_{ij}=0$。

上式可变换为

$$c_a^2 \frac{\partial^2 \rho}{\partial x_i^2} = \frac{\partial^2 (c_a^2 \rho \cdot \delta_{ij})}{\partial x_i^2} \tag{4-28}$$

将式(4-27)与式(4-28)的等号两边分别相减,则可得

$$\frac{\partial^2 \rho}{\partial t^2} - c_a^2 \frac{\partial^2 \rho}{\partial x_i^2} = \frac{\partial q}{\partial t} + \frac{\partial^2 [\rho u_i u_j - \tau_{ij} + (p - c_a^2 \rho)\delta_{ij}]}{\partial x_i \partial x_j} - \frac{\partial f_i(x,t)}{\partial x_i} \tag{4-29}$$

上式中的所有物理量均为瞬时变量(包含了均值与脉动量),则可将它们都换为脉动量。由于密度脉动与声压之间的关系为 $\rho' = p/c_a^2$,则可将上式变换为

$$\frac{\partial^2 p}{\partial x_i^2} - \frac{1}{c_a^2} \frac{\partial^2 p}{\partial t^2} = -\frac{\partial q}{\partial t} + \frac{\partial f_i}{\partial x_i} - \frac{\partial^2 \tau'_{ij}}{\partial x_i \partial x_j} \tag{4-30}$$

上式即为表示声发生的普遍方程,亦称为莱特希尔(Lighthill)方程。上式的等号右侧有三个源项,分别表示质量变化、质量力脉动以及湍流应力脉动诱发的声辐射源。具体说明如下:

(1) 质量变化声源($-\partial q/\partial t$):单位体积内质量增量随时间的变化率。它是通过非恒定质量流动的脉动来辐射声波的,故这类声源常发生在流场的边界上,为单极子声源。质量变化声源的辐射效率最高,其计算式为

$$\eta_1 = (\omega \cdot L/u_0) \cdot M$$

式中,$\omega$ 为脉动角频率;$L$ 为特征尺度;$u_0$ 为流体波动速度;$M$ 为流体波动的马赫数。

实测资料表明,在空泡溃灭阶段有 $30\% \sim 50\%$ 的空泡势能可辐射成声。群空泡辐射的声能量为单个空泡辐射的能量平均值乘以每秒溃灭的空泡数量。

(2) 质量力脉动声源($\partial f_i/\partial x$):脉动的外力使流动介质中某固定区域的动量发生相应的波动来辐射声波,如螺旋桨叶片振动引起的质量力脉动。这类声源为偶极子声源,其辐射效率的计算式为

$$\eta_2 = \frac{1}{2}(\omega \cdot L/u_0)^3 \cdot M^3$$

(3) 湍流应力脉动源 $\left(-\dfrac{\partial^2 \tau'_{ij}}{\partial x_i \partial x_j}\right)$:常出现于流场内部的湍流区,由脉动切应力 $\tau'_{ij}$ 的变化引起。该声源为四极子声源,其辐射效率为

$$\eta_3 = \frac{1}{27}(\omega \cdot L/u_0)^5 \cdot M^5$$

# 参考文献

[1] FRANC J P, MICHEL J M. Fundamentals of cavitation [M]. Dordrecht: Kluwer Academic Publishers, 2004.

[2] 潘森森,彭晓星. 空化机理[M]. 北京:国防工业出版社,2013.

[3] BLAKE W K, WOLPERT M J, GEIB F E. Cavitation noise and inception as influenced by boundary-layer development on a hydrofoil[J]. Journal of Fluid Mechanics, 1977, 80(4): 617-640.

[4] ACOSTA A J, PARKIN B R. Cavitation inception - state of the art[C]. The 17th American Towing Tank Conference, June 18-20, 1974, Pasadena, California, USA.

［5］ KELLER A P. Cavitation scale effects empirically found relations and the correlation of cavitation number and hydrodynamic coefficients ［C］. Proceedings of 4th International Symposium on Cavitation，Pasadena，California，USA，June 20-23，2001. Paper No. CAV2001：lecture. 001.

［6］ 黄继汤. 空化与空蚀的原理及应用［M］. 北京：清华大学出版社，1991.

［7］ HOLL J W，CARROLL J A. Observations of the various types of limited cavitation on axisymmetric bodies［J］. Journal of Fluids Engineering，1981，103(3)：415-424.

［8］ ONISHI K，MATSUDA K，MIYAGAWA K. Influence of hydrophilic and hydrophobic coating on hydrofoil performance［C］. International Symposium on Transport Phenomena and Dynamics of Rotating Machinery，December 16-21，2017，Hawaii，USA.

［9］ JI B，LUO XW，ARNDT R E A，et al. Numerical simulation of three dimensional cavitation shedding dynamics with special emphasis on cavitation-vortex interaction［J］. Ocean Engineering，2014，87：64-77.

［10］ BRENNEN C E. Hydrodynamics of Pumps［M］. Vermont：Concepts ETI，Inc. and Oxford University Press，1994.

# 第 **5** 章

# 空化试验的设备和方法

---

空化试验是非常重要的空化两相流研究方法。通过空化试验,可以细致观测空化演化过程中的具体物理现象,掌握第一手试验数据。这些试验结果不仅是分析空化机理与规律的基本资料,也为空化数值模拟提供了必要的验证。

## 5.1 空化试验的类型和原则

### 5.1.1 原型观测

原型观测是指在船舶、水力机械、水工结构等可能发生空化现象的设备或工程建造完工、投入使用后,在工作现场开展的空化试验,有时也指模型与原型比例为1∶1的设备样机在特定试验环境中开展的空化试验。空化的原型观测是涉水装备与结构研制中的主要环节之一,其目的是验证设计或解决使用中出现的实际空化问题。原型观测的优点是不存在尺度效应,可以直接发现工程实际中出现的空化现象,找到最直观、最直接的证据。原型观测属于事后试验,业主一般不允许进行破坏性试验,即使同意也会有种种限制,因而试验周期很长、花费巨大;而且由于工程现场情况复杂,试验环境参数难以控制与精确测量。所以,通过原型观测获得的数据虽然是直接的,但有时却非常有限,这也是原型观测最突出的缺点。

因此,要开展原型观测必须在试验前预先做好充分的准备工作,了解设备或装置中可能产生空化的工况和部位,确定合适的观察方案和分析方法。针对不同的环境条件,原型观测的试验方法包括直接观察空化现象,以及利用与空化相关的物理量进行间接测量。由于空化常发生在设备内部,除非在设备建造过程中预先加装观测仪器,一般难以直接观察。目前原型观测的常用方法是在设备外部安装监测噪声和振动的传感器,通过分析噪声和振动的信号特征间接观测设备中的空化情况。在船舶行业,较为流行的原型观测方法是在船尾开窗使用内窥镜水下摄像,通过获取的图像实时观察螺旋桨空化。图 5-1(a)表示船体上开设的观测窗口,用于观测发生在船体外的螺旋桨空化;图 5-1(b)表示安装在船体上的内窥镜水下摄像设备。

(a)                                        (b)

图 5-1　船舶螺旋桨空化的原型观测

### 5.1.2　应用型试验

应用型试验是指对于实际工程中的空化问题,在试验室开展针对设备整体或局部的缩比模型试验,采用通用或专用的空化试验装置,研究船舶、水中兵器、水力机械、水工设施等工程问题中的实际空化现象,再现实际工程中出现的空化过程,以便验证或改进工程设计,或对原型空化进行准确预报。

应用型空化试验要经历试验准备、试验实施和试验数据分析等几个主要步骤。在试验准备阶段,需要完成的工作包括制定试验计划,根据试验目的和要求选择合适的仪表、仪器与试验设备,设计与加工试验模型,安装模型,以及校验测试设备等;试验实施过程中,应按照已确定的试验计划,如实记录试验条件和试验现象,对试验中出现的异常情况及时记录、处理;试验完成后,应及时对试验结果进行必要的整理与细致的分析,在考虑尺度效应修正的基础上对原型空化进行预报。

试验室条件下一般采用缩比模型,所以试验时要遵循相似性原则,以保证缩比模型上的空化现象与实际空化现象具有良好的相似性。对于水动力学空化现象,缩比模型试验原则上需要保证几何相似、动力相似和运动学相似。进行空化试验时需要保证一般流体力学试验中需要满足的无量纲相似参数相等,如表征黏性影响的雷诺数、表征重力作用的佛汝德数、表征非定常运动的斯特劳哈尔数、表征惯性力的欧拉数、表征可压缩性的马赫数等。需要特别注意的是,空化试验还需要保证模型与原型的空化数相等。

对试验结果进行尺度效应修正是空化应用研究中的关键和难点问题,也是缩比模型试验必须解决的问题。产生尺度效应的原因在于实际的缩比模型试验中几乎不可能同时保证所有的无量纲参数相等,而只能根据实际问题的特征满足主要的相似参数;即使采用相同或相近的空化数,也未必能全面保证空化物理过程的相似性。因此,要解决空化的尺度效应问题,在理论上需要揭示流动现象中内在的空化机理,充分掌握各种因素对空化的影响规律;而在实际工作中解决空化尺度效应的主要方法则需要全面分析不同参数下的空化试验,通过与原型观测进行对比分析,获得基于理论指导的尺度效应经验修正公式。

### 5.1.3　基础型试验

基础型试验是利用通用或专用的空化试验设备,通过可控参数试验,探索、发现和验证与空化形成、发展和溃灭过程相关的机理和规律。近年来随着空化数值模拟技术的发展,不断出现新的空化物理数学模型(简称空化模型),验证这些新的空化模型与数值模拟方法也成为试验室基础型试验的重要任务。

尽管空化试验研究已有超过百年的历史,但空化研究中的许多基础问题仍待解决。在初生空化的机理方面,目前仍在不断探索的问题包括空化核在水中如何稳定存在,水质、流动结构、模型尺度等诸多因素对各种类型空化形成的影响等;在空化发展演化方面,各种类型空化的失稳和空泡脱落机制,空化内外流场及空化内部结构,空化与漩涡和湍流的关系等问题亟待研究;空化溃灭过程则需要重点关注冲击波和微射流的形成,以及空泡溃灭与空蚀、噪声、压力脉动的关系等。这些问题的研究不仅有助于了解空化的本质和规律,也是探索空化起始尺度效应规律的基础,而试验室基础型研究是探讨这些空化基础问题的主要手段。

合适的试验设备和测试手段对开展空化基础问题的研究至关重要。由于影响空化的因素众多,试验中应尽可能将各种影响因素进行合理分离,使试验设备与测试方法可以有针对性地解决具体的空化问题。空化是一种非线性、非定常性很强的瞬态过程,所以高速摄像是目前研究非定常空化现象的有力工具,但要合理选择高速摄像的帧速度和拍摄角度,注意设备对试验结果的可能影响。此外,空化现象中产生的其他效应如振动、噪声、材料剥蚀等不仅是空化试验的重要内容,也是了解空化机理的重要途径,应尽可能采用高速摄像与振动测量、噪声测量、空蚀观察等多参数、多维度的同步试验方法和分析方法来开展空化的基础型试验。这样可以获得对空化现象更全面、准确的认识。

# 5.2　空化试验设备

## 5.2.1　空化试验设备的功能

空化试验设备是开展空化基础型研究和应用型研究的必要条件,空化研究和基于空化原理的工程应用始终与空化设备的发展息息相关。实际的空化现象往往发生在人们不易直接观察的部位,因而研制相关的空化试验设备,实现空化现象的试验室模拟就成为研究中了解空化现象和解决实际工程问题的关键途径。

研制空化设备、发展空化试验技术首先源自实际工程应用的需求。在船舶行业,19世纪蒸汽机的发明引发了船舶推进方式的革命,船用螺旋桨的广泛使用使舰船吨位和航速迅速提高,必然使得螺旋桨直径增大、转速升高,这样空化就成为发展高速船舶技术的主要阻碍。为此,19世纪90年代英国工程师帕森斯建造了世界上第一座空化试验水洞(见图1-4),第一次在试验室观察到船舶螺旋桨的空化及其发展过程,并通过增加螺旋桨盘面的改进设计推迟初生空化,将船速从20kn增加到32.75kn。随后世界各海洋强国纷纷建立自己的空化试验设备,在解决船舶空化问题的同时也不断深化了对空化现象的认识。在水工建筑和水力机械行业,现代大型高坝和大型水轮机的广泛应用也带来了严重空化问题,其中闸门、泄水涵洞、溢洪道、水轮机内部流道均存在空化的风险,为此建立了专门用于水工设施模型试验的减压箱和用于水轮机模型试验的水轮机空化试验台。其他可能发生空化的应用场合,如泵、阀门、管路、发动机喷嘴等装置中的空化问题,也需要在专门的空化试验设备或通用的空化设备中开展试验研究。目前模型空化试验已成为这些领域工程设计中不可或缺的环节。

空化试验设备的另一个方面用途是开展基础型空化研究。由于空化现象中有许多基础性问题尚不明晰,如各类空化发生的机理,空化与周围流场的相互作用关系,以及空蚀机理等,并且这些问题的影响因素众多,因此利用试验室空化设备开展可控条件的空化试验,探索和揭示空化现象的普遍规律,不仅有助于解决工程应用中的实际难题,也是推动空化相关学科发展的主要手段。

按功能可以将空化试验设备区分为开展应用型研究的设备,以及开展基础型研究的设备。但就具体设备而言,同一设备往往可同时兼顾两方面研究的功能。按照空化试验设备的结构特征,可分为循环式和非循环式。从空化试验设备的应用场景看,空化试验设备大致可以分为通用设备和专用设备。其中,通用设备一般指常规空化水洞,而专用设备则指针对某类空化问题而特别建立的空化试验设备。需要指出,所述的"通用"和"专用"也只是相对的概念,很多专用设备经过改造也可以转化为开展其他类型空化试验的设备。

### 5.2.2 专用空化试验设备

专用空化试验设备主要包括以下类别:

**1. 船舶螺旋桨试验水洞**

螺旋桨试验水洞的主要功能是研究和验证螺旋桨空化性能,一般结构如图 5-2 所示。设备主要包括试验段 1,推力和扭矩传感器 2,螺旋桨模型驱动电机 3,循环水泵 4 及其驱动电机 5。螺旋桨模型出轴有前、后两种方式,图 5-2 为后出轴方式。螺旋桨模型直径一般约为 300mm,试验段截面形状为圆形或方形,截面特征尺度一般为 0.6~1.0m。螺旋桨空化试验中,通过改变循环水泵的转速来调节所需的试验段水速,通过调整螺旋桨转速以获得所需的螺旋桨进速系数,通过改变水洞中的压力来获得所需的空化数。试验时,可通过试验段的窗口来观测和记录螺旋桨空化状态,通过传感器来测量螺旋桨的推力和扭矩。

船舶螺旋桨试验水洞具有较大的垂直高度,如图 5-2 中的管道高差约 8m,设备高度近10m。为了保证良好的试验环境,一般将试验段置于楼层较高的测试层,将循环水泵及其驱动电机等动力设备与辅助设备置于地下层。

利用船舶螺旋桨试验水洞,既可测试均匀来流情况下螺旋桨的敞水性能,也可以在试验段上游布置格栅模拟船尾的非均匀流场,进而测试非均匀来流下螺旋桨的性能。此外,增加斜流动力仪可开展对转式(或对旋式)螺旋桨的相关试验。

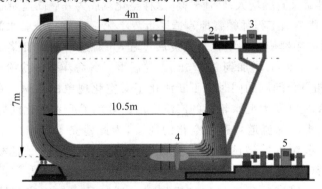

图 5-2　船舶螺旋桨试验水洞

## 2. 大型循环空化水槽

大型循环空化水槽的结构形式与船舶螺旋桨试验水洞类似,如图 5-3 所示。大型循环空化水槽具有较大的试验段,试验段截面一般为方形或矩形,试验段截面的特征尺度为 2m 以上,长度为 10m 左右。试验段内可以安装包括推进器、舵和支架的标准船模(尺度为 6~8m),用来开展整体标准船模的空化试验。大型循环空化水槽的试验段有带自由面和不带自由面两种形式。由于现有水面控制技术的限制,带自由面的水槽一般试验水速较低。

在大型循环空化水槽中,螺旋桨性能试验一般采用内置式动力仪,可以模拟船舶尾流场对螺旋桨空化的影响,同时还可开展空化条件下船体脉动压力和噪声的测量。

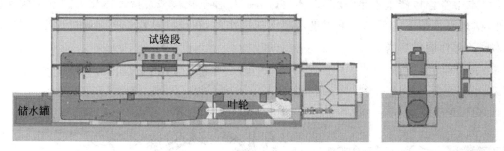

图 5-3　大型循环空化水槽

## 3. 重力式水洞

重力式水洞属于非循环式水洞,其基本结构如图 5-4 所示。重力式水洞由上游水库、引流管、收缩段、试验段、扩压段、下游溢流水箱及调节阀门等组成,其主要特征是无须循环水泵作为动力源,试验段水流由上游水库与设备之间的高程差及调节阀门决定。试验中,利用水库巨大的库容保持稳定的试验段流速,下游水箱上开有若干个水位调节孔,通过调节水箱水位可以调节试验段的压力。重力式水洞的优点是结构简单、背景噪声低,而缺点是水流速度调节范围受到上游水库水位的限制,而且在人工水库上建造重力式水洞需要在大坝设计之初就开始规划水洞。

暂冲式水洞是另一种形式的重力式水洞,可以在试验室环境下利用有限水源开展短时间的空化试验,试验时间受上游水箱容量的限制。在试验过程中随着暂冲式水洞的上游水位不断下降,为了保证试验段流速的稳定性需要复杂的压力调节系统对上游水箱的压力进行实时补偿。

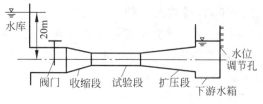

图 5-4　重力式空化水洞

## 4. 减压式空化试验设备

试验室进行有自由面的缩比模型试验时,在满足几何相似、运动相似及佛汝德数相似的条件下,往往难以达到原型试验要求的空化数,这时可以对试验系统进行整体减压以满足空化数的相似。具体的做法就是在原有试验装置上增加一个密封外壳,通过真空泵抽吸空气来控制密封外壳内的真空度。所以减压式空化试验装置上加装的密封外壳非常关键,须具备良好的密封性能才能通过真空泵对整个试验装置内部减压,以满足试验所需的空化状态。

水工水力学试验中常用的减压箱和船舶试验中使用的减压拖曳水池就属于减压式空化试验设备,如图 5-5 所示。在使用减压式空化试验设备时要特别注意水中空化核的问题,这是由于试验设备中存在自由面,在减压和试验过程中水中空化核会大量逸出,从而影响空化试验的结果。特别是对减压拖曳水池,由于其空间巨大导致抽真空时间很长,这样使得空化试验时水中空化核严重不足,此时需要通过人工播种空化核来维持大体相近的空化核含量。此外,在真空状态下由于人员不能进入减压拖曳水池,在试验过程中必须通过远程控制来开展试验并进行信号采集。

(a) 减压箱

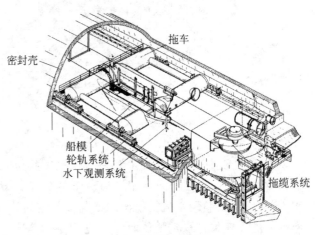

(b) 减压拖曳水池[1]

图 5-5    减压式空化试验设备(见彩页)

### 5. 水力机械模型试验台

水力机械模型试验台是检验水轮机、泵等水力旋转机械性能的专用设备,通常可开展能量特性试验、空化特性试验、水轮机飞逸试验等,所以也可称为水力机械综合特性试验台。水力机械模型试验台的一般构成包括水轮机或泵的模型装置、循环管路、推力平衡器、测功电机、循环水泵、真空泵、压缩机、冷却器、流量计及流量原位率定装置等。循环管路包括高压水箱、低压水箱、空气溶解箱,以及控制阀门等。图 5-6 是典型的水力机械模型试验台。根据试验目标的不同,也可以在保证试验精度不变的前提下适当简化试验台的系统构成。由于泵本身可以承担试验流体循环的功能,一般泵专用试验台比水轮机专用试验台在结构更简单,在空间布置上更紧凑。

对泵而言,模型试验时除了测量不同转速下流量与扬程、流量与功率的关系,还需通过空化试验测量一些特定流量下泵的空化余量。对关键工位的泵,还须测量泵的初生空化数,以及不同运行条件下的振动、噪声等参数。水轮机模型试验的内容与泵试验基本类似,但内容更加丰富,空化试验时空化形态更加复杂。这部分内容将在第 9 章中进行详细论述。

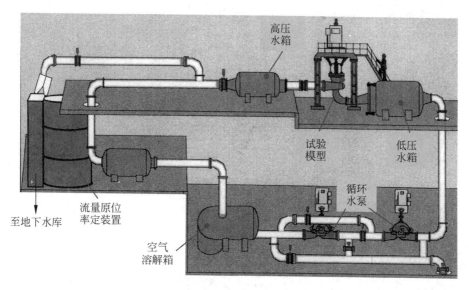

图 5-6　水力机械模型试验台

### 6. 空蚀试验设备

空蚀试验设备是指能够产生强烈空化并在短时间内造成材料破坏的试验设备或装置，主要用来开展空蚀机理研究和抗空蚀材料研究。一般的空化试验设备由于流速较低，短时间内难以形成可测试到的、明显的材料剥蚀，因而空蚀试验需要专门的设备。目前空蚀试验设备种类较多，主要可分为无主流型和高速水流型。

无主流型空蚀试验设备包括依据国家标准 GB/T 6383—2009 的振动空蚀试验台（也称为磁致伸缩仪），以及超声空蚀试验台。磁致伸缩仪是将试件安装在振动杆的前部或振动杆下方，通过振动杆在静水中的微幅高频振荡，在试件周围形成空化，大量空泡溃灭导致试件产生空蚀。超声空蚀试验台则是通过安装在静水中的超声发生器在水中形成空化，将试件放置在空化区域进行试验。为提高空蚀试验效率也可以将两者结合起来，加快空蚀试验的进度。由于无主流型空化产生的方式与实际流动中的空化不同，所以这类空蚀设备难以用来模拟空化流动中的空蚀现象，主要用来开展工程应用中抗空蚀材料的比较性试验，也是目前开展材料空蚀机理研究的主要设备。

高速水流型空蚀试验设备可以在一定程度上模拟流动中的空化现象。常用结构较简单的高速水流型空蚀试验设备包括射流空蚀试验台、转盘空蚀试验台。射流空蚀试验台是利用高压喷嘴在密封容器中产生高速射流空化，将试件放置在空化溃灭区域开展空蚀试验。图 5-7 为一种转盘式空蚀试验台的结构。试验时，通过电机带动处于密封容器中的圆盘高速旋转，通过在圆盘上开孔或固定凸起物产生空化，也可以在圆盘上安装凸起的试件诱发空化。为了提高空蚀试验的效率，可以调节密封容器中的压力，在最大空化强度和最大溃灭强度间找到最佳平衡点。此外，高速水流型空蚀试验设备由于试验水量有限，试验过程中水温升高影响空蚀结果是不可忽视的问题，一般需要采用热交换器保持试验水体的热平衡。

另外，为了创造与实际空蚀相似的试验环境，进而促进空蚀预报技术的发展，近年来国际上出现了一些不同形式的高速空蚀试验水洞。这类高速水洞能产生典型的空化类型，为研究空蚀机理和验证数值模拟方法提供了试验手段。

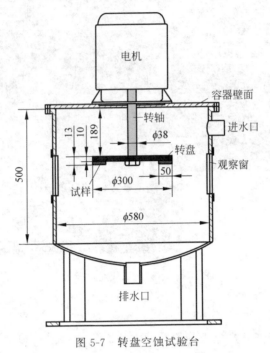

图 5-7   转盘空蚀试验台

### 5.2.3   通用空化试验设备

通用空化试验水洞是最常见的空化试验设备，广泛应用于空化水动力学教学和研究。

通用空化试验水洞的主体为立式循环管路结构，设备由循环洞体和辅助设备组成。图 5-8 为中国船舶科学研究中心通用空化试验水洞的循环洞体。循环洞体基本结构包括上下水平段和左右垂直段。从上水平段开始，循环洞体可依次分成以下功能段：第四弯头 1、蜂窝整流段 2、整流衔接段 3、收缩段 4、试验段 5、第一扩散段 6、第二扩散段 7、兼具第二弯头功能的下游集气水箱 8、下游竖直段 9、下游收缩段 10、含驱动电机的泵段 11、泵扩散段 12、气泡溶解段 13、第三弯头 14、上游竖直段 15 和上游收缩段 16。辅助设备主要包括给排水系统、压力调节系统、水质控制系统、操作控制系统等。

设计和使用空化试验水洞首先要确定或了解水洞的基本性能指标。通用空化试验水洞的基本性能参数主要有：

(1) 设备的整体尺寸；

(2) 试验段的长度和截面尺寸；

(3) 试验段的水速范围，尤其是最高水速；

(4) 试验段来流的均匀性、稳定性和湍流度；

(5) 压力调节范围，以及最小空化数；

(6) 水洞内的水量；

(7) 驱动电机功率。

在图 5-8 中，以试验段为中心的上水平段是整个空化试验设备的核心部分，水洞的其他部分均服务于试验段所需的流速、压力及来流的品质。来流的品质具体包括试验段来流的

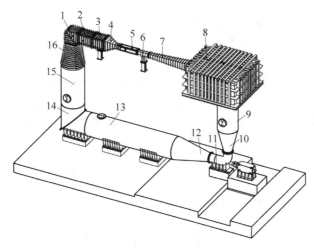

图 5-8　空化水洞的洞体基本结构

稳定性、均匀性和湍流度。试验段的流动特性主要由试验段上游的整流段、收缩段及下游的扩散段决定：

（1）整流段的主要作用是减小来流漩涡尺度、降低来流湍流度，其功能是通过安装在整流段中的蜂窝器来实现，大尺度漩涡流经由组成蜂窝器的细小流管时被切割并重组，其整流效果主要由细小流管的截面尺寸决定。有时可以设置大小不同的多层蜂窝器以获得更好的整流效果。

（2）收缩段具有促进流动均匀化，进一步降低湍流度的作用，其性能可通过选择不同的收缩比、收缩曲线及收缩段长度来优化。

（3）扩散段的主要作用是逐步降低流速以减小流动损失。为避免扩散过程中流动分离进而干扰试验段的流动，扩散角应限制在 6°以下，而靠近试验段的第一扩散段则应选择更小的扩散角。

下水平段以泵段为中心，主要为空化试验水洞提供循环流动的动力。一般采用流量较大、出口流速较均匀的轴流泵以尽可能减小出流的脉动，保证水洞流动品质。轴流泵的流量通过试验段的截面面积和最高水速确定，水泵扬程则由最高流速下循环水洞中的总水头损失决定。泵段后的扩散段一方面是为了迅速降低流速以减小水头损失，另一方面是为了保证其下游的气泡溶解段有足够的容积，使试验时产生的气泡在循环过程中充分溶解。

图 5-8 中下游竖直段 9、上游竖直段 15 和弯头承担着循环水洞上下水平段的连接功能。对于具有矩形截面试验段的空化试验设备，竖直段设置有方圆转换段和圆方转换段，以适应泵段安装的需要。选择竖直段的高度时，主要考虑在最小空化数下水泵中不会出现空化，以及较高的水压和较大的容积有利于水洞下水平段中的气泡溶解。弯头是重要的流动部件，其内部设有导流叶片以保证流动平顺，尽可能避免流动分离和空化。

为了控制试验水质，该水洞专门设置了下游集气水箱。下游集气水箱中有自由液面，使试验过程中产生的较大气泡在浮力作用下自由逸出，特别适合开展通气空化试验。另外，下游集气水箱连接压力调节系统，较大的自由面也可以保证压力的平稳调节。

### 5.2.4 通用空化水洞的主要性能及测试方法

**1. 试验段测速系统及水速率定**

水洞在使用过程中一般采用差压变送器测量水洞试验段水速,图 5-9 是水洞水速测量系统示意图。分别在水洞衔接段、试验段上选定剖面 1 和剖面 2,沿水洞轴线在剖面的中心位置设置测压孔。根据伯努利定理和连续性方程,可由两个剖面的压差求得试验段的水速 $v_2$,即

$$p_1 - p_2 = \frac{1}{2}\rho v_2^2 - \frac{1}{2}\rho v_1^2 - \frac{1}{2}\rho \zeta v_2^2 \tag{5-1}$$

$$v_1 A_1 = v_2 A_2 \tag{5-2}$$

$$v_2 = \sqrt{\frac{2(p_1 - p_2)}{\rho\left[1 + \zeta - \left(\frac{A_2}{A_1}\right)^2\right]}} = \xi\sqrt{\Delta p} \tag{5-3}$$

式中,$p_1$、$v_1$、$A_1$ 分别为剖面 1 的压力、水速和截面积;$p_2$、$v_2$、$A_2$ 分别为剖面 2 的压力、水速和截面积;$\zeta$ 为损失系数;$\Delta p$ 为两个剖面测量点之间的压差,$\Delta p = p_1 - p_2$;$\xi$ 称为水速系数,$\xi = \sqrt{\dfrac{2}{\rho[1 + \zeta - (A_2/A_1)^2]}}$。

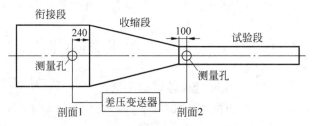

图 5-9 水洞测速系统构成

水速系数 $\xi$ 通过激光多普勒测速(laser doppler velocimetry,LDV)标定空化试验水洞的测速系统来确定。在不同电机转速下,采用 LDV 测量试验段剖面 2 的中心速度 $v_i$($i$ 表示第 $i$ 次测量),并通过差压变送器测出剖面 1 和剖面 2 之间的压差 $\Delta p_i$,根据测量得到的速度 $v_i$、$\sqrt{\Delta p_i}$ 以及式(5-3),通过拟合这些离散数据即可得出 $\xi$ 值。

**2. 速度不稳定度**

速度不稳定度表征水洞试验段来流的时间稳定性,一般采用 LDV 测量系统标定。在不同水速工况下,首先对试验段某剖面的中心点速度进行连续测量,获得来流水速随时间的变化,通过频谱分析检验来流水速在设计范围内是否存在周期性脉动。然后在每个水速工况下,每隔一段时间测量一次,共测量 $N$ 次。假设第 $i$ 次测量的平均水速为 $v_i$,则来流速度下水速不稳定度的计算式为

$$S = \frac{1}{N\bar{v}}\sum_{i=1}^{N}(v_i - \bar{v})^2 \times 100\% \tag{5-4}$$

式中,$\bar{v}$ 为 $N$ 次测量的平均速度,其计算式为

$$\bar{v} = \frac{1}{N} \sum_{i=1}^{N} v_i \qquad (5-5)$$

**3. 速度不均匀度**

速度不均匀度表征水洞试验段来流水速的空间均匀性,一般采用 LDV 测量系统标定。在不同的水速工况下,对试验段某个剖面上 $M$ 个点的速度进行测量。设剖面上第 $j$ 个点处用 LDV 测量的速度为 $v_j$,则该剖面上 $M$ 个测点的平均速度可表示为

$$\bar{v}' = \frac{1}{M} \sum_{j=1}^{M} v_j \qquad (5-6)$$

因此,试验段的水速不均匀度定义为

$$J_v = \frac{|v_j - \bar{v}'|_{\max}}{\bar{v}'} \times 100\% \qquad (5-7)$$

**4. 来流湍流度**

采用 LDV 方法测量试验段剖面中心速度 $v$,包括 $x$、$y$ 和 $z$ 方向的速度分量 $v_x$、$v_y$、$v_z$,及对应的速度脉动量 $u'_x$、$u'_y$、$u'_z$。在每个水速下,剖面中心点的平均速度为

$$\bar{v}'' = \frac{1}{N} \sum_{i=1}^{N} \sqrt{v_{ix}^2 + v_{iy}^2 + v_{iz}^2} \qquad (5-8)$$

则水速的湍流度定义为

$$\varepsilon = \frac{\sum_{i=1}^{N} \sqrt{(u_{ix}'^2 + u_{iy}'^2 + u_{iz}'^2)/3}}{N\bar{v}''} \qquad (5-9)$$

**5. 沿程压力分布特性**

沿程压力分布特性主要针对试验段及前后收缩段和扩散段,通过测量获得试验段的压力变化情况,以及扩散段是否存在流动分离现象。掌握沿程压力分布特性也可以检验水洞内流道的设计、加工和安装情况。以中国船舶科学研究中心的通用空化试验水洞为例,在试验段前后共开设有 19 个测压孔,测压孔均位于水洞壁面中心轴水平线上,如图 5-10 所示。其中测压孔 1～14 布置在水洞正面,测压孔 15～19 则布置在水洞背面。各测压孔的压力采用压力传感器测量,图 5-11 即为沿程压力测量的试验现场照片。

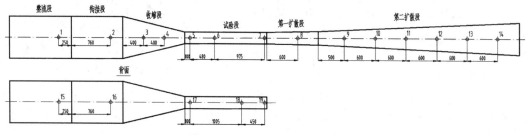

图 5-10 沿程压力测量孔位置

**6. 水洞最低起始空化数**

水洞最低起始空化数是空水洞(指没有试验模型的情况)本身不发生空化的最低空化

图 5-11　沿程压力测量现场图（见彩页）

数,表征水洞的空化试验能力。最低起始空化数除了与试验段流速和压力调节范围有关外,还与设备的加工、安装精度有关。通常水洞最低起始空化首先出现在试验段观察窗接缝处和试验段附近法兰连接处,可通过提高安装精度和人工打磨等方法有效提高设备的最低起始空化数。

## 5.3　空化试验的主要内容

### 5.3.1　空化起始观测

空化起始观测的目的是了解试验对象是否发生空化,产生何种类型的空化,以及在什么条件下发生空化。例如在螺旋桨设计过程中,需要通过螺旋桨模型试验获得螺旋桨产生不同类型空化的"空泡斗",用于预报螺旋桨空化的起始航速,以及比较、评估不同螺旋桨设计方案的空泡起始性能。

表征空化起始的参数是初生空化数,一般通过改变流速或环境压力获得。试验中观测起始空化有两种途径,一种是从无空化状态通过逐步降低压力或增加水速直到流场中出现空化;另一种是从空化状态开始,通过逐步增加压力或降低水速直到流场中空化消失。在起始空化的观测试验中,须记录空化刚刚出现或消失时的空化数来确定起始空化的条件,前者称为初生空化数 $\sigma_i$,后者称为消失空化数 $\sigma_d$。

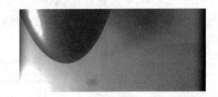

图 5-12 表示试验中观测的水翼梢部漩涡空化起始状态。实际试验的起始空化存在一定的随机性,而消失空化数 $\sigma_d$ 一般比初生空化数 $\sigma_i$ 相对稳定得多,所以常常用消失空化数 $\sigma_d$ 作为衡量空化起始的空化数。

图 5-12　实验室观察空化起始

确定试验对象空化起始的方法有多种,其中最常见的方法是人眼观察,这也是目前最直接、可靠的方法。以前这种方法主要在试验室环境下使用,近年来在某些原型试验中也出现了利用内窥镜进行观察的方法。由于空化起始是瞬态过程,通过人眼观察来确定空化起始存在一定的人为因素,而利用高速摄像技术辅助人眼观察可以在一定程度上降低这种随机性,改善试验精度。

在无法直接观察的场合,也可以用测量噪声的方法间接获得空化起始的信息。噪声法的依据是与无空化状态相比,空化发生时流场噪声特性会出现比较明确的变化。特别是噪声法可有效判断系统是否发生强烈的空化,因为发展空化时流场中噪声的声压级会显著提高。而空化起始一般不会强烈改变流场的噪声水平,此时可以利用空化起始阶段的间歇性空泡溃灭特性,采用小波分析等手段来确定噪声信号的时域和频域特性[2]。

需要特别强调的是,在无法直接观察空化的情况下,采用水动力性能下降或机械效率降低的方法是不合理的,并不能判断空化起始状态。这是由于在空化起始阶段,微弱的空化尚不足以引起水动力性能或机械性能的显著变化;而一旦水动力性能或机械性能发生显著改变,空化已过了起始阶段而进入了空化发展阶段。

### 5.3.2　空化宏观形态观测

空化宏观形态的观测是空化试验的重要内容,通过空化形态观测可以了解发生空化的类型和空化的范围。空化宏观观测的内容首先要确定空化的类型和空间位置,一般采用频闪光源辅助人眼观察并确定发生的空化类型,如泡空化、片空化、云空化、涡空化等。下面以绕水翼空化和船舶螺旋桨空化为例,简要介绍常见的附着型空化和旋转叶片空化形态的观测方法。

图 5-13 表示绕二维水翼的空化。观测方法主要是在自然光或辅助光源的帮助下,通过目测或摄影获得空化的宏观形态,而要获得瞬时的空化形态则需要借助频闪光源。在假设空化形态具有二维特性的基础上,较稳定的空化宏观形态可以用空泡的平均长度 $l$ 和最大厚度 $e$ 来表示。显然,图 5-13(b)中只表达了相对稳定的固定型片空化,而并未描述实际现象中的云空化;对于存在周期性演化的空泡脱落,一般可采用空泡的平均长度(或最大长度)、最大厚度及脱落频率三个参量来描述。此外,对于二维或球形空泡比较容易计算空泡体积,但实际的空化形态一般具有复杂的三维特性,而且空泡的气液界面对光线有较强的反射和折射,如何精确测量空泡的体积仍然是空化形态观测中具有挑战性的难题。

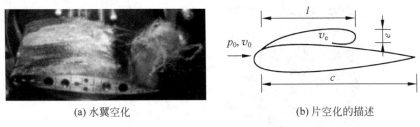

(a) 水翼空化　　　　　　　　　　(b) 片空化的描述

图 5-13　水翼空化试验照片及表达

对于类似螺旋桨的水力旋转机械,试验中借助频闪光源与螺旋桨转速锁频的方法,采用目测或高速摄影观测绕桨叶的空化现象,获取指定工况下在不同旋转角度时桨叶表面或周围的空泡形态(类型)、发生范围、空化程度等。国际船舶拖曳水池会议(international towing tank committee, ITTC)对观测螺旋桨空化现象规定了如图 5-14 所示的表达方式:根据空化形态,分为片空泡、条带状空泡、云雾状空泡、离散泡空泡、梢涡/毂涡空泡等;根据空泡的稳定性,分为稳定空泡、非稳定空泡、间歇空泡、猝发空泡等。图 5-15 给出了螺旋桨空化观测试验的照片,以及基于观察结果在桨叶上描绘的空泡形态:附着在桨叶背面的固定型片空化,以及发展的梢涡空化。

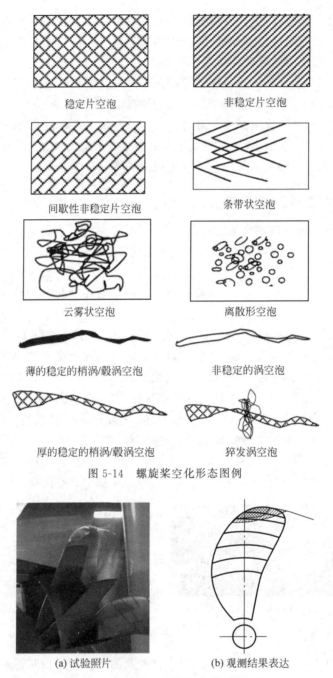

稳定片空泡　　　　　非稳定片空泡

间歇性非稳定片空泡　　　条带状空泡

云雾状空泡　　　　　离散形空泡

薄的稳定的梢涡/毂涡空泡　　非稳定的涡空泡

厚的稳定的梢涡/毂涡空泡　　猝发涡空泡

图 5-14　螺旋桨空化形态图例

(a) 试验照片　　　　(b) 观测结果表达

图 5-15　螺旋桨空化形态试验(见彩页)

### 5.3.3　非定常空化观测

非定常空化观测是了解空化非定常演化过程的必要途径,同时也是分析水动力、脉动压力、噪声、空蚀等空化效应的基础。实际空化形态不仅在空间分布上千差万别,在时间上也是非定常的,以目前的测试分析技术水平,对非定常空化形态的观测也仅限于定性描述或粗略地定量描述,对于大多数空化形态即使在试验室状态下也尚难以做到精确的定量描述。

早期的非定常空化观测采用摄像机拍摄空化的演化过程,获得时间序列连续的空化形态影像胶片,通过读片仪重现、测量和分析不同时刻的空化形态。近年来随着数字技术的发展,一般采用高速数字摄像的方法,通过闪存技术将空化图像记录在大容量芯片中,并通过计算机对记录的空化形态及其演化过程进行分析。下面举例说明空化试验观测过程。

**1. 二维水翼空化**

图 5-16 表示在空化水洞中用高速摄像观测二维 NACA0012 水翼片空化生长及脱落演化过程的一组试验结果[3]。试验中,水翼攻角 $\alpha = 8°$,水速 8m/s,空化数 $\sigma = 1.2$,在水翼进口边进行了粗糙化处理。图中流动方向自左向右,相邻两幅图片的时间间隔为 2ms。

从图中可以看到,附着型片空化基本呈透明状态。根据图中序列照片的左半部分(图 5-16(a)~(f)),可以观察到片空化从水翼进口边开始生长(图 5-16(a)),空泡长度逐渐增长。当片空化发展到一定长度,可以观察到反向射流(图 5-16(f)),图中白色弧状轮廓线反映了反向射流的位置,是反向射流前锋与片空化表面接触形成的汽水混合物。在反向射流刚形成的阶段,反向射流的前锋相对稳定在一定的位置,随着空泡长度的缓慢增加,反向射流迅速向上游移动,对空泡的冲击作用也越来越强,形成更大范围的汽水区域。当反向射流前锋到达水翼进口边附近时,引起片空化整体脱落形成云空化(图 5-16(l))。

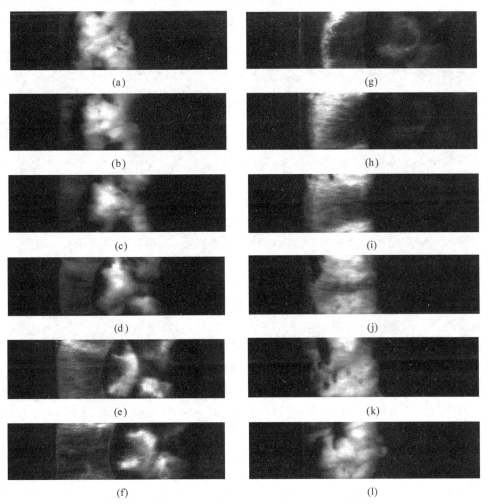

图 5-16 片空化生长及脱落过程的高速摄像图像

### 2. 三维水翼空化

空化演化过程在空间上是复杂的三维运动过程,通过多角度观察可以获得空化演化更丰富的信息。图 5-17 表示观测三维 NACA16012 扭曲水翼空化的试验系统。该试验系统采用两台高速相机分别从水翼正下方和侧面进行拍摄,使用两个 LED 灯作为光源,从水翼下方自下而上打光来照亮待观测区域。两台相机之间连接有同步控制线,通过计算机控制实现同步拍摄。试验目的是观测三维水翼空化的脱落、云空化形成及流动结构演化[4]。

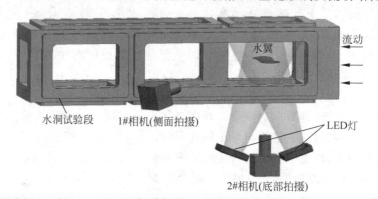

图 5-17　水翼空化的观测试验系统示意图

图 5-18 给出了三维扭曲水翼在安装角为 0°、空化数为 1.0 时,一个周期内非定常空化演化过程的图像。每个瞬时的图像都由上下两部分组成,上图为侧视照片,下图为从水翼底部拍摄的正视照片。在侧视图中,水翼的进口边在图像的右侧,即流动方向为由右向左;在正视图中,流动方向为由上而下。

三维扭曲水翼的几何特点是沿翼展方向中间攻角大,两侧攻角逐渐减小。在水翼两侧,由于攻角较小形成了透明而稳定的片空化,空泡长度在整个脱落周期基本保持不变。此处空泡较薄,由于反向射流和空泡表面波动共同作用,在片空泡生长过程中会在空泡的尾端小范围内形成小结构的脱落,并对中间部分的大结构脱落产生一定影响。而在具有大攻角的翼展中间部分,则明显呈现空泡生长、脱落、再生长的周期性演化过程。从图中可以观察到,在上一个脱落周期完成后水翼进口边附近片空化重新生长,但沿翼展方向片空化的生长速度并不一致,中间部分生长较缓,而两边部分生长快,导致片空化尾部闭合位置形成清晰的"凹"状结构,如图 5-18(c)和图 5-18(i)所示。由于扭曲水翼两侧攻角逐步减小,两侧的空泡生长到一定尺度后不再继续生长,而中间部分还在继续生长,在片空化生长到最大长度(约为水翼弦长的 1/2)时,空泡尾部闭合线形成一个"凸"状结构,如图 5-18(a)和图 5-18(f)所示。

位于片空化底部的反向射流(即图中白色气液混合物)伴随着空化的生长过程。当三维水翼中间区域空泡处于"凹"状结构时,水翼两侧较小攻角处空泡则呈"凸"状结构,此时出现小结构空泡脱落,如图 5-18(c)所示;当水翼中间部分片空泡充分生长呈现"凸"状结构时,反向射流最终到达水翼进口边附近,如图 5-18(g)所示。在反向射流作用下,片空化中间部分从水翼进口边附近脱落形成云空化。从侧视图中可以清楚地观察到云空化脱落后的卷起现象,空泡沿高度方向的尺度持续增加(图 5-18(b)～图 5-18(d)),并随着主流向下游发展。在漩涡流动作用下,云空化逐渐形成 U 形流动结构向下游移动,并在下游高压区溃灭消失,图 5-18(d)～图 5-18(i)的侧视图中非常清晰地显示了这一演化过程。

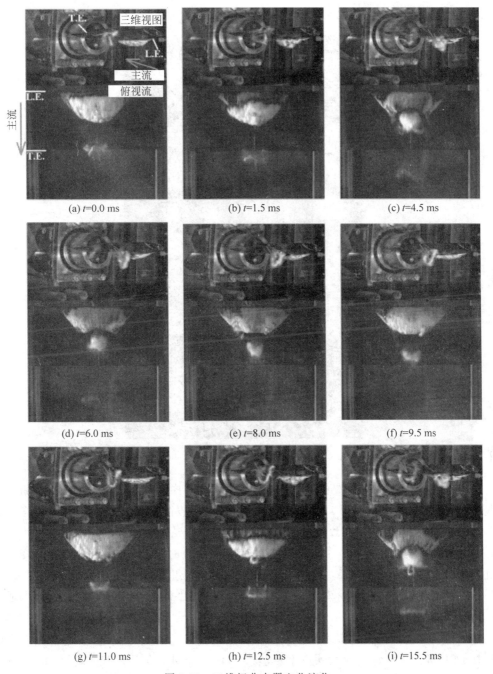

(a) $t$=0.0 ms

(b) $t$=1.5 ms

(c) $t$=4.5 ms

(d) $t$=6.0 ms

(e) $t$=8.0 ms

(f) $t$=9.5 ms

(g) $t$=11.0 ms

(h) $t$=12.5 ms

(i) $t$=15.5 ms

图 5-18　三维扭曲水翼空化演化

### 5.3.4　来流空化核测量

水质对空化的影响规律是空化研究的重要内容,而影响空化现象的水质参数主要包括水中空气含量和空化核谱。水中含气量的测量方法主要有 Van Slyke 含气量测量仪和各种类型的含氧仪。图 5-19 为 Van Slyke 含气量测量仪,具体测量方法是:取一定体积的水体样本充入容器中,水银在测量管路中搅动使水体样本暴露在真空状态下,让水中气体充分逸出；通过测量逸出气体的压力计算单位水体样本中的含气量。

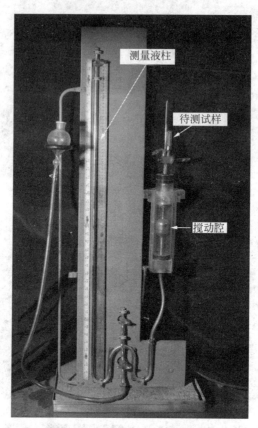

图 5-19　Van Slyke 含气量测量仪

含氧仪则是利用物理光谱或氧化反应测量水体样本中含氧量的仪器。根据测得的水体样本中含氧量，以及氧气和氮气具有相近的水中溶解率假设，通过标定获得水中的含气量。

空化核测量方法众多，大致可分为声学方法、光学方法和动水力学方法。其中声学方法是利用主动声源发射不同频率的超声波穿过带有空化核的水体，通过测量声波强度的衰减和相速度的变化反演空化谱[5]。动水力学方法包括文丘里管或流道加尖拱体的方法，原理是空化核经过测试流道喉部时发生空化，通过测量空化事件的个数及空泡溃灭噪声强度获得来流水体的空化核谱[6]。

光学测核方法的种类有很多。显微摄像法是最直接的测量方法，但不适合在空化试验水洞中使用，常用来标定其他方法。全息法[7]不仅可测量空化核的尺度分布，同时可以获得空化核的空间分布，但设备昂贵，后处理复杂。光散射法[8]和相移多普勒法可以对一定空间内的空化核尺度分布进行测量，但难以判别和剔除水中的固体颗粒。激光干涉成像法[9]是目前较为先进的测核方法，具有可在空化试验水洞中实时测量的优点。激光干涉成像测核系统的基本结构如图 5-20 所示，主要由激光器、透镜组和数码相机组成。激光器发射激光束；透镜组将激光束调整成一定厚度和范围的片光，并照射到气泡所在区域，激光遭遇气泡会发生散射；数码相机在一定的方向上收集气泡的散射光，使其在散焦平面成像。根据粒子表面的反射光和折射光在成像系统的散焦面形成的干涉图像来确定粒子的尺寸。

图中的散射角 $\theta$ 是指入射激光与接收光路光轴的夹角,即散射光方向与入射光方向的夹角,收集角 $\gamma$ 是指测点与相机镜头形成的夹角。

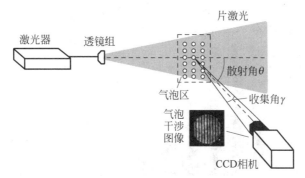

图 5-20　激光干涉成像测核系统[9]

气泡尺度与干涉图像的条纹数有关。根据杨氏干涉原理,如果已知干涉图像的条纹个数 $N_f$ 和成像系统的收集角 $\gamma$,那么可以得到气泡直径 $D_b$ 的计算公式为

$$D_b = \frac{\lambda \alpha_1 N_f}{\gamma} \tag{5-10}$$

式中, $\alpha_1$ 为转换因子,与散射角 $\theta$ 有关,当散射角 $\theta = 90°$ 时, $\alpha_1 = 1.75$。

图 5-21 是空化水洞测核现场图片。试验中采用双腔脉冲激光器,可以根据选用相机镜头的光圈孔径 $d_A$、镜头与试验段玻璃外壁面的距离 $d_a$、片光位置与玻璃内壁面的距离 $d_w$、玻璃厚度 $d_g$,计算成像系统的收集角 $\gamma$,即

$$\gamma \approx \frac{d_A}{d_w + m_{wg} d_g + m_{wa} d_a} \tag{5-11}$$

式中, $m_{wg}$ 和 $m_{wa}$ 分别是水与有机玻璃、空气的折射率。

图 5-21　测核现场图片(见彩页)

采用激光干涉成像法时,可测量气泡尺度的下限是要求气泡至少产生两道干涉条纹,上限则取决于干涉条纹至少要覆盖两个像素。图 5-22 是中国船舶科学研究中心空化试验水洞中在三种不同播核压力下测量的来流空化核谱,即来流单位体积内不同尺度空化核的个

数。图中横坐标代表测量获得的空化核直径,纵坐标则是单位体积内的空化核数量。

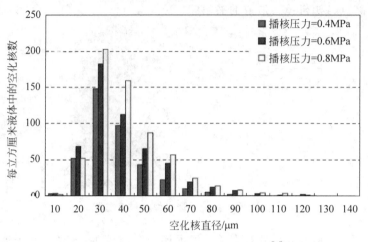

图 5-22　不同播核压力下的空化核谱[2]

### 5.3.5　空化内部结构测量

实际空化流动中的蒸气和液体的界面并非总是泾渭分明的,而往往是气液相互混合的状态。空化内部结构测量的目的就是要了解空化区域内的水汽(或水气)空隙比及群泡的尺度分布等实际状况。由于空化流动中存在复杂的气液界面,测量空化的内部结构的方法目前虽然还十分有限,但也获得了一些有趣的认知。如采用内窥镜观察空泡的内部结构[10],发现片空泡内部并不是纯粹的蒸气,而是存在大量的液珠。此外,利用 X 射线[11-12]和单电阻探针[13]可以整体上测量空化区域的空隙比,但难以了解空化流动内部结构的细节。作为一种改进方法,近年来发展的双电阻探针法不仅可以获得空化区域的空隙比,还可以获得空化内部的群泡尺度分布、群泡的流动速度等。

图 5-23 是中国船舶科学研究中心试验中使用的双电阻探针示意图[14]。双电阻探针由两个单独的、保持固定间距的探针封装组成,探针头部直径为 $120\mu m$,探针 A 与探针 B 的高度差 $d_p$ 为 $0.6mm$(精度 $0.01mm$),二者沿流向的间距为 $l_p$ 为 $0.15mm$。探针外部用绝缘材料包覆。由于气、液两相的电导率存在显著差异,采用双电阻探针可以准确地反应探针所在位置气相变化过程,并将探针捕捉的气相流动信息转变为相应的电信号,由此确定流场中的气相含量,这就是双电阻探针测量空泡结构的基本原理。如图 5-24 所示,当气泡通过探针头部时,所对应的探针回路断开,产生高电压;当气泡离开探针头部时,回路重新连接,产生

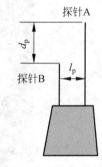

图 5-23　双电阻探针示意图

低电压。对原始的电压信号设定一个阈值并进行二值化处理,就可以获得空泡内测量点处气体和液体占据的时间。图 5-24 中,圆圈符号表示电阻探针测得的电压信号,实线表示进行二值化处理的信号。通过计算得到的气泡存在的累计时间占总测量时间的比例,即可视为空化内部的空隙率。而通过分析两个单独信号的相对关系可以得到气泡速度,进而计算出气泡尺度,最后通过统计学方法推演出气泡直径分布。

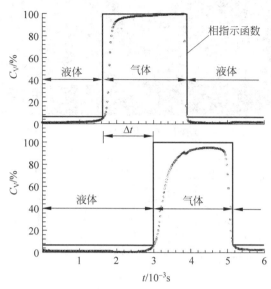

图5-24　气泡依次通过前后探针产生的电压信号及二值化信号

图5-25为采用双电阻探针在空化试验水洞中测量空化内部结构的试验装置照片。试验模型为45°楔形体台阶平板,以平板上产生的片空化为测量试验的研究对象。与此同时,采用高速摄像记录空化的外部形态。在平板沿流向的不同位置布置了4套双电阻探针,通过改变探针的高度,分别测量片空泡内4个不同截面的空泡构成。图5-26表示4套探针♯1、♯2、♯3、♯4与试验模型及空泡的相对位置。为了避免测点之间相互干扰,4套探针沿水翼不同展向分开布置。

图5-25　试验现场布置(见彩页)

图5-27给出了超空化和部分空化两种情况下,空泡内部不同位置处的空隙率分布试验数据。图内标尺表示测量位置处的空隙率(数值在0~1之间),0表示该处完全为水,1则表示该处完全为蒸气。为便于理解,图中同时标出了根据高速摄像获得的空化外形轮廓。结果表明:①片空化内部固体边界附近的空隙率均较小,说明流场中该位置以液体为主,这可

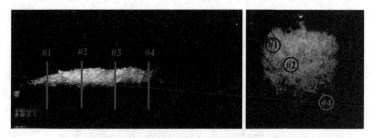

图 5-26　探针与试验模型及空泡的相对位置

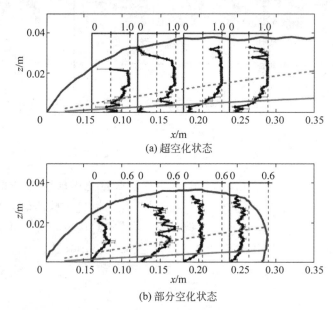

(a) 超空化状态

(b) 部分空化状态

图 5-27　空隙率分布曲线(见彩页)

能与反向射流和边界层的相互作用有关;②在空化外形轮廓附近,蒸气含量逐渐减小,说明片空化并不存在严格意义上的水气边界;③在片空化的中心区域蒸气比例较大,在超空化状态下可以达到完全的蒸气状态,而部分空化状态时由于强烈的反向射流使片空化的中心区域蒸气比例明显下降。

　　图 5-28 是部分空化状态下,♯3 探针在六个高度位置处测量的空泡尺度及密度分布。图中,不同曲线表示不同高度的结果,在图内上部给出了不同高度处气泡的平均尺度。试验

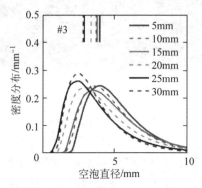

图 5-28　片空化内部空泡的尺度与密度(见彩页)

结果表明,固体边界附近的平均空泡尺度较大,而远离边界处平均空泡尺度相对较小。

### 5.3.6    空化流场测量

空化流场测量主要针对空化内外流场,主要是测量流场中的速度和压力。测量环境包括无空化时的全湿流场和空化状态下的两相流场。

全湿流场测量的目的是研究流场对空化起始的作用和影响,确定可能发生空化的流场区域。对于发生在固体壁面附近的空化,测量内容包括壁面压力、边界层速度的分布与脉动;而对于产生在漩涡中的空化则需要测量漩涡的位置、尺度和强度。全湿流场测量可以使用流体力学中通用的测速与测压方法;对于远离壁面的漩涡流场,接触式测量会干扰原来的流场,测量结果的精度难以保证。目前尚缺乏直接测量流场压力的非接触式测压方法。如果要获得流场中的最小压力,一般需要通过速度场测量的结果来反演压力场。

空化流场的测量技术目前尚不成熟,大多方法尚处于探索阶段。对于压力场而言,使用压力传感器可以测量空泡内壁面处的压力,但空化溃灭产生的高压可能超过压力传感器的量程从而损坏传感器。到目前为止,采用光学方法测量空化速度场的尝试较多,也取得了较大进展。如利用云空泡自身的微小气泡群作为示踪粒子,采用时间分辨粒子测速技术(time resolved particle image velocimetry,TR-PIV)可对二维水翼和三维回转体的云状空泡进行实验测量,这样部分解决了长期以来空泡流动整场 PIV 测量的难题。空化两相流场 PIV 测量中,采用激光诱导荧光方法可有效分离气相与液相流动[15],但是由于设备昂贵和对试验条件的苛刻限制,很难应用于大型试验设备中空化流场测量。在图像处理技术方面,可用的方法包括粒子大小灰度分离法[16]、二维中值滤波分离法[17]、二次密度梯度分离法[18]等。但由于空泡现象的复杂性,采用单一的图像处理技术进行空化流场图像处理仍显不足,有时还需要综合多种图像处理方法。

目前常用的空化流场测量方法主要是激光多普勒测速(LDV)和激光粒子测速(PIV)两种方法[19]。下面以测量椭圆水翼梢涡空化流场为例,分别介绍 LDV 方法和 PIV 方法在全湿流场和空化流场的测量过程。

(1) LDV 方法

图 5-29 表示绕椭圆水翼空化流场 LDV 测量的剖面位置。为方便表达,建立如图 5-29 所示的坐标系:以椭圆水翼的梢部顶点为坐标原点,顺来流方向为 $x$ 轴正方向,与水翼展向平行的方向为 $y$ 轴。试验在一定的攻角和水速下进行,沿流动方向的测量剖面位置以 $x/c$ ($c$ 为水翼最大弦长)表示。在每个剖面上,沿梢涡中心线选择若干测量点,激光多普勒测速仪安装在可三维移动的坐标架上,如图 5-30 所示。

试验中,首先让梢涡空化充分发展,利用激光大致确定测量剖面上梢涡空化的中心位置,然后沿梢涡中心线测量若干点处 $x$ 和 $z$ 方向的速度和湍流度。图 5-31 表示通过 LDV 测量得到的 $x/c=0.32$ 截面上漩涡的无量纲化速度 $v_x/v_0$ 和 $v_z/v_0$ 分布。通过速度分布可以估算相应的涡核半径 $a$ 及表征漩涡强度的(绕漩涡中心的)速度环量 $\Gamma$。根据伯格斯(Burgers)涡模型可以计算出涡心处的压力系数 $C_p$ 为

$$C_p = -\frac{1.742}{v_0^2}\left(\frac{\Gamma}{2\pi a}\right)^2 \tag{5-12}$$

式中,$v_0$ 为试验段上游未扰动的来流速度。

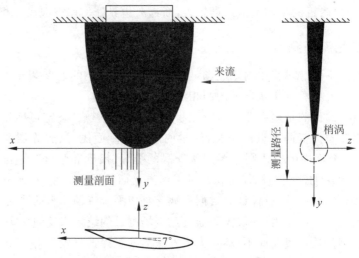

图 5-29　LDV 测量剖面及位置

图 5-30　椭圆水翼梢涡空化流场 LDV 测量现场(见彩页)

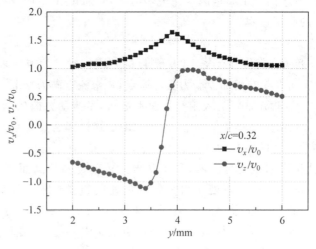

图 5-31　漩涡周围的速度分布

　　根据 LDV 测量的平均脉动速度可以计算出漩涡周围的速度脉动量,以湍动能强度表示:

$$k = \frac{1}{2}(v_x'^2 + v_z'^2) \tag{5-13}$$

式中，$v_x'$ 和 $v_z'$ 分别为 LDV 测量的沿 $x$ 与 $z$ 轴方向上的平均脉动速度。

图 5-32 表示三个截面上涡心周围湍动能强度分布。图中，三种记号分别表示三个截面上的湍动能强度实验值。图中还显示了基于实验数据经高斯拟合（Gauss fit）的曲线。从图示结果可以看出漩涡内部脉动值高于漩涡外流场，而涡心位置的脉动最强烈，湍动能强度分布大致符合高斯分布。这些结果说明在漩涡空化起始过程中，不仅需要考虑平均压力，脉动压力也非常重要。

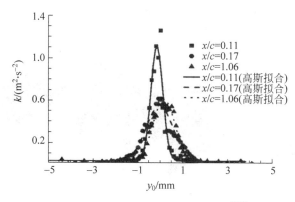

图 5-32　涡心周围湍动能强度分布[19]

（2）PIV 方法

针对同样的水翼梢涡流场，要得到旋涡空化流场中各截面的速度云图，可采用三维 PIV 技术，使用两台相机分别从两个方向测量流场中的空化流动。图 5-33 表示 PIV 测速系统中试验水翼、激光、相机及光路补偿结构在空化试验水洞内外的布置方式。

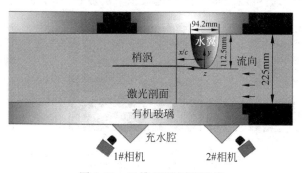

图 5-33　三维 PIV 测速系统

图 5-34 给出了 PIV 测量获得全湿状态下某漩涡断面 $v_y$、$v_z$ 的合速度 $v$ 分布云图，以及通过速度分布计算获得的涡量 $\omega$ 分布云图。从图中可以观察到漩涡中心速度最小，涡心附近绕涡心的切向速度大致经历逐渐增加再减小的过程，与图 5-31 给出的 LDV 测量结果一致。图 5-35 显示了全湿状态下沿流向四个截面涡量分布的演化过程，其中靠近水翼截面的测量结果不完整是由于水翼遮挡了部分测量区域而无法观察所致。由试验结果可知，漩涡的形成过程中不断有水翼展向的涡量汇入，说明水翼梢涡的形成是梢部泄涡、进口边分离涡和出口边涡共同作用的结果，在远离梢部的区域才形成相对稳定的漩涡流动结构。

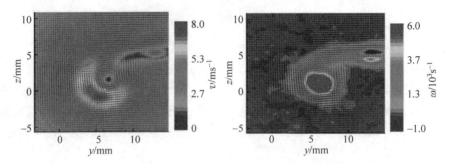

图 5-34　PIV 测量获得的全湿状态下漩涡周围速度分布和涡量分布（见彩页）

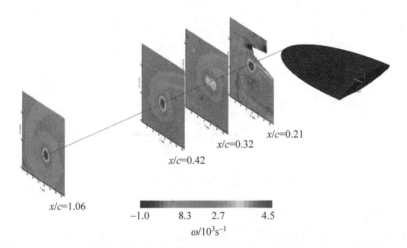

图 5-35　PIV 测量获得的全湿状态下沿流向不同截面涡量分布（见彩页）

　　利用三维 PIV 技术还可以测量漩涡空化状态下的流场，图 5-36 显示了两种漩涡空化状

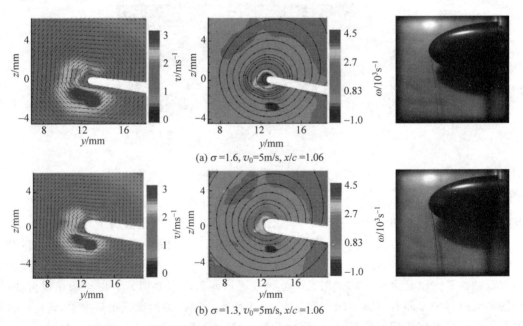

(a) $\sigma=1.6$, $v_0=5$m/s, $x/c=1.06$

(b) $\sigma=1.3$, $v_0=5$m/s, $x/c=1.06$

图 5-36　PIV 测量获得的漩涡空化周围速度分布和涡量分布（见彩页）

态下空化区外流场的速度分布云图和涡量分布云图,以及对应的梢涡空化形态,图中空白区域是漩涡空化遮挡所致。漩涡附近的涡量云图中还标出了涡心周围的流线,测量结果说明空化状态下的流场中涡量主要集中在漩涡空化周围,进一步通过计算涡心周围的涡通量可知,空化状态下涡心周围的涡通量与无空化状态相比显著减小,并随着空化的加强而减小。

# 参考文献

[1]　TROPEA C,YARIN A L,FOSS J F. Springer Handbook of Experimental Fluid Mechanics[M]. Berlin:Springer Berlin Heidelberg,2007.

[2]　SONG M T,XU L H,PENG X X,et al. An acoustic approach to determine tip vortex cavitation inception for an elliptical hydrofoil considering nuclei seeding[J]. International Journal of Multiphase Flow,2017,90:79-87.

[3]　彭晓星. 发展空化及其不稳定现象研究[C]//第四届海峡两岸水动力学会议论文集. 中国台北,2013.10.29-11.2.

[4]　PENG X X,JI B,CAO Y T,et al. Combined experimental observation and numerical simulation of the cloud cavitation with U-type flow structures on hydrofoils[J]. International Journal of Multiphase Flow,2016,79:10-22.

[5]　陈奕宏,周伟新,史小军,等. 空化核密度分布的声学测量技术研究[J]. 船舶力学,2010,14(8):945-950.

[6]　OLDENZIEL D M. A new instruments in cavitation research:the cavitation susceptibility meter[J]. Journal of Fluids Engineering,1982,104(2):136-141.

[7]　潘森森. 空化核尺度分布谱[J]. 水动力学研究与进展,1987,2(2):57-65.

[8]　KELLER A. The influence of the cavitation nucleus spectrum on cavitation inception investigated with a scattered light counting method[J]. Journal of Basic Engineering,1972,94(4):917-925.

[9]　徐良浩,彭晓星,张国平,等. 空泡水筒中空化核测量与控制[C]//2015年船舶水动力学学术会议论文集. 哈尔滨,2015,7:354-360.

[10]　COUTIER-DELGOSHA O,DEVILLERS J,PICHON T. Internal structure and dynamics of sheet cavitation[J]. Physics of Fluids,2006,18(1):017103.

[11]　MÄKIHARJU S A,GABILLET C,PAIK B,et al. Time-resolved two-dimensional X-ray densitometry of a two-phase flow downstream of a ventilated cavity[J]. Experiments in Fluids,2013,54(7):1561.

[12]　SAAD J,EVERT C W,ROBERT F M,et al. Void fraction measurements in partial cavitation regimes by X-ray computed tomography[J]. International Journal of Multiphase Flow,2019,120:1-12.

[13]　DIAS S,FRANCA F,ROSA E. Statistical method to calculate local interfacial variables in two-phase bubbly flows using intrusive crossing probes[J]. International Journal of Multiphase Flow,2000,26(11):1797-1830.

[14]　WAN C R,WANG B L,WANG Q,et al. Probing and imaging of vapor-water mixture properties inside partial/could cavitating flows[J]. Journal of Fluids Engineering,2017,139(3):031303.

[15]　KOSIWCZUK W,CESSOU A,TRINITÉ M,et al. Simultaneous velocity field measurements in two-phase flows for turbulent mixing of sprays by means of two-phase PIV[J]. Experiments in Fluids,2005,39(5):895-908.

[16]　ROTTENKOLBER G,GINDELE J,RAPOSO J,et al. Spay analysis of a gasoline direct injector by means of two-phase PIV[J]. Experiments in Fluids,2002,32(6):710-721.

［17］ KIGER K T，PAN C. PIV techniques for the simultaneous measurement of dilute two-phase flows
［J］. Journal of Fluids Engineering，2000，122(4)：811-818.

［18］ KHALITOV D A，LONGMIRE E K. Simultaneous two-phase PIV by two-parameter phase
discrimination［J］. Experiments in Fluids，2002，32(2)：252-268.

［19］ PENG X X，ZHANG L X，WANG B L，et al. Study of tip vortex cavitation inception and vortex
singing［J］. Journal of Hydrodynamics，2019，31(6)：1170-1177.

# 第6章

# 绕水翼空化流动

## 6.1 概述

### 6.1.1 研究水翼空化的意义

实际工程中的空化流动现象非常复杂,涉及相间的质量与动量交换,以及空间与时间上的多尺度运动。为了清晰地展示复杂空化流动中的典型物理现象、有效地揭示空化流动的机理与规律,可以采用具有简单几何形状的流道,首先从流动机理入手开展研究。作为螺旋桨、水轮机、泵等水力旋转机械的基本工作要素,选择水翼作为空化流动的研究对象就理所当然了,也是十分合理的。与直接研究实际工程中的空化流动相比,采用水翼进行空化研究不仅可以揭示流动机理,而且还有以下优势:

(1) 水翼的几何形状简单,尤其是二维水翼。因而,制作试验用的水翼不仅便利,而且容易达到很高的加工精度。

(2) 由于水翼几何形状简单,因此水翼空化的试验装置也相对简单,且制作成本易于控制。

(3) 试验条件易于控制,有利于得到精确的试验数据。

(4) 人们对水翼空化的研究经验较多,对水翼空化流动机理的理解比较深入。通过总结、分析水翼空化试验数据,可以更好地从原理上抓住实际问题的本质。

(5) 基于工程问题的特征,可以设计、构造水翼,从而更逼真地模拟实际空化现象、反映流动的基本特征。

### 6.1.2 水翼的物理参数

实际工程中水翼种类很多,常见的水翼包括 NACA 系列、RAF 系列,及其基于各种基本翼型的改型水翼。无论哪种形状,水翼都具有以下基本几何参数:

(1) 弦长 $C$: 连接水翼头部(leading edge,图 6-1 中"L. E.")与尾部(trailing edge,图 6-1 中"T. E.")的直线段称为翼弦,该线段的长度即为弦长。弦长 $C$ 是水翼的代表性几何参数,表示水翼的特征尺度。

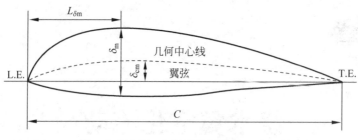

图 6-1 水翼的几何形状

（2）最大厚度 $\delta_m$：水翼上下表面之间的最大厚度。沿着翼弦自水翼头部至水翼最大厚度处的距离 $L_{\delta m}$ 称为水翼最大厚度位置。

（3）在图 6-1 中，以翼弦为界，位于翼弦之上的水翼表面称为上表面，位于翼弦之下的水翼表面称为下表面。在上、下表面之间可以绘制一条几何中心线，即上表面与下表面至几何中心线的距离相等。当上、下表面相对翼弦对称分布时，称为对称水翼。此时，水翼的几何中心线与翼弦重合。当上、下表面相对翼弦非对称分布时，称为非对称水翼或者带拱度的水翼。此时，水翼的几何中心线与翼弦不重合。通常将几何中心线与翼弦之间的最大距离称为水翼的最大拱度，即图 6-1 中的 $\delta_{cm}$。一般情况下，水翼最大厚度与水翼的最大拱度所处的位置不一致。

水翼的水动力学性能是随着工作参数变化的。水翼工作参数主要有：

（1）攻角（angle of attack，AOA），常用符号 $\alpha$ 表示。攻角为来流速度方向与翼弦之间的夹角，如图 6-2 所示。

（2）绕流水翼的来流速度 $v_\infty$。若来流液体的运动黏度为 $\nu$，则绕水翼流动的雷诺数为 $Re = \dfrac{v_\infty C}{\nu}$。

（3）绕流水翼的来流压力 $p_\infty$。若来流液体的密度为 $\rho$，则绕水翼流动的空化数为 $\sigma = \dfrac{p_\infty - p_v}{0.5\rho v_\infty^2}$。需要说明的是，在一些实际问题中，绕水翼流动的下游压力比较稳定，此时可以按照下游压力来定义流动的空化条件。

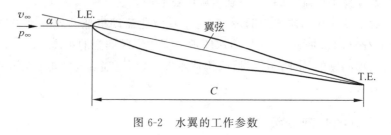

图 6-2 水翼的工作参数

在确定的工作条件下，水翼流动呈现出一定的水动力学性能。通常，以升力系数 $C_L$ 与阻力系数 $C_D$ 来表征水翼的水动力学性能。

升力可通过环绕全部水翼表面进行压力积分获得。对于对称水翼，当来流攻角为零时水翼所受的升力为零，只有在攻角不为零时才产生作用于水翼的升力。如图 6-2 所示，此时水翼下表面相对于翼弦的迎流面积较大，在下表面上的压力将高于上表面，则作用在水翼表面的合力方向朝上。但对如图 6-1 所示的非对称水翼,即使来流攻角为零,由于上表面相对于翼弦的迎流面积较大,所以作用在上表面的压力较低,而作用于下表面的压力较高,这样水翼所受的升力方向朝上,数值上并不为零。

不论是何种水翼,可将相对于翼弦而言迎流面积较小的表面称为正压面或压力面,而将迎流面积较大的表面称为负压面或吸力面。在负压面上,最低压力为 $p_{\min}$、最低压力系数为 $C_{p\min}\left(C_{p\min}=\dfrac{p_{\min}-p_\infty}{0.5\rho v_\infty^2}\right)$。当 $p_{\min}=p_v$ 时,绕水翼流动达到初生空化状态,即 $-C_{p\min}=\sigma_i$。

当发生空化后,空泡附着在水翼表面,使得沿水翼表面的压力分布产生相应变化,从而改变了水翼的动力特性。图 6-3 给出了水翼升力系数随着空化数的变化曲线。流场中出现初生空化后,水翼的力特性开始发生变化。而随着空化数进一步下降,升力系数 $C_L$ 急剧下降。所以,对于升力型的流体机械,如泵、水轮机、螺旋桨等,空化会导致流体机械的功能转化效率急剧降低。

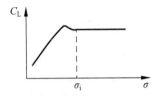

图 6-3　水翼升力系数随空化数的变化

图 6-4 则表示水翼在不同攻角下的升力系数曲线,表明水翼升力还与来流攻角密切相关。图中,左侧的点线以上区域表示稳定的部分空化状态,如图 6-5(a)所示;右侧的点线以下区域表示稳定的超空化状态,如图 6-5(c)所示;而当空泡相对长度处于 3/4～4/3 之间(两条点线之间的区域)时,空化处于不稳定状态,如图 6-5(b)所示。由于空化种类、空化形态与空化长度取决于攻角 $\alpha$、空化数 $\sigma$ 等工作参数,所以升力系数与攻角的关系复杂。此外,由翼型理论可知,当攻角达到一定值时,绕水翼流动发生分离,升力急剧下降。但当空化发生后,流动分离提前发生,升力陡降。

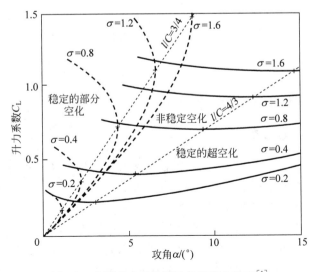

图 6-4　水翼升力系数随攻角的变化关系[1]

(a) 稳定的部分空化　　　(b) 不稳定部分空化　　　(c) 稳定的超空化

图 6-5　三种典型的水翼空化状态

图 6-6 表示空泡演化与水翼工作参数的关系。图中的不同试验结果都表明空化演化的频率随着 $\frac{\sigma}{2\alpha}$ 而变化,而这些变化关系基本与雷诺数无关。由该图可以看出两个明显的规律:

(1) 当 $1.0<\frac{\sigma}{2\alpha}<4.0$ 时,以水翼弦长表征的斯特劳哈尔数 $St_C\left(St_C=\frac{fC}{v_\infty}\right)$ 基本不变,即空化脉动频率不随工况而变化。

(2) 当 $6.0>\frac{\sigma}{2\alpha}>4.0$ 时,以水翼弦长为特征尺度的斯特劳哈尔数 $St_C$ 随着复合参数 $\frac{\sigma}{2\alpha}$ 线性变化,即空化脉动频率随该工况参数线性增长。

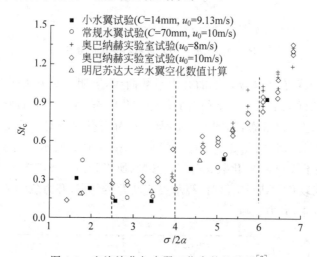

图 6-6　空泡演化与水翼工作参数的关系[2]

## 6.2　绕二维水翼的空化流动

### 6.2.1　典型空化形态

图 6-7 表示了雷诺数为 $10^6$、在不同攻角与空化数下绕二维水翼(翼型: NACA16012,弦长 $C=100$mm)的主要空化形态。具体说明如下:

(1) 当空化数较高而攻角较小时,流场中无空化。

(2) 当空化数很低时,水翼表面的空泡覆盖了水翼尾部,出现超空化,如图中的区域①、②、③所示。在区域①,由于攻角很小,空泡附着在水翼后部,此时的液流分离点与水翼表面的最低压力点(约为水翼最大厚度处)位置并不相同;随着攻角增大,空泡附着的位置前移,逐步到达水翼头部，出现区域③的情况；在区域②，空泡附着的前沿位置介于前两者之间，且空泡沿展向的分布很不均匀，呈明显的三维形状，而在区域①和区域③的空泡基本为二维形状。

（3）当空化数较高时，随着攻角增大，水翼表面发生部分空化，首先表现为附着型片空化，即自水翼头部开始一层较薄的空泡覆盖水翼表面，而经过发展在水翼尾部出现分离，脱落后的空泡发展为云空化，如图中区域③′所示，此时的空泡主要为蒸气空泡。当攻角继续增大，空化进一步发展至两组分空化。此时的空泡包含了大部分气泡与少部分蒸气空泡，附着的空泡厚度更大，如图中区域④所示。

（4）当攻角很大而接近水翼的失速攻角时，绕水翼流动发生分离，在负压面附近形成强循环流，从而出现剪切空化（shear cavitation），如图中区域⑤所示。

需要指出的是，由于试验中使用了强去离子水，所以没有出现游移型空化。

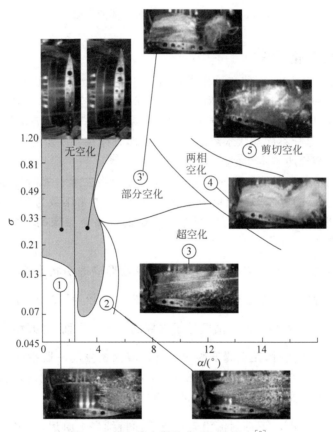

图 6-7　绕二维水翼的典型空化形态[3]

为了进一步说明绕二维水翼的空化，图 6-8 中给出了按照攻角、空化数排布的空化状态分区。图中 $\sigma_i$ 为初生空化数，在数值上略低于 $-C_{p\min}$。在空化数较小而攻角较大的 I 区，空泡相对长度 $l/C$ 大于 1，主要体现为超空化；随着空化数增大，在 II 区，空泡相对长度 $l/C$ 处于 $1/3\sim3/4$ 之间。当攻角 $\alpha\geqslant5°$ 时，发生不稳定的部分空化，如附着型片空化，以及由空泡脱落形成的云空化；而当攻角较小（$\alpha<4°$）时，主要体现为泡空化；在 III 区，空泡相对长度 $l/C$ 小于 $1/3$，主要体现为稳定的部分空化。

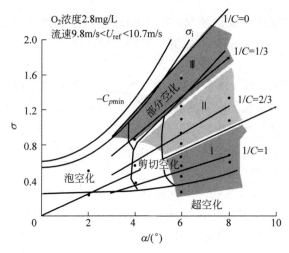

图 6-8　绕二维 NACA0015 水翼的空化[4]

## 6.2.2　空化演化过程

由图 6-4 和图 6-7 可知,即使二维水翼的几何形状很简单,空化随空化数、攻角等条件的不同也出现了各种复杂的形态。而对于某特定条件下的空化形态,空泡通常也是不稳定的,其变化呈现出准周期性。如绕二维水翼的附着型空化往往伴随着准周期性的空泡生长、脱落、溃灭等过程。尽管不同形状水翼的具体空化形态存在着一定的差别,但是其一个典型的演化周期通常均会经历基本相似的几个阶段[4-5]。

下面以绕 Clark-Y 水翼的空化演变为例,简要说明绕二维水翼附着型空化的典型演变过程,如图 6-9 所示。试验中水翼攻角为 8°、空化数为 0.8、雷诺数为 $7\times10^5$,根据实验观测得到空泡演化周期为 $T$。对每一时刻,图左侧为试验中高速摄像的实验结果[5],右侧为对应的数值模拟结果[6]。

从图中可以看到,在 $t=\frac{1}{8}T$ 时刻,在水翼前缘处形成透明状附着型空泡,并处于持续的增长状态。该过程中空化形态相对较稳定,维持着一个较为清晰的汽液交界面。

在 $t=\frac{3}{8}T$ 时刻,附着型空泡逐渐覆盖了水翼的整个负压面,并开始在空泡尾部产生逆时针的空化旋涡。与此同时,在水翼下游的云空化溃灭诱发的一股指向水翼头部的反向射流(re-entrant jet)抵达空泡尾部。而空泡的尾部受到流场的较强扰动,汽液交界面被破坏,取而代之的是充满着大量微小气泡的汽液混合物。

在 $t=\frac{4}{8}T\sim\frac{7}{8}T$ 期间,反向射流沿着水翼表面持续向上游运动,水翼尾部的汽液混合区域逐渐扩大,而透明状的汽相空泡区域则逐渐缩小。

在 $t=\frac{8}{8}T$ 时,反向射流到达空泡前缘附近,与主流相遇,两股方向相反的流动相互作用,随即切断了附着型空泡并引起大尺度空泡的旋涡脱落。脱落的云空化被主流挟带向下游输运,并在流场高压作用下逐渐溃灭。与此同时,一个新的附着空穴在水翼头部处生成并向下游发展,如此周而复始,构成了附着型空化的准周期性演化。

有研究[7]指出,对于图 6-7 中的部分空化阶段,当附着型片空化的空泡生长速度较大而

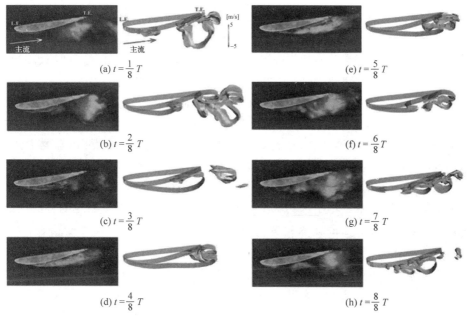

(a) $t = \frac{1}{8}T$        (e) $t = \frac{5}{8}T$

(b) $t = \frac{2}{8}T$        (f) $t = \frac{6}{8}T$

(c) $t = \frac{3}{8}T$        (g) $t = \frac{7}{8}T$

(d) $t = \frac{4}{8}T$        (h) $t = \frac{8}{8}T$

图 6-9　绕二维水翼空化的典型演变过程(见彩页)

反向射流的速度较小时,空泡相对稳定,且不能观察到明显的大规模云空化;而当附着型片空化的空泡生长速度较小而反向射流的速度较大时,空化形态变得非常不稳定,附着型片空化的空泡被反向射流切断而生成大规模的云空化。因此,从附着型片空化向云空化转捩的判据为反向射流的运动速度大于片空化的生成速度。

图 6-8 中仅给出了比较典型的空化演化过程。而实际的空化流动中,由于试验条件和流场特征千差万别,空泡在生长、脱落、溃灭等阶段中的现象可能差异很大。如图 6-10 就给出了绕二维 NACA0015 水翼空化的四种云空化脱离形式:(a)单云空化;(b)双云空化;(c)三云空化;(d)非规则多云空化。

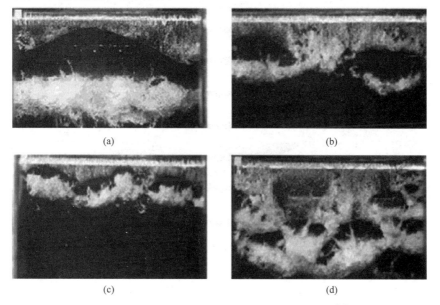

(a)        (b)

(c)        (d)

图 6-10　二维 NACA 0015 水翼的多种空泡脱落[8]

　　试验研究已经证明,对于绕二维水翼的部分空化,其非稳定的演化过程取决于流场中的反向射流。图 6-11 表示空泡演化与反向射流发展的关系。图中,黑色阴影为水翼,灰色部分表示空泡。在水翼上表面与空泡之间的白色区域可视为反向射流。据试验观察与测量,反向射流的厚度为最大空泡厚度的 15%～30%[8]。当附着型片空化发展到一定尺度时($t/T=0$),在空泡之后的尾流中出现反向射流;反向射流沿着水翼表面不断朝水翼头部推进,在 $t/T=1/3$ 时将空泡切断;被切断的空泡成为云空化,在流场中的液流作用下向下游运动,而且云空化的形状逐渐变化,在 $t/T=1$ 时云空化完全脱离水翼,在水翼下游的高压区溃灭;而在 $t/T=1/3$ 至 $t/T=5/6$ 期间,新的附着型空化不断生长,新的空泡体积逐渐增大,而后新空泡被新的反向射流切断,如此反复。

　　反向射流的速度通常略小于水翼试验时的来流速度 $v_\infty$;而根据稳定的势流理论,反向射流的速度应与汽液交界面的速度相等,即 $v_\infty\sqrt{1+\sigma}$,该速度将略大于来流速度 $v_\infty$。所以,可以认为反向射流的速度与来流速度 $v_\infty$ 大约相等。

　　如果将反向射流贯穿空泡总长度 $l$ 的时间记为 $T_0=l/v_\infty$,而云空化的脱落频率为 $f$,则空化演化的斯特劳哈尔数 $St_l$ 为

$$St_l = \frac{f \cdot l}{v_\infty} \tag{6-1}$$

　　通常,$St_l$ 取值位于 0.25～0.35 之间。这种取值的分散性主要是由实验中观测最大空泡长度具有较大的不确定性造成的。$St_l$ 的平均值为 0.3,说明云空化的脱落频率仅为反向射流运动频率的 30%。

　　如果将式(6-1)中的速度以势流理论得出的反向射流的速度 $v_\infty\sqrt{1+\sigma}$ 替代,在稳定空化状态下空泡相对长度 $l/C$ 小于 3/4 时,根据试验观测确定的斯特劳哈尔数 $St_l$ 为 0.25[4],则这类情况下空化演化的斯特劳哈尔数 $St_l$ 可表达为

$$St_l = \frac{f \cdot l}{v_\infty} = 0.25\sqrt{1+\sigma} \tag{6-2}$$

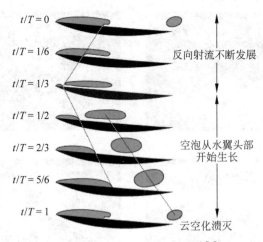

图 6-11　反向射流与空化演化[9]

### 6.2.3 空化的演化规律

尽管二维水翼空化有准周期性演化特征,其空泡尺度在统计上仍然具有一定规律。图 6-12 为绕二维扁弧形水翼(一侧为平面,另外一侧为圆弧形)空泡相对长度 $l/C$ 的曲线。横坐标为复合参数 $\dfrac{\sigma}{\alpha - \alpha_i}$,其中 $\alpha_i$ 为一定运行条件下初生空化数对应的攻角。由图可知,空泡长度与该复合参数存在很好的统计关系,如当 $\dfrac{\sigma}{\alpha - \alpha_i} \leqslant 0.1$ 时,空泡相对长度 $l/C$ 与 $\dfrac{\sigma}{\alpha - \alpha_i}$ 为近似线性关系。

在一些文献中,将运行条件的复合参数表示为 $\dfrac{\sigma}{2\alpha}$,则空泡长度与空化数 $\sigma$、攻角 $\alpha$ 的关系可写成如下公式:

$$\frac{l}{C} \approx -\frac{1}{6}\frac{\sigma}{2\alpha} + 1.4 \tag{6-3}$$

由式(6-3)可知,当攻角不变时,随着空化数降低,绕二维水翼流场中依次出现初生空化、稳定的部分空化(附着型片空化)、发展的两组分空化、稳定的超空化,空泡长度逐渐增大,如图 6-4 所示。当空化处于稳定状态时,空泡长度比较稳定;而当空化处于不稳定状态时,空化脉动强烈,空泡长度变化较大。

根据式(6-3)可以推导出一定攻角下、达到一定空泡长度所对应的空化数,如下所示:

$$\sigma = \left(1.4 - \frac{l}{C}\right) \times 12\alpha \tag{6-4}$$

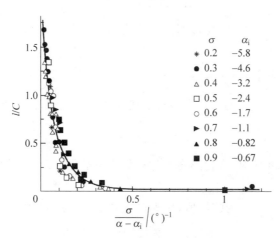

图 6-12 二维水翼空化长度[9]

图 6-13 表示绕二维 NACA0015 水翼的升力系数 $C_L$ 随着空化条件变化的相对脉动值,实验时水翼攻角 $\alpha = 8°$。很显然,在有些工况下水翼升力系数脉动很剧烈,最大相对脉动幅值超过了静态升力系数的 $100\%$,而升力系数脉动和云空化及漩涡演化有密切关联。根据图中斯特劳哈尔数 $St_C$ 分布结果,可将绕二维水翼升力系数脉动的规律分成如下三类:

（1）当 $1.0<\dfrac{\sigma}{2\alpha}<4.0$ 时，空化演化呈现强烈动态过程，空化形态以超空化为主，空泡相对长度 $\dfrac{l}{C}>0.75$。空化演化导致的升力系数脉动幅值高，但升力系数脉动与空化数基本无关，以空化频率与弦长表示的 $St_C$ 位于 $0.20\sim0.30$ 之间。

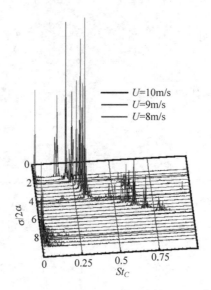

图 6-13　不同空化条件下二维水翼升力系数的脉动[10]（见彩页）

（2）当 $4.0<\dfrac{\sigma}{2\alpha}<6.0$ 时，空化形态以不稳定附着型片空化为主，在反向射流作用下空泡呈现周期性的片空化增长及云空化脱落，且空泡相对长度 $\dfrac{l}{C}<0.75$。升力系数脉动幅值较小，但频率较高。脉动频率与空化数呈近似线性关系。此时，以空泡长度 $l$ 表示的斯特劳哈尔数 $St_l$ 为恒定值，约等于 $0.3$。

（3）当 $6.0<\dfrac{\sigma}{2\alpha}<8.5$ 时，空化形态为片空化或泡空化。升力系数脉动的频率很低。

需要指出的是，$\dfrac{\sigma}{2\alpha}=4.0$ 为临界值，代表空化演化从一种空化状态向另一种空化状态的转变条件。此时，对应的空泡相对长度为 $\dfrac{l}{C}=0.75$。当 $\dfrac{\sigma}{2\alpha}>4.0$ 时，空化演化过程主要受反向射流影响，体现附着型片空化脉动的 $St_l\approx0.3$；当 $\dfrac{\sigma}{2\alpha}<4.0$ 时，空化演化过程受到泡状空化流动伴随的冲击波主导，体现升力系数脉动的 $St_C$ 位于 $0.20\sim0.30$ 之间。

## 6.3　绕三维水翼的空化流动

### 6.3.1　绕三维水翼空化流动现象

空化流动具有高度的三维流动特性。即使绕流物体在几何上为二维结构,其空化绕流也具有显著的三维流动特征,如沿水翼展向非均匀发展的空泡、云空化脱落时的 U 形涡结构等。但是,在二维水翼中,空化流动三维结构的产生与发展具有一定的随机性,不便于对其展开研究。为此,福斯(E. J. Foeth)等[11-12]设计了一种三维水翼。它采用几何形状简单的三维叶片,可诱发典型的三维流动结构,因而三维水翼是一种研究空化流动三维特性的理想模型。图 6-14 为基于 NACA0009 翼型的三维水翼。该水翼中间断面为对称面,沿展向两边的断面形状、攻角均关于中间断面对称,即水翼两侧的攻角最小,沿展向逐渐增大,在中间断面达到最大攻角。

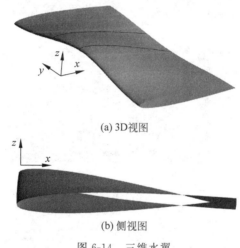

(a) 3D视图

(b) 侧视图

图 6-14　三维水翼

图 6-15 为通过高速摄影试验拍摄的绕三维水翼空化演化过程,对应的全过程时间为 66.5ms。根据实验数据可总结如下的空化演化特征:

(1) 由于三维水翼具有独特的几何特征,因此在水翼头部的附着型片空化呈"等腰三角形"的形状发展。因为水翼中间的攻角最大,所以以"等腰三角形"顶点处的空泡脉动最强烈。

(2) 在反向射流作用下,附着型片空泡被切断后脱落,形成云空化。脱落后的云空化向下游运动过程中逐渐被拉伸、抬起,很快呈现出非常明晰的 U 形结构,这说明绕水翼空化流场的流动结构发生了显著变化。

(3) 在演化过程的后期,在附着型空化前沿逐渐脱落成两个小 U 形结构,它们近乎对称地发生在片空化的两侧。而这种小 U 形结构也随时间变化,在不断爬升的过程中被拉伸,并朝下游运动。

因此,绕三维水翼空化比较复杂,通过试验可以清晰地观察到空化发展中的空泡演变,以及空泡与漩涡的相互作用(如 U 形结构)。而在三维水翼空化演化过程中,除了类似二维水翼空化流动中的反向射流外,还出现了由于侧向射流而导致的小 U 形结构。

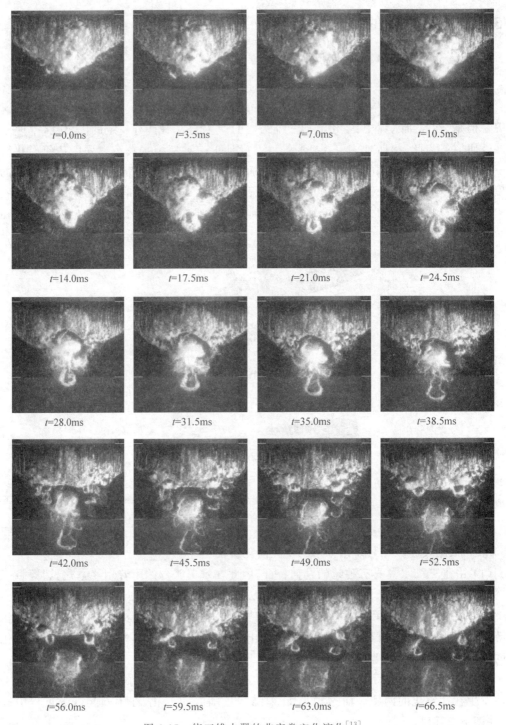

图 6-15　绕三维水翼的非定常空化演化[13]

### 6.3.2　绕三维水翼空化流动机理

图 6-16 中标示了试验中观测到的反向射流 A 和侧向射流 B。反向射流的速度分量主要沿着主流的反方向,而侧向射流则具有较强的展向速度分量。福斯等通过试验观察认为,反向射流与主流在水翼头部附近的碰撞是引起云空化大尺度脱落的主要原因。但是由于扭曲水翼的几何结构,附着型空化发展至最大长度时其闭合区呈凸出状,而非平直水翼中近似直线的闭合区,这使得反向射流实际上呈现一种向上游径向辐射式的运动。

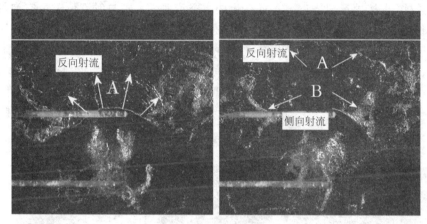

图 6-16　反向射流和侧向射流[13]

近期研究表明,反向射流的这种向上游径向辐射式的运动形式在一定程度上会削弱反向射流在流向上的强度,进而使得其与主流的碰撞可能会非常微弱,在某些情况下不足以切断附着型空化,从而使得整个空化流动较为稳定。与反向射流类似,侧向射流也会引起当地的云空化脱落。侧向射流在展向上的运动会在附着型空化的两侧与汽液交界面发生碰撞,并引起相应的云空化脱落。尽管侧向射流诱发的云空化脱落规模不如反向射流的作用那样显著,但也在很大程度上改变了空泡的形状,对空化的非定常演变起着重要的作用。

反向射流、侧向射流引起空化脱落的同时,也会对当地漩涡结构产生巨大的影响。随云空化一起脱落的涡结构会受主流的挟带向下游运动,其形状也会发生明显的改变,最终形成 U 形涡结构,这种结构亦称为马蹄涡、发卡涡[14]。图 6-17 中,分别在侧视图和俯视图中表示了绕三维扭曲水翼(翼型 NACA16012)U 形涡结构在四种空化数下的形态。

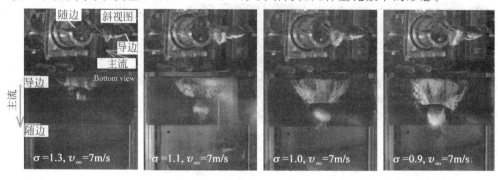

图 6-17　不同空化数下的 U 形涡形态[14]

　　图 6-18 表示一个空化演化周期内 5 个典型时刻的空泡形态。在每一个时刻,图中都给出了三张图片:中间为试验照片,两侧分别为基于数值模拟结果得出的俯视图和侧视图。在Ⅰ时刻,在反向射流的作用下位于水翼中间部位的主空泡开始脱落,在空化发展过程中脱落的云空化逐步抬升,在Ⅲ时刻形成非常清晰的 U 形主脱落结构;而在主空泡的两侧,空化发展相对缓慢,在Ⅲ时刻开始形成空泡的二次脱落。到Ⅳ时刻,空泡中央的主脱落结构与空泡两侧的二次脱落结构同时存在,且均呈 U 形。此时,通过数值模拟结果可以清楚地观察反向射流和侧向射流,如图 6-19 所示。图中,呈放射状的反向射流切断了主脱落结构与主空泡的连接,直接导致了绕三维水翼空化的主空泡脱落;侧向射流位于主空泡的两侧,它们与空泡作用导致了空泡的二次脱落。在Ⅴ时刻,主脱落结构与二次脱落结构向下游运动,在高压区逐渐溃灭,而水翼背面的附着型片空化得到发展,进入新一轮的周期性演化过程。

　　因此,不论是二维水翼还是扭曲水翼,它们的空化动态演变过程在形态上虽然有一些差异,但也有许多共同的流动特征,如空化发展具有准周期性,空泡尾部的闭合区在压力梯度作用下发生反向射流,反向射流与空泡相互作用引起云空化脱落,以及空化演变诱发漩涡运动等。

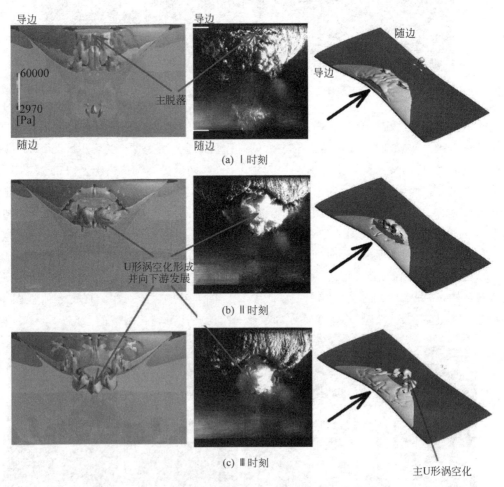

图 6-18　扭曲水翼空化绕流的一个典型演变周期[15]（见彩页）

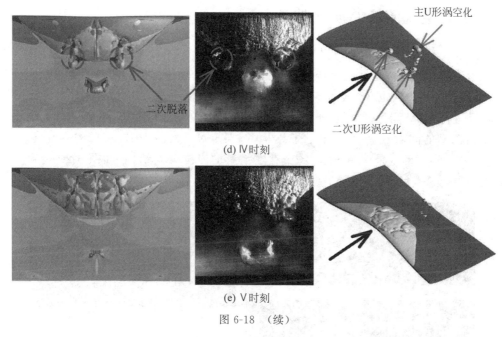

(d) Ⅳ时刻

(e) Ⅴ时刻

图 6-18 （续）

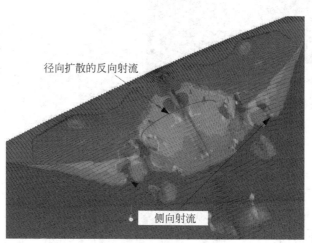

图 6-19 三维水翼空化及反向射流(见彩页)

　　需要指出的是,在绕二维水翼空化流动中有时也可观察到类似的漩涡结构[16],但是其强度、规律性均不如三维扭曲水翼空化流动的现象明显。虽然 U 形涡结构的形成机理尚不十分清楚,但已有研究表明该结构的产生与绕脱落云空化的环流存在较大的关系,即 U 形涡结构的涡量来源主要为附着型片空化内部的回流结构,脱离附着型片空化后的漩涡演变的主导因素为绕该漩涡结构的环量引起的升力[17]。

## 6.4　水翼空化流场的演变特性

### 6.4.1　空化对水翼尾流的影响

附着型空化的准周期性脱落行为及其三维流动结构演变不但会明显改变当地的流动结构,在其下游的尾流区也必然会引起强烈的速度与压力脉动[18]。通过对水翼空化尾流场的速度脉动进行 LDV 测量,并运用子波函数对速度脉动信号进行分析,发现了尾流场脉动速度中特征频率的间歇性和特征相干子结构[19]。而对 NACA0015 水翼的空化尾流进行 TR-PIV 测量所得的结果表明,尾流场中存在大量的三维漩涡结构,如图 6-20 所示。在所测量的平面内,一对符号相反的展向漩涡非常明显。

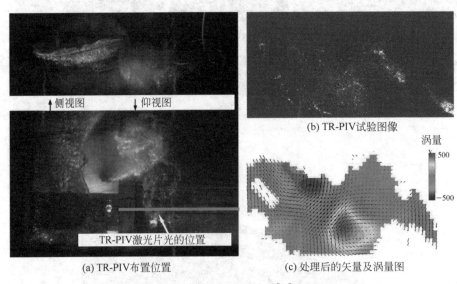

(a) TR-PIV布置位置　　　　(c) 处理后的矢量及涡量图

图 6-20　水翼空化尾流场结构[20](见彩页)

图 6-21、图 6-22 和图 6-23 表示基于 PIV 试验得到的二维 Clark-Y 水翼尾流区的流动特性。与无空化流动相比,附着型空化会明显增加尾流低速区的范围,对其分布也具有一定的影响。在无空化工况下,尾流区呈现细长的窄带状,在向下游发展的过程中会逐渐偏向于压力面,尾迹与水平方向的偏转角度为+4.5°,如图 6-21(a)所示;而在空化流动中,在水翼尾部存在大尺度空泡团的漩涡脱落现象,并逐渐向下游运动形成空化尾迹,低速区域明显增大,时均尾迹角度有向水翼吸力面偏移的趋势,与水平方向的偏转角度为-7.8°,如图 6-21(b)所示。与此同时,云空化的准周期性脱落现象还会对尾流区域的流动稳定性产生明显的扰动,进而大幅度增强水翼尾缘处的湍流脉动强度及其影响范围,如图 6-22(b)所示。云空化脱落的过程中也会引起当地漩涡结构的改变,使得涡量呈现数量级程度的增长。进一步的试验数据显示,当没有产生空化时,在水翼尾缘附近,分别形成了正向与反向漩涡区,并向下游延伸成为涡系。一旦空化发生,漩涡结构的强度得到明显强化,并且上下涡系随着空化区域的延伸而向后拉长,作用范围亦逐渐扩大,涡量聚集区由最初的涡系转化为大涡量团的分散分布,并逐渐向下游耗散,如图 6-23(b)所示。附着型空化准周期性的大尺度空泡团脱落现象也加速了水翼尾部流场的动量交换。

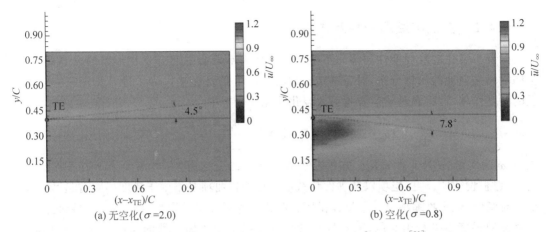

图 6-21 水翼尾缘下游的时均流向速度分布($Re=7\times10^5$, $\alpha=8°$)[21]（见彩页）

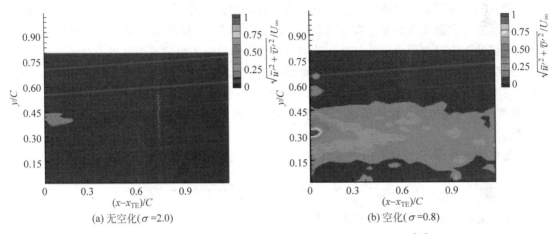

图 6-22 水翼尾缘下游的时均湍流脉动强度($Re=7\times10^5$, $\alpha=8°$)[21]（见彩页）

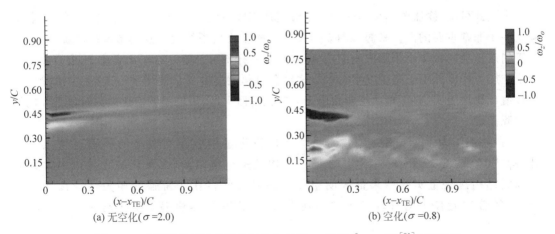

图 6-23 水翼尾缘下游的时均涡量分布($Re=7\times10^5$, $\alpha=8°$)[21]（见彩页）

### 6.4.2　空泡与漩涡的相互作用

附着型空化的准周期性脱落与不稳定流动行为不但会引起云空化形态的剧烈变化,还会明显增强当地的涡量分布,对漩涡结构的演变产生重要影响。为了进一步探究空化与漩涡的相互作用,可将涡量输运方程引入空化演化的分析中[22]:

$$\frac{\mathrm{d}\boldsymbol{\omega}}{\mathrm{d}t} = (\omega \cdot \nabla)\,\boldsymbol{v} - \omega(\nabla \cdot \boldsymbol{v}) + \frac{\nabla \rho_{\mathrm{m}} \times \nabla p}{\rho_{\mathrm{m}}^2} + \frac{1}{Re}(\nabla^2 \boldsymbol{\omega}) \tag{6-5}$$

式中,$\boldsymbol{\omega}$ 为涡量,$\boldsymbol{v}$ 为速度矢量。方程左边表示涡量的变化率,右边四项分别为涡的拉伸扭曲项、膨胀收缩项、斜压矩项以及黏性耗散项。拉伸扭曲项是指由于速度梯度引起涡结构的拉伸与变形,膨胀收缩项反映了流体微团膨胀或收缩对涡量的影响,斜压矩项主要是由压力与速度的梯度不平行引起的,而黏性耗散项则是指由于流体黏性的作用涡量会逐渐耗散。因为在流场局部的黏性耗散项与前三项相比很小,通常情况下可以忽略。

图 6-24 表示 Delft 扭曲水翼空化绕流某个时刻的云空化形态及 $Z = 0.2C$ 展向截面上涡量输运方程中源项的分布。在绕水翼空化的演化过程中,拉伸扭曲项在片空化尾部及云空化内部处于绝对主导地位。拉伸扭曲项可以视为角动量守恒定理的体现[23],涡结构的扭曲变形会使得处于同一条流线上质点的动量减小、角动量增加,进而促进了涡量的生成。对于密度不可变的流体而言,膨胀收缩项与斜压矩项对涡量基本没有影响。但是在空化流动中,这两项对空化流动中漩涡演化的作用不可忽略,其大小可以增长至与拉伸扭曲项处于同一量级。

在空化流动中,蒸气体积分数 $\alpha_{\mathrm{v}}$ 的输运方程可以表示为

$$\frac{\mathrm{d}\alpha_{\mathrm{v}}}{\mathrm{d}t} = \frac{\partial \alpha_{\mathrm{v}}}{\partial t} + (\boldsymbol{v} \cdot \nabla)\alpha_{\mathrm{v}} = \frac{\rho}{\rho_1 - \rho_{\mathrm{v}}} \nabla \cdot \boldsymbol{v} \tag{6-6}$$

则相间质量传输速率可写成下列表达式

$$\dot{m} = \frac{\rho_1 \rho_{\mathrm{v}}}{\rho_1 - \rho_{\mathrm{v}}} \nabla \cdot \boldsymbol{v} \tag{6-7}$$

由上式可知,膨胀收缩项与相间质量输运速率成正比,这意味着在空化流动中膨胀收缩项是一个非常重要的涡量来源。图 6-24(d)中,膨胀收缩项的数值及其影响范围都比较大。尽管斜压矩项的数值小于膨胀收缩项,但其影响同样不可忽略。在空化流动中,混合物密度梯度与压力梯度并不总是相互平行[24],这也会引起流场中涡量的增加。实际上,试验观测与数值计算均表明,斜压矩项主要集中于云空化的溃灭区,可能是云空化溃灭阶段主要的涡量来源。

图 6-24 作为一个典型例子,说明了空化演化过程中存在明显的涡输运现象。此外,图 6-15、图 6-17 和图 6-18 中的 U 形结构既是空泡结构,也可理解为湍流中常见的马蹄涡结构。大量实验结果都表明空化与漩涡之间存在非常强的相关性。在不久的未来,随着试验技术与计算技术的不断发展,人们有望尽快揭示空化与湍流之间的相互作用机制。

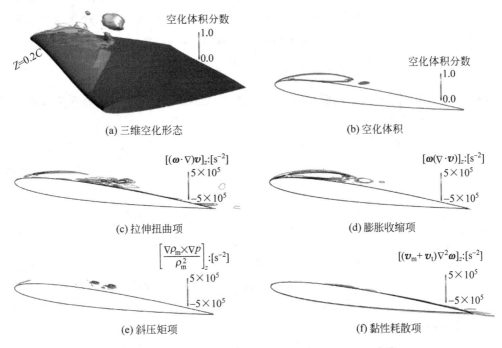

图 6-24 绕水翼某个时刻的空化形态及涡输运方程源项分布[22]（见彩页）

### 6.4.3 空化诱导的压力脉动

理论分析表明,空化不稳定性实际上是空化流动的固有性质。

图 6-25 中,水翼固定在流道内。假设水翼空化后在吸力面附着了一个体积为 $V_{cav}$ 的空泡。此时,流道入口的体积流量 $Q_{in}$ 与出口压力 $P_{out}$ 为常数,则根据连续性方程可写出流道中不平衡流量 $Q'$ 的表达式为

$$Q' = Q_{out} - Q_{in} = \frac{dV_{cav}}{dt} \tag{6-8}$$

式中,$Q_{out}$ 为流道出口的体积流量。

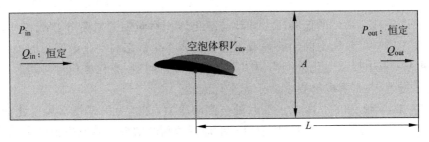

图 6-25 一维流动分析模型

当然,也可以将 $Q'$ 理解为流道出口体积流量的脉动量。

在一维简化模型中,流道内各个断面的流动参数可以认为都是相同的,则整个流道内的流动可以用一根流线上的流动参数进行描述,即将图 6-25 中流道内的流动作为一维流动处理。当流道内发生绕水翼空化而出现体积和质量脉动时,则根据动量守恒有:

$$p - p_{out} = \frac{L}{A} \frac{dm'}{dt} \tag{6-9}$$

式中,$m'$ 为流道出口质量流量的脉动量,$p$ 为流场中某点的压力,$L$ 为该点到流道出口的距离,$A$ 为流道的横截面积。

由于 $m' = \rho_1 \times Q'$,式(6-9)可变为

$$p = p_{out} + \rho_1 \frac{L}{A} \frac{dQ'}{dt} \tag{6-10}$$

定义空化阻抗系数 $C_v$[25] 为

$$C_v = -\frac{dV_{cav}}{dp} \tag{6-11}$$

依据式(6-8)和式(6-10),则连续性方程可以表示为

$$Q' = \frac{dV_{cav}}{dt} = \frac{dV_{cav}}{dp} \frac{dp}{dt} = -\rho_1 C_v \frac{L}{A} \frac{d^2 Q'}{dt^2} \tag{6-12}$$

上式可以进一步改写为

$$\frac{d^2 Q'}{dt^2} + \frac{A}{\rho_1 C_v L} Q' = 0 \tag{6-13}$$

上式的解析解取决于 $C_v$ 的符号。当 $C_v$ 大于 0 时,$Q'$ 的解析解会出现周期性的振荡,振荡频率为

$$\omega' = \sqrt{\frac{A}{\rho_1 C_v L}} \tag{6-14}$$

当 $C_v$ 小于 0 时,式(6-13)的解析解会呈现指数型的增长,这与试验观测不符。

事实上,对于一般空化流动,$C_v$ 均为正值[26]。这表明空化流动具有内在的不稳定性,而这些理论推导在试验中已经得到了验证[27-28]。

联合式(6-8)、式(6-10)可得

$$p = p_{out} + \rho_1 \frac{L}{A} \frac{d^2 V_{cav}}{dt^2} \tag{6-15}$$

上式表明空化流动中的低频压力脉动与空化体积对时间的二阶导数成正比,从而揭示了空化流动中诱导低频压力脉动的根源。这不但将空化状态与空化激振力的关系进行了定量描述,更为工程中控制空化激振力提供了新的思路,即控制空化体积对时间的二阶导即可控制空化激振力,并不需严格要求处于无空化流动。

图 6-26 中,实线为在水翼 50% 弦长处监测的压力,虚线为根据绕水翼空化的空泡体积和式(6-15)计算的结果。由此可知,采用一维理论预测的结果与数值模拟结果吻合得很好。这充分证明了该理论的正确性与适用性[29]。

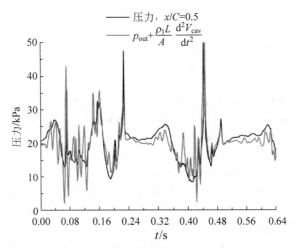

图 6-26　一维模型预测与数值计算的结果对比[30]（见彩页）

# 参考文献

[1] BRENNEN C E. Cavitation and bubble dynamics[M]. Oxford: Oxford University Press, 1995.

[2] LUO X W, JI B, ZHANG Y, et al. Cavitating flow over a mini hydrofoil[J]. Chinese Physics Letters, 2012, 29(1): 016401.

[3] FRANC J P, MICHEL J M. Fundamentals of cavitation[M]. Dordrecht: Kluwer Academic Publishers, 2004.

[4] ARNDT ROGER E A. Some remarks on hydrofoil cavitation[J]. Journal of Hydrodynamics, 2012, 24(3): 305-314.

[5] HUANG B, CHEN G H, ZHAO J, et al. Filter-based density correction model for turbulent cavitating flows[C]. IOP Conference Series: Earth and Environmental Science, 2012, 15(6): 062003.

[6] ZHAO Y, WANG G, HUANG B. A cavitation model for computations of unsteady cavitating flows[J]. Acta Mechanica Sinica, 2016, 32(2): 273-283.

[7] KEIL T, PELZ P F, BUTTENBENDER J. On the transition from sheet to cloud cavitation[C]. Proceedings of the 8th International Symposium on Cavitation, August 13-16, 2012, Singapore.

[8] KAWANAMI Y, KATO H, YAMAGUCHI H. Three-dimensional characteristics of the cavities formed on a two-dimensional hydrofoil[C]. Proceedings of the 3rd International Symposium on Cavitation, 1998, Grenoble, France. Vol. 1: 191-196.

[9] FRANC J P, MICHEL J M. Fundamentals of cavitation[M]. Dordrecht: Kluwer Academic Publishers, 2004.

[10] ARNDT R E A, SONG C C S, KJELDSEN M, et al. Instability of partial cavitation: a numerical/experimental approach[C]. Proceedings of 23rd Symposium on Naval Hydrodynamics, September 17-22, 2000, Val de Reuil, France.

[11] FOETH E J, VAN TERWISGA T, VAN DOORNE C. On the collapse structure of an attached cavity on a three-dimensional hydrofoil[J]. Journal of Fluids Engineering, 2008, 130(7): 071303.

[12] FOETH E J, VAN DOORNE C, VAN TERWISGA T, at al. Time resolved PIV and flow visualization of 3D sheet cavitation[J]. Experiments in Fluids, 2006, 40(4): 503-513.

［13］ FOETH E J. The structure of three-dimensional sheet cavitation［D］. Delft：Delft University of Technology，2008.

［14］ PENG X X, JI B, CAO Y T, et al. Combined experimental observation and numerical simulation of the cloud cavitation with U-type flow structures on hydrofoils［J］. International Journal of Multiphase Flow，2016，79：10-22.

［15］ JI B, LUO X W, WU Y L, et al. Numerical analysis of unsteady cavitating turbulent flow and shedding horse-shoe vortex structure around a twisted hydrofoil［J］. International Journal of Multiphase Flow，2013，51：33-43.

［16］ WANG G, SENOCAK I, SHYY W, et al. Dynamics of attached turbulent cavitating flows［J］. Progress in Aerospace Sciences，2001，37(6)：551-581.

［17］ LONG X P, CHENG H Y, JI B, et al. Large eddy simulation and Euler-Lagrangian coupling investigation of the transient cavitating turbulent flow around a twisted hydrofoil［J］. International Journal of Multiphase Flow，2018，100：41-56.

［18］ HART D P. Cavitation and wake structure of unsteady tip vortex flows［D］. Pasadena：California Institute of Technology，1993.

［19］ 顾巍，何友声，胡天群. 空泡尾流场中的速度脉动与子波分析［J］. 水动力学研究与进展（A 辑），2001，16(2)：238-245.

［20］ ARNDT R E A, WOSNIK M, QIN Q. Experimental and numerical investigation of large scale structures in cavitating wakes［C］. 36th AIAA Fluid Dynamics Conference and Exhibit. American Institute of Aeronautics and Astronautics，2006.

［21］ 黄彪. 非定常空化流动机理及数值计算模型研究［D］. 北京：北京理工大学，2012.

［22］ JI B, LUO X, ARNDT R E A, et al. Numerical simulation of three dimensional cavitation shedding dynamics with special emphasis on cavitation-vortex interaction［J］. Ocean Engineering，2014，87：64-77.

［23］ WU J Z, MA H Y, ZHOU M D. Vorticity and vortex dynamics［M］. Berlin：Springer Berlin Heidelberg，2006.

［24］ LABERTEAUX K R, CECCIO S L. Partial cavity flows. Part 2. Cavities forming on test objects with spanwise variation［J］. Journal of Fluid Mechanics，2001，431：43-63.

［25］ BRENNEN C, ACOSTA A. The dynamic transfer function for a cavitating inducer［J］. Journal of Fluids Engineering，1976，98(2)：182-191.

［26］ FRANC J P, MICHEL J M. Fundamentals of cavitation［M］. Dordrecht：Kluwer Academic Publishers，2004.

［27］ D'AGOSTINO L, SALVETTI M V. Fluid dynamics of cavitation and cavitating turbopumps［M］. Vienna：Springer Vienna，2007.

［28］ CHEN C, NICOLET C, YONEZAWA K, et al. One-dimensional analysis of full load draft tube surge［J］. Journal of Fluids Engineering，2008，130(4)：041106.

［29］ LONG X, CHENG H, JI B, et al. Numerical investigation of attached cavitation shedding dynamics around the Clark-Y hydrofoil with the FBDCM and an integral method［J］. Ocean Engineering，2017，137：247-261.

［30］ JI B, LUO X W, ARNDT R E A, et al. Large eddy simulation and theoretical investigations of the transient cavitating vortical flow structure around a NACA66 hydrofoil［J］. International Journal of Multiphase Flow，2015，68：121-134.

# 第7章

# 空蚀及其影响因素

## 7.1 空蚀机理

由第 3 章中讨论的纯气泡绝热变化过程可知,当空泡被压缩至临界尺度时,泡壁的速度可大于声速,泡内压力超过 1000MPa,泡内温度超过 10000K。这说明一定尺度的空泡具有较大的潜在势能,而空泡在溃灭时就将在极短时间内产生极高强度的能量释放。流场中空泡的溃灭过程伴随着局部的能量转换,这些能量集中作用在流道壁面时将对材料造成破坏,从而导致空蚀。空蚀机理涉及空泡溃灭时的能量转换形式,以及转换后的能量对流道壁面的作用。到目前为止,人们提出的空蚀机理包括机械作用理论、化学腐蚀理论、电化学理论、热作用理论等。

### 7.1.1 空泡的溃灭

图 7-1(a)表示在微重力环境下,在压差 $\Delta p$($\Delta p = p_\infty - p_v$)作用下不同初始半径 $R_0$ 的相对空泡尺度随时间的变化曲线;图 7-1(b)表示在初始半径 $R_0$ 为($3.9 \pm 0.2$)mm、压差 $\Delta p$ 为 33kPa 时,不同重力加速度环境下空泡半径随时间的变化。图中,所有结果都是通过试验获得的,因而未包含较小尺度($R/R_0 < 5\%$)的空泡数据。$T_C$ 为瑞利溃灭时间,$T_C = 0.915R_0\sqrt{\rho/\Delta p}$。图中结果表明:

(1) 在第一个膨胀—收缩周期内,空泡运动遵循相同的规律,与初始半径 $R_0$、空泡内外压差 $\Delta p$、重力加速度都没有关系。

(2) 在随后的空泡反弹过程(即空泡被压缩后,其尺度再度恢复的现象)中,空泡内外压差 $\Delta p$ 对空泡运动有显著影响:当 $\Delta p$ 大于 50kPa 时,空泡第一次反弹的最大空泡半径只能达到 $0.2R_0$,这表明空泡的潜在势能已经大幅衰减;而 $\Delta p$ 小于 9kPa 时,空泡第一次反弹的最大空泡半径能超过 $0.4R_0$,则空泡的能量衰减要缓慢得多。

(3) 初始半径 $R_0$ 对空泡运动的影响不明显。如当压差处于 $8.73 \sim 8.78$kPa 时,初始半径 $R_0 = 7.4$mm 的空泡与 $R_0 = 3.9$mm 的空泡在第二次反弹和第三次反弹中的运动规律基本相同,在第四次反弹中才表现出一定的差异。

(4) 重力加速度对空泡溃灭有明显的影响。在微重力环境下,空泡在第二次反弹中最大空泡半径只能达到 $0.2R_0$ 左右,这说明微重力环境下,空泡溃灭的能量释放更快;当重力加速度大于 $1g$ 时,空泡在第二次反弹中能达到的最大空泡半径要稍大一些,但在随后的反弹过程中重力加速度对空泡运动的影响则不明显。

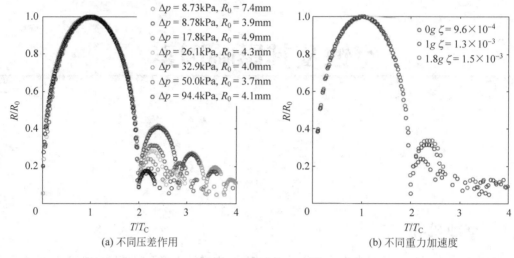

(a) 不同压差作用        (b) 不同重力加速度

图 7-1 空泡形状随时间的变化[1](见彩页)

    空泡体积反弹体现了空泡能量的次第衰减,也说明了空泡溃灭过程中能量是逐步释放的。图 7-2 表示相邻两次空泡反弹过程中的能量变化。图中,引入空泡溃灭过程中累积的平动动量的无量纲数作为工况参数,以符号 $\zeta$ 表示。$\zeta = \nabla p \cdot R_0 / \Delta p$,式中 $\nabla p$ 为压力梯度。由于压差 $\Delta p$ 在空泡溃灭过程中发挥关键性作用,所以 $\zeta$ 也被称为压力各向异性参数[1]。图 7-2(a)给出了第一次反弹时空泡所具有的潜在势能 $E_{R1}$ 与空泡初始能量 $E_0$ 之比,而图 7-2(b)表示第二次与第一次反弹时的能量之比 $E_{R2}/E_{R1}$。显然,$E_{R1}/E_0$ 与 $\zeta$ 的对数之间具有良好的线性关系。而该关系与引起空泡溃灭的影响因素(如空泡内外压差、重力、自由表面等)基本无关。如果以图 7-2(a)中的虚线拟合这些试验数据,则可用下列公式表示 $E_{R1}/E_0$ 与 $\zeta$ 的关系:

$$E_{R1}/E_0 = 0.1\ln\zeta + 0.7 \tag{7-1}$$

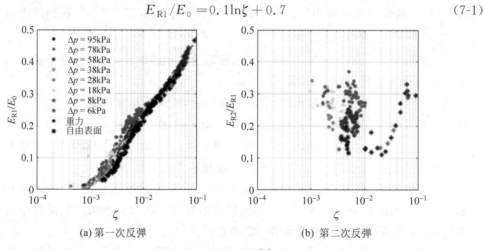

(a) 第一次反弹        (b) 第二次反弹

图 7-2 空泡反弹的能量变化[1](见彩页)

由图 7-2(a)可知,压力各向异性参数 $\zeta$ 越大,第一次反弹时空泡具有的潜在势能越大。与第一次反弹不同,第二次反弹后的空泡潜在势能 $E_{R2}$ 占 $E_{R1}$ 的 $10\%\sim35\%$,与 $\zeta$ 没有明确的函数关系。

### 7.1.2 空泡溃灭时的冲击波

当忽略温度、黏性与表面张力的影响时,含不可凝结气体的空泡运动方程为

$$\left(1-\frac{1}{c_a}\frac{dR}{dt}\right)R\frac{d^2R}{dt^2}+\frac{3}{2}\left(1-\frac{1}{3c_a}\frac{dR}{dt}\right)\left(\frac{dR}{dt}\right)^2$$
$$=\left(1+\frac{1}{c_a}\frac{dR}{dt}\right)\frac{1}{\rho}\left[p-p_c\left(t+\frac{R}{c_a}\right)\right]+\frac{R}{\rho c_a}\frac{dp}{dt} \tag{7-2}$$

式中,$p_c$ 表示流场中空泡球心处(相对无空化时)液体压力的脉动部分。

式(7-2)是考虑了液体可压缩性的瑞利方程,适用于马赫数($M=\dot{R}/c_a$)小于 0.3 的情况。对空蚀而言,不可凝结气体减缓了空泡的溃灭速度;液体可压缩性并非影响空泡动力学过程的主要因素,而是影响了空泡溃灭后反弹形成的冲击波。图 7-3 给出了 $p_\infty=1\mathrm{bar}$、$p_{g0}=0.001\mathrm{bar}$、绝热系数 $\gamma=1.4$ 时空泡溃灭前后的压力分布图[2]。图中,点线表示空泡的外壁位置。每条曲线对应的数值表示以空泡达到临界尺度 $R_c$ 的瞬间作为起始时间,每一种空泡状态所对应的无量纲时间。图 7-3(a)表示空泡溃灭前,在不同时刻的压力波从无穷远处向空泡中心的传播;图 7-3(b)表示空泡溃灭后不同时刻的空泡反弹,以及压力波形成并在液体中朝外传播,而传播速度接近声速。在空泡反弹过程中,最初的压力最大,其数值可按如下公式估算:

$$p_{max}\approx 100R_c \cdot p_\infty/r \tag{7-3}$$

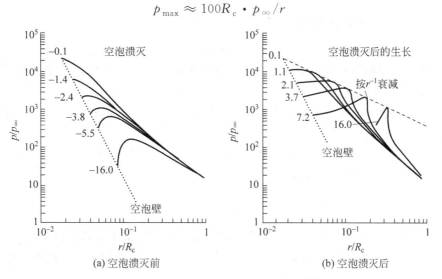

(a) 空泡溃灭前　　　　　　　(b) 空泡溃灭后

图 7-3 空泡溃灭前后的压力分布图[2]

根据式(7-3)可知,在离泡壁的距离为 $R_c$ 之处,压力峰值 $p_{max}$ 约可达到远场压力 $p_\infty$ 的 100 倍。图 7-3(b)中的结果表明,空泡溃灭后的体积反弹随着压力急剧衰减。各时刻的最大压力轮廓线(图中虚线)基本遵从 $1/r$ 的衰减规律。因此,压力波的影响随着远离空泡球心而很快衰减。

图 7-4 为在不同重力加速度环境下初始半径 $R_0 = 5\mathrm{mm}$、空泡内外压差 $\Delta p = 10\mathrm{kPa}$ 的空泡在溃灭最终阶段几个时刻的形状变化及冲击波的传播。每幅图中心的黑色部分表示空泡形状,浅色波纹表示压力波。第一幅图中的粗线条表示 1mm 的参考长度。图 7-4 中,同一行排列的图片属于一种工况,自上至下分别代表微重力、常重力和超重力加速度的环境,对应 $\zeta = 0.0013$(上)、$\zeta = 0.004$(中)和 $\zeta = 0.009$(下)。在每个工况下,左右相邻照片之间的时间间隔为 200ns。由图中的结果可知,即使在溃灭过程的最终时刻空泡仍发生反弹,并伴随着明显的冲击波现象。冲击波的影响范围达到空泡初始半径的 2 倍以上。

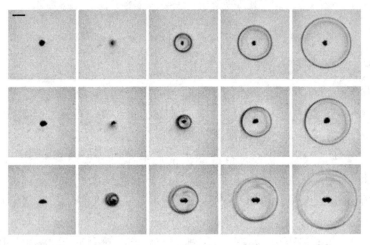

图 7-4　空泡溃灭最后阶段的空泡形状及释放的冲击波[3]

### 7.1.3　空泡溃灭时的微射流

由于空泡内外压差、重力、自由表面、刚性边界等均可影响空泡运动并导致空泡溃灭,所以它们对空泡溃灭的影响均可采用压力各向异性参数 $\zeta$ 表示。式(7-4)~式(7-9)[4] 分别以 $\zeta$ 定义了不同性质的影响因素。

对于重力场,$\nabla p = -\rho g$,重力加速度 $g$ 的方向即为压力各向异性参数的作用方向。$\zeta$ 的定义为

$$\zeta = -\rho g R_0 / \Delta p \tag{7-4}$$

对于平直的刚性壁面,$\zeta$ 的定义为

$$\zeta = -0.195 \left(\frac{d_v}{R_0}\right)^{-2} \boldsymbol{n} \tag{7-5}$$

式中,$d_v$ 为壁面至空泡中心的距离;$\boldsymbol{n}$ 为自刚性壁面指向空泡中心的单位矢量。

对于平直的自由表面,仍以 $d_v$ 表示自由表面至空泡中心的距离。$\zeta$ 的定义为

$$\zeta = +0.195 \left(\frac{d_v}{R_0}\right)^{-2} \boldsymbol{n} \tag{7-6}$$

对于静止的势流场,$\zeta$ 的定义为

$$\zeta = -\rho (U \cdot \nabla) U R_0 / \Delta p \tag{7-7}$$

式中,$U$ 为流动速度。

对于液体界面,仍以 $d_v$ 表示界面至空泡中心的距离。$\zeta$ 的定义为

$$\zeta = 0.195\left(\frac{d_v}{R_0}\right)^{-2}\frac{\rho_1 - \rho_2}{\rho_1 + \rho_2}\boldsymbol{n} \tag{7-8}$$

式中，$\rho_1$、$\rho_2$ 分别为两种不同液体的密度。

对于惯性边界，仍采用 $d_v$ 表示惯性边界至空泡中心的距离。$\zeta$ 的定义为

$$\zeta = 0.195\left(\frac{d_v}{R_0}\right)^{-2}[4\xi - 1 - 8\xi^2 e^{2\xi}E_1(2\xi)]\boldsymbol{n} \tag{7-9}$$

式中，$\xi$ 为常数，$\xi = \dfrac{\rho_1 d_v}{\rho_s}$，其中下标 1、s 分别表示液体界面与惯性边界；$E_1$ 为指数积分，$E_1 = \displaystyle\int_x^{\infty} t^{-1}e^{-t}dt$。

按照 $\zeta$ 的数值大小，将微射流的作用分为弱射流（weak jet）、中等强度射流（intermediate jet）和强射流（strong jet）。当 $\zeta$ 小于或等于 0.001 时称为弱射流，当 $\zeta$ 处于 0.001～0.1 时称为中等强度射流，而当 $\zeta$ 大于 0.1 时称为强射流。根据图 7-2 可知，溃灭时空泡第一次反弹的能量与 $\zeta$ 之间呈现连续的线性关系，而空泡第一次反弹的能量远大于之后反弹的能量，所以弱射流与中等强度射流、中等强度射流与强射流之间并没有明显的跳跃性变化。

图 7-5 表示了自由表面附近的三种微射流。在三种压力各向异性参数下，$\zeta$ 的作用方向均指向垂直下方。对于图 7-5(a) 中的弱射流与图 7-5(b) 中的中等强度射流，在溃灭开始的反弹阶段就可见到射流的迹象。在图 7-5(a) 中，由于能量较低，射流始终不能穿透空泡；在图 7-5(b) 中，由于射流在空泡上端壁面的挤压作用，在空泡下部形成了一个锥状口袋形的射流（蒸气射流）；在图 7-5(c) 中，强射流在空泡第一次溃灭前就能穿透整个空泡。

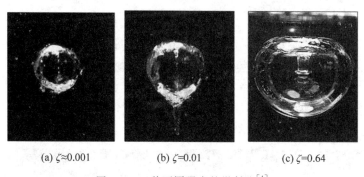

(a) $\zeta \approx 0.001$  (b) $\zeta = 0.01$  (c) $\zeta = 0.64$

图 7-5 三种不同强度的微射流[4]

图 7-6 表示微射流速度 $U_{jet}$ 随压力各向异性参数 $\zeta$ 与空泡相对壁面距离（即 $d_v/R_0$）的变化。图中，采用空泡的特征速度 $\sqrt{\Delta p/\rho}$ 将射流速度 $U_{jet}$ 进行无量纲化处理，而试验数据是指微射流穿透空泡时通过高速摄像试验而测量出的速度。由图中结果可知，当 $\zeta$ 很小时射流速度将趋近无穷大。如在通常的水体中，$\sqrt{\Delta p/\rho} \approx 10\text{m/s}$，则当 $\zeta \leqslant 0.01$ 时，$U_{jet}$ 将大于 900m/s。对于中等强度射流，射流速度随 $\zeta$ 增大而有规律地减小。当 $\zeta \leqslant 0.1$ 时，无量纲化的射流速度基本未受到壁面及其性质、自由表面、重力等因素的影响；而当 $\zeta > 0.1$ 且 $d_v \leqslant R_0$ 时，射流速度受到空泡溃灭控制因素的影响，不同壁面、自由表面及重力等因素所对应的试验数据比较分散。

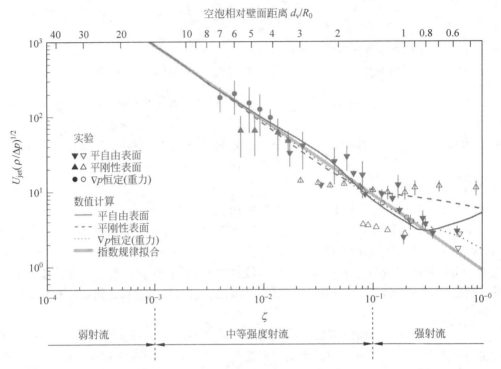

图 7-6　微射流速度随压力各向异性参数与空泡相对壁面距离的变化[4]

### 7.1.4　机械作用理论

　　尽管冲击波与微射流属于空泡溃灭时两种不同类型的作用方式,但在大多数的空泡运动中是并存的。如图 7-7 所示,在空泡溃灭的几个瞬间可以清晰地观察到射流及射流作用下引起的冲击波。图中,空泡中心与自由表面之间的相对距离 $d_v/R_0$ 为 0.95。自由表面位于空泡上方,对应的各向异性参数为 $\zeta=0.22$,其作用方向指向垂直下方。上排图表示射流作用在空泡壁面时引起的第一个冲击波,及冲击波的传播;下排图表示空泡溃灭后分裂成几个环形泡,进而辐射出形状复杂的冲击波。

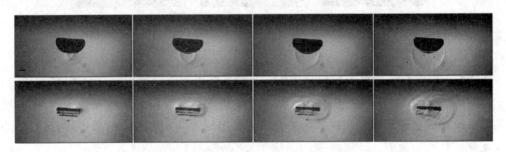

图 7-7　自由表面附近的空泡溃灭[4]

　　对于空蚀而言,冲击波与微射流统称机械作用。机械作用理论认为空泡溃灭时,空泡所具有的潜在势能转化为机械能,以冲击波或微射流的形式作用于流道壁面,进而造成材料破坏。在实际工程中,基于机械作用机理的空蚀现象非常普遍。

根据实际测量,空泡溃灭时冲击波的最大压强可达 100MPa 以上。如此强烈的冲击波作用在流道壁面可能直接导致材料的塑性变形。而微射流冲击流道壁面的频率为 $100\sim 1000$ 次/$(s \cdot cm^2)$,多次反复冲击作用能引起疲劳破坏。微射流作用在流道壁面也会发生强烈的冲击,其压强能达到数千个工程大气压,极有可能一次性造成流道壁面材料损伤。

根据溃灭时空泡与流道壁面的相对位置不同,可将机械作用的主要形式归纳如下:

① 当 $0.6 \leqslant d_v/R_0 \leqslant 0.8$ 时,微射流对流道壁面的空蚀起主导作用;

② 当 $d_v/R_0 \geqslant 1.5$ 或 $d_v/R_0 \leqslant 0.3$ 时,冲击波对流道壁面的空蚀起主导作用;

③ 当 $d_v/R_0 > 2$ 时,空泡溃灭对流道壁面无明显影响。

图 7-8 表示空泡溃灭时微射流冲击力的峰值随空泡与流道壁面的相对位置变化的关系。该图说明了当空泡中心与流道壁面之间的相对位置 $d_v/R_0$ 为 $0.3\sim0.5$ 时,射流冲击力最大;当 $d_v/R_0$ 大于 $1.0$ 时,射流冲击力基本保持不变。此外,当激光功率为 1.5J 时,最大冲击力接近 15N。由于一般微射流直径为 $2\sim3\mu m$,则此时微射流的作用压强将非常大。

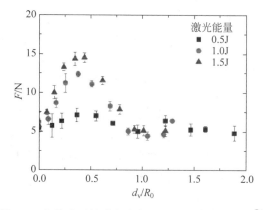

图 7-8 空泡溃灭的冲击力与空泡相对位置的关系[5]

## 7.2 空蚀强度

图 7-9 表示两种水力机械过流部件的空蚀:图(a)所示为混流式水轮机的转轮叶片上发生的空蚀。遭受空蚀破坏的叶片表面出现了部分材料剥蚀,残留的部分可见类似海绵与蜂窝状的点坑。图(b)所示为某战舰尾舵上的空蚀情况。壁面的不同颜色表明空蚀使得流道壁面出现了不同程度的材料剥蚀。

(a) 混流式转轮[6]  (b) 船舵[7]

图 7-9 水力机械中的空蚀(见彩页)

### 7.2.1 空蚀的点坑

图 7-10 表示空泡溃灭时微射流产生的脉冲式冲击作用。冲击力的测量采用了聚偏二氟乙烯(PVDF)压电式传感器。由图可知,在空泡溃灭过程中,微射流对流道壁面的作用时间很短,只有几微秒。此外,大量试验证明微射流的冲击强度高达 GPa 量级,而作用在流道壁面的几何范围仅为几微米。因此,空蚀对流道壁面的损伤痕迹呈凹陷的点坑(pit),而这些点坑中有些深度较小,有些深度较大。深度较大的点坑会破坏材料组织中的强化相,造成局部材料失效而导致流道壁面的材料剥蚀。

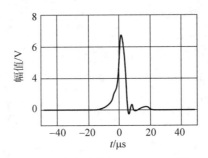

图 7-10　空泡溃灭的冲击作用[7]

如图 7-11 所示,一种铝合金试件在水洞中经 5min 空蚀试验后,材料表面呈现不同深度、不同疏密度的点坑。图中,试样材料长 1.5mm,宽 0.75mm,厚 5.2μm。颜色表示材料表面不同局部的点坑深度,图标中的刻度单位为 μm。只要计算出单位面积上的点坑数量,即可进行不同试验条件、不同材料的空蚀比较。

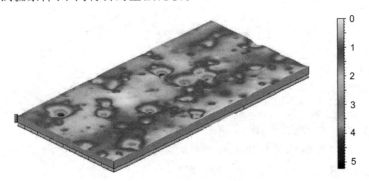

图 7-11　空泡溃灭造成的点坑[7](见彩页)

图 7-12 表示不锈钢试件经空蚀试验后,单位面积上的累计点坑数量。图中,各种记号表示试验数据,而线段是根据试验数据得到的拟合直线。试验中,设定的空化系数为 0.9,水洞中来流压强在 10~40bar 内变化。试验结果表明,在相同的试验条件下直径较小的点坑数量多,而直径大的点坑数量较少;即使空化数恒定,当来流压强较高时空蚀更严重。

与简单统计材料表面单位面积上的点坑数量相比,图 7-12 中还给出了各种直径的点坑数量,所以能更好地表示空蚀强度。实际上,每个点坑都是三维的,其深度方向的分布也属于描述空蚀强度的一种方式。图 7-13 给出了铝合金材料的断面上点坑覆盖率沿着深度方向的变化。在材料的浅表层(如深度小于 $0.2\mu m$ 的断面)点坑数量多,覆盖率大;在较深的断面上点坑数量急剧减少,且大多数点坑的尺度较小。

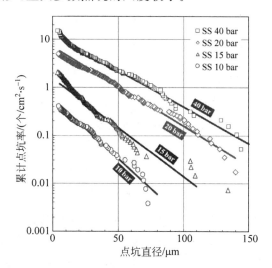

图 7-12　不锈钢材料的累计点坑数量[8]

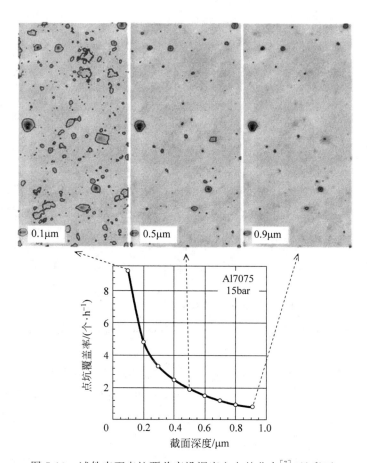

图 7-13　试件表面点坑覆盖率沿深度方向的分布[7](见彩页)

在图 7-13 中,如果沿深度方向取足够多的断面,将各断面上的点坑按照空间关系连接起来,就能够得到材料遭受空蚀后所有的点坑三维形状。当然,从统计的角度看,如果能够获得流道壁面材料在每个断面上不同尺度点坑的数量以及沿深度方向的分布,也可以较准确地反映空蚀对材料的破坏程度。

### 7.2.2 空蚀强度的表示方法

空蚀强度的表示方法有如下几种:

(1) 蚀坑法,即通过统计试件单位面积上点坑的数量来反映空蚀强度。式(7-10)为一种典型的蚀坑法,即

$$N_p = \frac{8}{\pi \phi_0^2 \tau} e^{-2\phi_p/\phi_0} \tag{7-10}$$

式中,$N_p$ 为点坑的累计率;$\phi_p$ 为点坑的直径;$\phi_0$ 为点坑的特征直径;$\tau$ 为特征时间。

由式(7-10)可知,$N_p$ 为有量纲数,其单位是个/$(m^2 \cdot s)$。一般情况下遭受空蚀破坏的流道壁面的面积较小,为了便利起见,有时可将 $N_p$ 的单位取为个/$(cm^2 \cdot s)$,如图 7-12 所示。

如果考虑单位时间内点坑直径大于 $\phi_p$ 的面积覆盖率 $\beta_p$,则有

$$\beta_p = \int_{\phi_p}^{\infty} \left( -\frac{dN_p}{d\phi_p} \right) \frac{\pi \phi_p^2}{4} d\phi_p \tag{7-11}$$

根据式(7-11)可知,$\beta_p$ 的单位是个/s。有时也可如图 7-13 一样,取 $\beta_p$ 的单位为个/h。将 $N_p$ 的表达式代入式(7-11),并积分,则可得

$$\beta_p = \frac{1}{\tau} \left[ 1 + 2\frac{\phi_p}{\phi_0} + 2\left( \frac{\phi_p}{\phi_0} \right)^2 \right] e^{-2\phi_p/\phi_0} \tag{7-12}$$

式(7-11)中,当 $\phi_p$ 趋近 0 时,则 $\beta_p$ 表示所有尺度点坑的面积覆盖率。由式(7-12)可知,此时 $\beta_p$ 在数值上趋近 $1/\tau$。因此,可认为 $\tau$ 为将试件表面都布满点坑的时间。

取面积覆盖率 $\beta_p$ 的概率密度(probability density function,PDF)函数为

$$-\frac{d\beta_p}{d\phi_p} = \frac{4}{\phi_0^3 \tau} \phi_p^2 e^{-2\phi_p/\phi_0} \tag{7-13}$$

它的单位是个/$(\mu m \cdot s)$。根据式(7-13)可知,基于图 7-12 中的拟合数据可绘制点坑面积覆盖率的概率密度函数,如图 7-14 所示。图中,点坑的特征直径 $\phi_0$ 对应各条曲线概率密度函数最大值处的点坑直径[7]。

(2) 深度法,即通过测量单位时间内、试件单位面积上遭受破坏的点坑深度来衡量空蚀强度。由于分布在流道壁面不同部位的点坑深度不同,可以采用所有点坑的平均深度来体现空蚀强度。为了便于进行比较,可以采用确定的试验时间(如 5min)、确定的面积(如 5mm×5mm)作为深度法测量时的标准。

表面形貌仪是测量点坑深度的常用设备。早期的表面形貌仪属于接触式的测量设备,图 7-15(a)即为 20 世纪 40 年代使用的"Talysurf"表面形貌仪。随着光学与电子技术的发

展,非接触式的表面形貌仪成为主流的深度测量设备,可以精确描绘待测试件的表面形状。图 7-15(b)为一种 ST400 标准版表面形貌仪,它可以在 150mm×150mm 范围自动扫描,测量时定位分辨率为 0.1μm。这样通过表面形貌仪可以测量试件表面所有部位的空蚀深度,并据此绘制类似"等高线"一样的空蚀深度分布图。

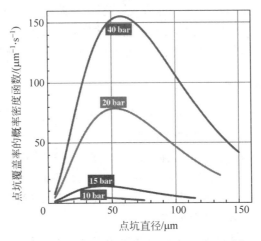

图 7-14　点坑面积覆盖率的概率密度函数[7]

(a) 接触式　　　　　　　(b) 非接触式

图 7-15　表面形貌仪(见彩页)

(3) 面积法,即采用单位时间内被空蚀破坏的试件表面积来评判空蚀强度。实际试验时,常用易损涂层涂敷在试件的待测表面(如图 1-3(a)所示),经过一定时间的空蚀试验后,测量由于空蚀而剥蚀的涂层面积。既可以直接采用剥蚀的涂层面积,又可以采用剥蚀的涂层面积与总涂层面积之比来评价试件的空蚀强度。

(4) 失质法,有时也称失重法,即通过测量单位时间内试件的质量或重量损失来评价材料遭受的空蚀强度。采用失质法或失重法得到的空蚀强度称为"空蚀率",常用单位为 g/h。失质法是一种工程上实用性很好的方法,简单易行,只要方法得当就可获得精度较高的结果。失质法特别适用于不吸水的材料,以及空蚀程度较高、试件质量损失较大的试验。需要说明的是,对于塑性较大与吸水量较大的材料,因为测量结果的误差较大而不宜使用失质法。

此外,还可以采用体积法、空蚀破坏时间法等来确定试件的空蚀强度。

## 7.3 空蚀的影响因素

空蚀至少涉及力学与材料两大学科,所以影响空蚀的因素繁多。如果简单地按照学科范畴划分,则水动力学方面的影响因素包括液体物理性质、流道壁面性质、试验中背景压力水平、试验流速等,而材料学方面的影响因素包括试件材料的微观组织结构、宏观机械性能等。此外,空蚀试验的时刻与历时长度、液体温度等也会影响空蚀强度。

### 7.3.1 液体的物理性质

液体物理性质包括液体中的杂质成分及其含量、液体的饱和蒸气压强、动力黏性、表面张力系数、密度与可压缩性等。它们都对初生空化、发展有重要影响,所以也是空蚀的影响因素。

根据长期的空化研究经验,可将液体物理性质对空蚀的影响规律总结如下[8]:

① 无论何种液体,当饱和蒸气压强 $p_v$ 相同时,空蚀率基本相同。

② 空泡动力学分析表明液体的表面张力可促进空泡压缩过程。液体的表面张力越大,空泡溃灭时的压强越大,造成的空蚀越严重。

③ 空泡动力学分析表明液体的动力黏性减缓空泡运动。当液体的黏性越大,空泡溃灭过程就越缓慢,溃灭时的压强越低。所以,液体的动力黏性越大,空蚀率越小。

④ 当液体的密度越大、可压缩性越小时,流道壁面的空蚀加剧,空蚀率增大。

当液体中含有杂质时,液体的物理性质参数发生变化,从而使得空化与空蚀发生较大变化。按照杂质性质分别说明如下:

(1) 液体中含有的空化核能够改变液体分子的极性,从而改变液体的物理性质。对于纯水,液体的表面张力很大,很难在液态流场中形成微小的空泡;对于天然水,液体中含有大量的可溶性或非凝结空化核,液体的表面张力大幅降低,这样在液态流场中很容易出现空化。如地处我国西南地区的六郎洞水电站由于所使用的地下水中含有大量的 $CO_2$ 气体,因此容易出现空蚀或空化,从而造成水轮机过流部件严重破坏。

当液态流场中含气量达到一定浓度时,液体的物理性质及流动性质发生改变,反而能够减轻空蚀。图 7-16 表示不同含气量下两种试件材料的空蚀率,其中(a)为黄铜材质,(b)为退火铝材质。由此可见,在一定范围内增大含气量可大幅减轻试件的空蚀。在图 7-16(a)中,当试验流速为 66.7m/s 时,约 0.8% 的含气量即可成功避免空蚀。这种现象在水工水力学中称为"掺气减蚀",在水利工程中已经有广泛的应用。

(2) 液体中含有泥沙、固体微粒等固态杂质时,此时的空化属于液、固、气三相流动,材料的空蚀问题变得更加复杂。由于我国的多泥沙河流较多,含沙水的空蚀问题尤其引人关注。根据我国已有的试验研究成果,可得出金属材料空蚀率与含沙量的关系为:

① 当水中的含沙量较低时,黄铜等金属试件的空蚀率大于在清水中的空蚀率;但随着含沙量增大,试件的空蚀率呈现下降趋势。

② 当水中的泥沙呈悬浮质状态时,泥沙颗粒可不断研磨试件表面,使得试件表面较清水时更光滑,从而抑制空蚀。

③ 在含沙水流的空蚀试验中,空蚀与泥沙磨损并存。随着含沙量增大,空蚀对试件的作用减弱,而磨损作用增强。当含沙量达到一定程度,有可能使得试件的材料损失总体增大。

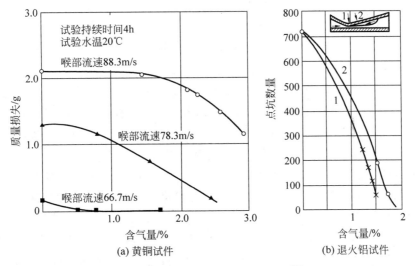

图 7-16　含气量对材料空蚀的影响[8]

## 7.3.2　试验流速

试验流速 $U$ 与空蚀强度 $I_C$ 的基本关系式为

$$I_C = A_{ce} U^n \tag{7-14}$$

式中，$A_{ce}$ 为与试验条件相关的系数；$n$ 为幂指数。根据大量的材料空蚀试验可知，$n$ 的数值很分散，与试件的材质、试验流速等因素相关。大多数情况下 $n$ 的取值范围为 4~9。

一些空蚀试验结果表明，只有当试验流速大于某个阈值后空蚀才能导致材料剥蚀。该阈值至少与试件的材质机械性能（如屈服应力、疲劳极限应力）有关。图 7-17 为铝合金平板遭受射流冲击时因空蚀产生的点坑几何参数与射流速度的关系。由此可知，只有当冲击速度达到 300m/s 时才能使材料发生塑性变形而出现点坑。在高速范围内，点坑的深度与半径随试验流速增加而增大，仍然呈幂指数趋势变化。对于图 7-17 中拟合曲线（图中虚线）所表达的空蚀与流速之间的关系，需将式(7-14)修正为

$$I_C = A_{ce} U'^n \tag{7-15}$$

式中，$U'$ 为有效流速，$U' = U - U_0$，其中 $U_0$ 为试件发生空蚀破坏的阈值。

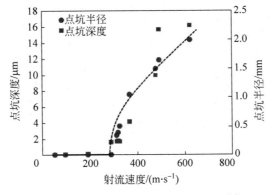

图 7-17　点坑尺度随射流速度的变化[7]

### 7.3.3　流道壁面的性质

流道壁面的性质取决于多种因素。在此仅讨论如下四个方面的壁面性质：

（1）硬壁面与软壁面对空泡溃灭时的动力学行为有重要影响。当流道壁面为刚性时，由于空泡顶部的射流作用，将使空泡变形为涡环状，并进一步发展成环状空泡。当空泡附着于边壁上溃灭时，可能在壁面材料上形成环状点坑；当空泡在软壁面（如海绵）附近溃灭时，空泡的射流方向是背离壁面冲向液体内部，此时空泡溃灭对流道壁面没有影响[9]。在必要的情况下，采用软壁面替代硬壁面可以防止流道的侵蚀。

（2）壁面粗糙度是影响空蚀强度的重要因素。光滑的流道壁面可能推迟初生空化，并减轻壁面材料的空蚀程度。当流道壁面的表面粗糙度增加时，初生空化提前发生，空化发展得到促进，从而增大材料的空蚀率，如图 7-18（a）所示。在实际工程中，应严格避免出现明显的凹凸不平，以及暴露在流道壁面的螺栓、钢筋端部、焊接坡口等局部台阶与带锐缘的升坎等。尤其对于高速流动，必须保证流道的壁面光滑，且将壁面的粗糙度控制在必要的范围。

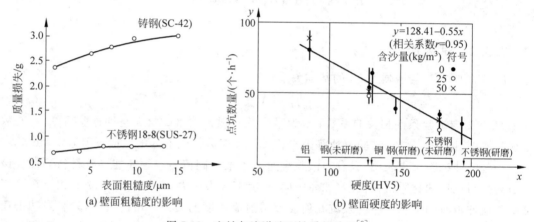

(a) 壁面粗糙度的影响　　(b) 壁面硬度的影响

图 7-18　空蚀与流道壁面性质的关系[8]

（3）壁面硬度是材料的一种机械性质，对空蚀也有一定影响。通常随试件表面的硬度增加，材料的空蚀率下降。图 7-18（b）中比较了几种试件的空蚀程度。对于不同材质的试件，较高硬度的材料（如不锈钢）比较低硬度的材料（如铝）耐蚀性好，点坑数量少；而对于同样材质的试件，表面加工后硬度提高的材料比未进行表面处理的材料具有更好的耐蚀性，如在相同条件下经表面研磨的碳钢与不锈钢试件的点坑数量均比未处理的明显减少。

（4）壁面的亲水性与疏水性对初生空化与空化发展有一定影响。由于空蚀造成的材料破坏是从浅表层开始的，而一旦材料表面受损势必会影响材料的亲水性与疏水性，所以对于壁面亲水性与疏水性的影响规律目前仍未有定论。已有试验证明，在基材表面喷涂的亲水性与疏水性涂层均不能抵御空蚀的强烈作用，会在极短时间内失效。因此，采用一般亲水性或疏水性涂层很难明显改变流道壁面的空蚀程度。

### 7.3.4　试验时间

图 7-19（a）表示纯铝试件的质量损失随空蚀试验时间的变化关系。在试验最初的 4min 内，空泡溃灭的冲击产生硬化壁面的效果，空蚀基本不能导致试件质量损失，但空蚀对壁面

冲击作用的痕迹清晰可见；随着试验时间推移，空蚀导致试件的质量损失逐渐增加，点坑连成一片，蚀坑加深且沿径向扩大。

图 7-19(b)表示试件体积损失率随空蚀试验时间的变化曲线。根据试件体积损失率随试验时间的变化趋势，可将空蚀过程分为四个阶段：

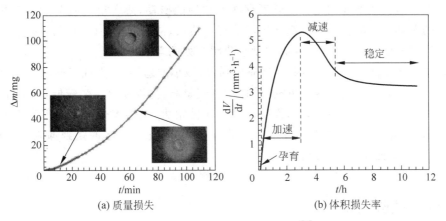

(a) 质量损失　　　　　　　　(b) 体积损失率

图 7-19　空蚀与试验时间的关系[7]

① 孕育阶段(incubation)，又称潜伏阶段，即图 7-19(b)中从横坐标原点至第一条虚线所对应的时间区间。此时空蚀处于初期阶段，空蚀对试件的作用不能造成明显的质量损失。孕育阶段的时间长度对于材料的耐蚀性评价及使用寿命估算很重要。孕育阶段越长，说明试件材质的耐蚀性能越优良。

② 加速阶段(acceleration)，即图 7-19(b)中第一与第二条虚线所对应的时间区间。由于试件吸收的能量逐渐累积，此时空蚀导致的疲劳破坏使得试件质量损失逐渐增大，所以体积损失率随试验时间不断增大。图 7-19(a)中，试验时间大于 8min 之后的过程均属于加速阶段。

③ 减速阶段(deceleration)，即图 7-19(b)中第二与第三条虚线所对应的时间区间。试件的体积损失率随试验时间的变化曲线开始出现转折，并逐渐下降。原因是空蚀率达到峰值后，试件对空泡溃灭时微射流能量的吸收能力降低。此时，试件表面出现明显的深坑。图 7-19(b)中体积损失率曲线的拐点(inflection point)及最大体积损失率取决于空化流动与材料特性的匹配关系。

④ 稳定阶段(steady state)，即图 7-19(b)中第三条虚线之后的时间段。在减速阶段之后，试件的空蚀率逐渐趋于平稳，此时的体积损失率不再与试验时间相关。一种可能的原因在于长时间试验使得试件的蚀坑内形成了具有缓冲效果的"水垫"，从而导致空蚀强度不再发生明显的变化。

## 7.3.5　其他影响因素

（1）试验压强对空蚀有明确的影响。当试验流道下游处的压强一定时，空蚀强度随试件上游的压强增大而加剧。这是因为上游压强增大使得空泡溃灭时能量更大，强化了空蚀的作用效果；而当试验流道上游处的压强一定时，随着试件下游处的压强增加，空蚀强度先增大后减小。这是因为下游压强增大，空泡溃灭时的强度增加。但下游压强增大到一定程度，试件周围的空泡逐渐减少乃至空化消失，因而空蚀强度逐渐下降。

（2）绕流体尺度的影响实际上与空化的尺度效应相关。当绕流体尺寸较大时，流场中生成的空泡有充足的时间发育，可积累较大的能量。这样空泡溃灭时释放的能量也大，对壁面造成的损伤更严重。一般而言，空蚀程度与绕流体的线性尺度的三次方成正比。

（3）流道壁面所处的位置直接对应着不同的空蚀强度。尤其对固定型空化（如附着型片空化），在空泡群或空穴的尾部闭合区存在着空泡的摄动，或者出现脱落的云空化。此时分离出来的游移型空泡容易受到高压区的作用而溃灭，从而对壁面的材料造成损伤。所以，在游移空泡与壁面接触之处，或者固定型空化闭合处的空蚀最严重。

（4）温度对金属材料空蚀影响呈现先增强、后减小的趋势，即空蚀率与液体温度的关系曲线存在一个最大值。当温度较低时，液体中含气量高，空泡溃灭压强较低，则空蚀率较小；当温度升高时，液体中含气量降低，而空泡溃灭压强增大，空蚀率也增大。但温度升高到一定程度，饱和蒸气压 $p_v$ 显著增加，使溃灭压强有所下降，此时的空蚀受到抑制。之后，即使温度继续升高，空蚀强度反而降低。

# 7.4    空蚀试验方法

空蚀试验属于破坏性试验。原则上，能够进行空化试验的装置均可以开展空蚀试验。然而，由于开展材料空蚀试验的目的往往需要在较短时间内获得必要的试验数据，所以类似大型水洞、（空化）减压设备等试验装置显然不适合于空蚀试验。因此，本节在第 5 章中简短介绍的基础上，重点叙述采用快速试验装置进行空蚀试验的方法。

## 7.4.1    振动型空蚀试验

振动型空蚀试验（vibratory cavitation apparatus）一般采用电磁或超声波使静止的液体中产生振荡型空化，从而使试件表面发生空蚀。这类试验产生的空化为非主流空化，因为试件所处的液态流场主要是静止的。进行振动型空蚀试验的装置设计与材料试验时，一般需遵从美国材料试验协会的 ASTM G32 标准。

振动型空蚀试验的主要设备是磁致伸缩仪（magnetostrictive ultrasonic horn）。磁致伸缩仪产生高频（约 10kHz）振动使液体中出现周期性的高压与低压，导致液体中出现较大的负表面张力，从而使得试件表面出现空蚀。图 7-20 为一种磁致伸缩仪，它通过超声波控制振动杆的高频运动，在周围液体中产生声压脉冲。图 7-20（b）为振动杆的局部放大图。图中可见待测的试件位于振动杆正下方，被固定在液体中。

磁致伸缩仪的振动杆沿 $z$ 方向运动，其位移可表达为

$$z(t) = A\cos(2\pi ft) \tag{7-16}$$

式中，$A$ 为运动振幅；$f$ 为运动频率。

若液体中声速为 $c_a$，则在振动杆的端部产生的声压 $p$ 为

$$p = \rho c_a \dot{z} = -2\pi f \rho c_a A \sin(2\pi ft) \tag{7-17}$$

当水温为 20℃（$\rho = 998.2 \text{kg/m}^3$，$c_a = 1482.3 \text{m/s}$），振动频率为 20kHz，振幅 $A = 25\mu\text{m}$ 时，

$$p = \rho c_a \dot{z} = -4.65 \times 10^6 \sin(2\pi ft) \tag{7-18}$$

式中，压力 $p$ 的单位为 Pa。因此，当振动杆振动时其端部产生 MPa 级的负声压。如图 7-21（a）所示，固定在振动杆端部的试件在极低压与常压反复作用下，试件表面发生强烈的空化，在

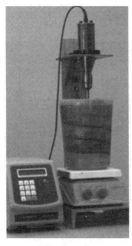 

(a) 磁致伸缩仪全貌　　　　　　(b) 振动杆的局部放大图

图 7-20　磁致伸缩仪[7]（见彩页）

较短时间内大量空泡溃灭导致试件的质量损失。

　　图 7-21 表示磁致伸缩仪振动杆与待测试件的两种连接方式，其中图(a)为直接连接方式，图(b)为仿制件连接方式。当采用仿制件连接方式时，一般需要制作一个与待测试件形状一致的仿制件，再将仿制件安装在振动杆的端部。图 7-20(b)中，试件安装采取了仿制件连接方式，试件与仿制件之间的距离为 500μm。磁致伸缩仪通过仿制件，将振动杆的运动以及由于高频振动形成的压力脉动作用于待测试件，使得试件因空蚀产生较大的质量损失。

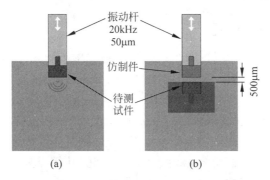

图 7-21　磁致伸缩仪试件的安装位置[7]

　　按照 ASTM G32 标准的规定，待测试件的直径为 16mm。如果采用仿制件连接方式，则仿制件的直径也应为 16mm。试件与振动杆（或仿制件）对应端部之间的间距为 0.5mm。振动杆的对应端部应耐蚀，通常为钛合金材质。振动杆的振动频率为 20kHz，峰-峰值为 50μm。试验中，采用容积 2L 的烧杯，让蒸馏水淹没试件 8mm。为保证试验时的液体温度，采用水浴槽将温度控制在(25±2)℃，在图 7-20(a)中可见控制水温的冷却盘管。

　　试件安装位置不同，则试件表面的作用力也不同，这样使得试件遭受空蚀后的形貌出现了较大差异，如图 7-22 所示。图 7-22(a)为采用直接连接方式得到的空蚀情况。在试件中央的空蚀远强于在试件圆周处的空蚀。图 7-22(b)为采取仿制件连接方式的结果。在试件表面所有部位，材料破坏比较均匀，空蚀强度基本相同。比较二者的质量损失发现，当采用直接连接方式时试件的质量损失更大,有时可达到仿制件连接方式的 2 倍左右。

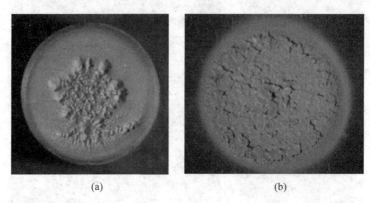

(a) (b)

图 7-22　铝合金试件表面的空蚀形貌[7]

需要强调的是,采用磁致伸缩仪形成的振荡空化与绕水翼的空化之间存在着很大的差异,具体原因如下:通过磁致伸缩仪振动杆以固定频率激发的空泡基本上是均匀的,而实际流场中散布的空化核尺度各异,空化的频率与形态也不同;磁致伸缩仪产生的空化不涉及空穴的分裂、空化核被漩涡裹挟而发生的各种变化,以及空泡与主流的相互作用;超声波诱导的空泡与云空化始终位于基本相同的位置,而实际流动中空泡是运动的,空泡初生、发展与溃灭时在流道中所处的空间位置一般都不同。

尽管超声波诱导的空化不同于实际流动中的空化,但磁致伸缩仪可以快速分辨不同材料的耐蚀性,因而被广泛应用于材料试验中。

### 7.4.2　射流型空蚀试验

射流型空蚀试验(cavitating liquid jets)是指通过高速喷流导致水体空化,在试件表面产生持续的空泡溃灭,从而使试件材料剥蚀。射流型空蚀试验一般可参照美国材料试验协会 ASTM G134 标准进行。

图 7-23 表示射流型空蚀试验装置的系统示意图。该系统包括左侧的开敞式试验单元,以及右侧的 ASTM G134 闭式试验单元。由图可知,使用泵将储液池中的液体加压,经过滤器去除杂质后分别送入两个试验单元。每个试验单元的喷嘴将高压液体喷射到试验箱中,产生空化并作用于固定在试验箱中的试件。射流型空蚀试验条件可以在较大范围内调节,可调节的因素有射流类型、射流速度、射流直径、射流角度、喷嘴与试件之间的距离,以及试验环境的压力。对于闭式试验单元,试验环境压力可在一定范围内进行选择。通过调节各种试验参数,可以在射流型空蚀试验中模拟实际的空化流动。

下面分别简要说明这两种试验单元:

(1)在开敞式试验单元中,待测的试件被固定于试验箱内。试验箱与大气连通,箱内添加液体以淹没试件。试验中,高压液体由喷嘴转换为高速喷流,在喷嘴下方产生空化并作用于待测的试件。一旦试验箱内液位超过预定的控制线,则液体可通过溢流管路迅速回到储液池。这样保证了试验的环境基本不变。

(2)在闭式试验单元中进行试验的最大优势是可调压力,这样使得试验条件多样化,能满足不同的试验要求。闭式试验单元的具体结构如图 7-24 所示。图中,喷嘴直径为 2mm,

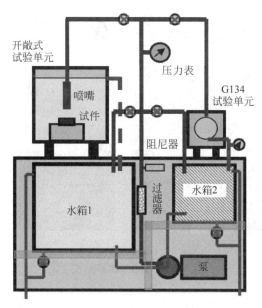

图 7-23 射流型空蚀试验装置系统示意图[7]

试件尺寸为 25mm×20mm×25mm,喷嘴与试件之间的距离约为 25mm。

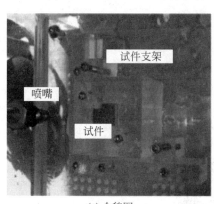

(a) 全貌图      (b) 局部放大图

图 7-24 射流型空蚀试验的闭式试验单元[7](见彩页)

对于射流型空蚀试验,可定义如下的射流空化数 $\sigma_{jet}$ 来表征射流的空蚀能力,即

$$\sigma_{jet} = \frac{p_{tank} - p_v}{p_{jet} - p_{tank}} \tag{7-19}$$

式中,$p_{tank}$ 为试验箱中的压强;$p_{jet}$ 为喷嘴前的液体压强。

由于 $p_{tank}$ 一般为大气压,远大于室温下的饱和蒸气压 $p_v$;而 $p_{jet}$ 为喷嘴出流前的液体压强,有时可高达 300MPa,远远大于大气压。因而,式(7-19)可简化为 $\sigma_{jet} = p_{tank}/p_{jet}$,则射流型空蚀试验的空化数 $\sigma_{jet}$ 很小,远小于 1。

根据射流空化数 $\sigma_{jet}$,可以调节射流型空蚀试验中的空化状态;也可以通过调节 $p_{jet}$ 与时间的关系来控制空穴的形态。如图 7-25 为两种不同的射流空化形态:图(a)为连续的云空化,图(b)为间歇性云空化(斯特劳哈尔数为 0.3)。

(a) 连续云空化　　　　　　　　　(b) 间歇性云空化

图 7-25　射流型空蚀试验中的空化[7]

图 7-26 为 $p_{jet}$ ＝40MPa 时不锈钢平板试件表面的空蚀。由图可见,空泡溃灭时形成的点坑均匀分布在试件表面,正对喷嘴的中央部位处空蚀强度高,而周边部位的空蚀程度稍低。

图 7-26　不锈钢试件的空蚀[7]

　　射流型空蚀试验的装置还可以设计为旋转圆盘式,图 7-27 为中国水利水电科学研究院研制的旋转-喷射空蚀试验设备。该设备可根据测试需求选择不同的喷嘴直径、射流与试件表面之间的角度、射流流速(通过改变泵的循环流量调节)及圆盘旋转速度。在该装置中,喷射速度为喷嘴射流速度与圆盘旋转速度的矢量叠加和,可达到 120m/s。

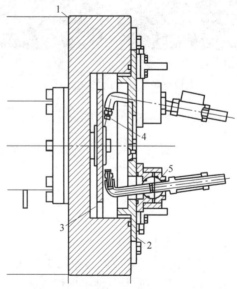

图 7-27　旋转-喷射空蚀试验

1—试验箱;2—前盖板;3—转盘;4—射流喷嘴;5—射流角度调节机构

### 7.4.3　高速水洞空蚀试验

高速水洞空蚀试验(high-speed cavitation tunnels)的试验系统与一般水洞基本相同,主要差别体现在试验段。为了进行空蚀试验,需在试验段形成高速流动,使待测试件表面的液体发生空化,从而使试件表面遭受持续的空泡溃灭影响。

常用试验段以文丘里形式为主,有时在文丘里内部再增设圆柱、平板之类的节流结构以进一步提高试验流速。图 7-28 中,采用两个半圆柱形成狭缝式流道,在之后的压力恢复区设置了待测试件。由于狭缝式流道的截面面积很小,此时液流速度很大,在节流结构的前后造成很大的压差。液流通过狭缝时发生空化,而空泡在压力恢复区溃灭,致使试件遭受剧烈的空蚀作用。

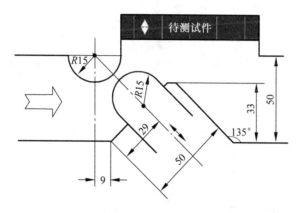

图 7-28　有节流结构的文丘里

为表征这类试验设备的空蚀条件,定义高速水洞空蚀试验的空化数 $\sigma_{hct}$ 为

$$\sigma_{hct} = \frac{p_d - p_v}{p_u - p_d} \tag{7-20}$$

式中,$p_u$、$p_d$ 分别为试验段上游与下游稳流处的压强。

在设计空蚀试验时,如果选定空化数 $\sigma_{hct}$,就可以基于伯努利方程,以及试验段上游与下游的压差计算狭缝式流道的流速,进而依据水洞循环流量计算出狭缝式流道的几何参数。

本节中提到的三种试验方法具有独特的针对性,分别对应实际工程中不同的空化现象,通过试验得到的空蚀数据也不一定相同。图 7-29 中比较了采用三种空蚀试验方法得到的材料空蚀率。对同样材质的试件,与高速水洞空蚀试验获得的空蚀率相比,通过振动型空蚀试验得到的空蚀率较小,而通过射流型空蚀试验得到的空蚀率较大。这种试验结果的差异一方面体现了试验方法的不同(如试验参数与试验过程不同),另一方面也说明了在不同方法中的空化机理不同。

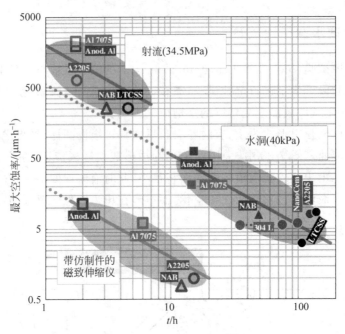

图 7-29　不同试验方法的空蚀率[7]（见彩页）

## 7.5　材料的抗空蚀性能

空蚀研究主要涉及水动力学与材料学两方面的问题。从水动力学角度分析，空化是在压力接近饱和蒸气压强时才出现的，而空蚀却发生在空泡溃灭时极高压强的冲击作用下，所以空蚀确实是个复杂的问题；从材料学的角度分析，空蚀是空泡溃灭的机械能在极短时间内集中施加在面积很小的试件表面，当作用在试件表面的应力超过材料的屈服强度或疲劳极限时导致材料损失的现象。空蚀一般是无数空泡作用的结果，因而可视为试件材料对空泡溃灭累积效果的反应。所以，如果从材料学的角度研究空蚀的机理及规律，还需要基于连续力学、固体物理，以及金属学等方面的知识进行分析。

因此，材料的抗空蚀性能是一个复杂的、多学科交叉问题。为了理解上的便利，姑且将材料的抗空蚀性能看成一对矛与盾的关系：此处的"矛"是指空泡溃灭时液流侵蚀试件的能力，而"盾"则指试件表面所具备的抵御空蚀破坏的能力（如机械性能中的各种应力限等）。如果"矛"相对于"盾"有优势，则空蚀必然会发生，反之则试件材料不能被破坏。

### 7.5.1　空化流动潜在的侵蚀能力

基于第 3 章中空泡动力学方程可以在理论上通过空泡压缩过程中液体做功来预估空泡溃灭的能量。尽管如此，在研究材料空蚀时还可以采用试验方法确定空化流动潜在的侵蚀能力（aggressiveness of cavitating flow）。目前主要可通过两种试验方法来表征：

（1）点坑法，就是通过测量试件表面的点坑特征（如数量、尺度等）来表示空化流动的侵蚀能量。在试件空蚀试验的潜伏期内，空泡溃灭造成的点坑尚未相互重叠，每个点坑的边界清晰可辨。如果将试件的固体壁面视为理想的传感器,则可根据单位时间内点坑数量来反映空化流动的侵蚀能力。点坑通常呈圆形,直径在几微米至1mm之间。而且潜伏期内的点坑深度较小,大部分看起来像凹痕,所以采用普通的测量方法难以得到比较精确的数据。除了传统的壁面粗糙度测量仪,一些特殊的测量方法可更好地实现空蚀点坑的计量。如基于光干涉原理,采用金相显微镜拍摄代表点坑深度的一组大致同心的干涉条纹图像就可以方便地得出点坑的形状。

(2)测力法,就是直接采用传感器测量作用在试件表面的冲击力。运用点坑法时,只有当空泡溃灭施加在试件表面的应力超过材料的屈服强度时才能形成有效的点坑。与点坑法相比,测力法可以测量更大范围的作用力,因而可更准确地表达空化流动的侵蚀能力。由于空泡溃灭的时间短,产生的冲击力大,测力法中使用的传感器必须能够耐受很强的瞬时压力,且其响应频率应足够高(有时高达 1MHz)。

在几何相似的情况下,可以通过如下公式预测空化流动的侵蚀能力

$$\frac{\dot{n}L^3}{U} = f\left(\frac{p_1}{\rho c_a U}\right) \tag{7-21}$$

式中,$p_1$ 为参考脉冲压力;$L$ 为特征几何尺度;$\dot{n}$ 为作用在单位面积上冲击力大于 $p_1$ 的脉冲个数;$c_a$ 为液体中的声速。

在式(7-21)中,以声阻抗 $\rho c_a$ 代表液体的物理性质,以最大水锤压力 $\rho c_a U$ 表征空蚀产生的冲击力,$\dot{n}L^3$ 对应频率,可记为 $f_0$。当 $\frac{p_1}{\rho c_a U}$ 保持不变时,对于几何相似的空化流动,则 $\frac{f_0 \cdot L}{U}$ 应为常数,这表明空蚀频率遵从斯特劳哈尔数相似率。从式(7-21)还可推论:对于试件材料、液体种类与液体速度均给定的空蚀试验,点坑数量(空蚀率)与特征尺度的三次方成反比。

采用最大水锤压力 $\rho c_a U$ 只能粗略地表征作用在刚性表面的冲击力。当试件为塑性表面时,由于一部分能量被壁面反射,只有部分能量被传递到流道壁面,则作用在壁面的反弹速度 $U'$ 为

$$U' = \frac{U}{1 + (\rho c_a)_s/(\rho c_a)} \tag{7-22}$$

式中,下标 s 表示固体。

根据上式,可计算作用在壁面的实际冲击压力 $F'$ 为

$$F' = \frac{\rho c_a U}{1 + (\rho c_a)/(\rho c_a)_s} \tag{7-23}$$

由式(7-22)和式(7-23)可知,当液体的声阻抗远小于流道壁面的声阻抗时,壁面反弹速度 $U'$ 较小,液体和流道壁面的塑性对冲击的缓冲效果较小。反之,当采用液体声阻抗较大的水银进行试验时,空泡溃灭作用在壁面的实际冲击力 $F'$ 会明显下降。

表 7-1 列出了两种液体和几种金属材料的物理性质。表中,液体物理性质参数是在 1atm、20℃下的数据。因此,在实际工程中为了缓解流道壁面的空蚀破坏程度,可以选择声阻抗较小的固体涂层来降低空泡溃灭时的冲击力,从而达到减轻空蚀的效果。

**表 7-1　物质的物理性质参数**

| 物质种类 | 密度 $\rho/(\mathrm{kg/m^3})$ | 声速 $c_\mathrm{a}/(\mathrm{m/s})$ | 声阻抗 $\rho c_\mathrm{a}/[\mathrm{kg/(m^2 \cdot s)}]$ |
|---|---|---|---|
| 水 | 998.2 | 1483 | $1.480\times10^6$ |
| 甘油 | 1261 | 1923 | $2.425\times10^6$ |
| 水银 | 13546.2 | 1451 | $19.656\times10^6$ |
| 铝 | 2700 | 5000 | $13.500\times10^6$ |
| 不锈钢 | 7800 | 5200 | $40.560\times10^6$ |

当难以直接测量空蚀的点坑或作用力时,也可以采取其他途径估算空化流动的侵蚀能力。如先根据经验公式估计固定型空化的空穴长度,再计算空泡溃灭的冲击压力[10];对云空化的侵蚀能量 $E_\mathrm{c}$ 可用下式表示:

$$E_\mathrm{c} = (p_{\max} - p_\mathrm{v})V_\mathrm{cav} \tag{7-24}$$

式中,$V_\mathrm{cav}$ 是云空化的空泡体积。

引入云空化的脱落频率 $f$,则云空化的侵蚀功率为

$$\dot{E}_\mathrm{c} = (p_{\max} - p_\mathrm{v})V_\mathrm{cav} \cdot f \tag{7-25}$$

以 $U/L$ 替代 $f$、$L^3$ 替代 $V_\mathrm{cav}$,则上式可变为

$$\dot{E}_\mathrm{c} \approx (p_{\max} - p_\mathrm{v})L^3 \cdot U/L$$

对上式进行变换,则可得

$$\dot{E}_\mathrm{c} \approx \frac{\rho}{2}(C_{p\max} + \sigma)U^3 L^2 \frac{f \cdot L}{U} \tag{7-26}$$

对于稳态流动的静止壁面,斯特劳哈尔数 $\dfrac{f \cdot L}{U}$ 约为 0.3。式(7-26)显然是基于一定假设得到的,在应用中存在一定的局限性。但依据该式可以大致估计云空化侵蚀能力的水平。

### 7.5.2　材料的抗空蚀能力

在早期研究中,曾用硬度衡量或预测材料的空蚀强度。但事实上,一些软弹性材料的抗空蚀性也很好,因而材料硬度并非衡量材料抗空蚀能力的唯一指标。对于不同材料,影响抗空蚀能力的因素差异较大,下面分别对它们进行说明。

(1) 金属材料。决定金属材料抗空蚀能力的因素主要有材料的机械性能、金相组织、试件表面性质等。

在一般情况下,很多典型金属材料的抗空蚀能力随硬度的增大而增强,但也有不少例外的情况。如铝青铜合金的硬度低于普通碳钢和铸铁的硬度,但铝青铜试件的抗空蚀能力却优于普通碳钢和铸铁。铝青铜合金的金相组织中,结晶粒度很细,有利于抵抗空泡溃灭时的瞬时冲击力;而缓慢冷却的铸材具有粗大的结晶粒度,抗空蚀能力较差。除了金属的结晶粒度,合金的金相结构对空蚀强度影响很显著。如图 7-30 所示,不同牌号的不锈钢材料因为具有不同的金相结构,抗空蚀能力差异很大。其中奥氏体不锈钢具有最优异的抗空蚀能力。

观察空蚀后试件表面的显微结构可知,当结晶粒度较大时,材料的各向异性体现在沿晶粒不同方向上的弹性模量、拉伸强度与屈服强度有较大差异,所以空蚀破坏最初将发生在晶

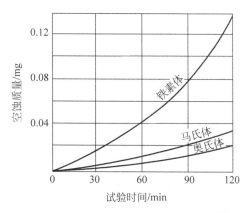

图 7-30 不同金相结构不锈钢的空蚀[8]

体抗空蚀能力较弱的部位。对于这类材料,一旦在薄弱部位失效,势必引起一连串的不良效应,造成试件表面成片剥蚀。

目前,奥氏体不锈钢作为一种抗空蚀能力优良的材料,被广泛用于制造大型水轮机的过流部件。奥氏体不锈钢的金相结构本身具备优异的抗空蚀能力。而且,研究发现在奥氏体不锈钢材料的表面存在坚固的氧化物薄层。该薄层不仅与不锈钢基材形成牢固的整体结构来抵御空蚀造成的冲击,同时起到保护膜的作用,防止空蚀过程中发生的电化学腐蚀。

(2)非金属脆性材料。实际水利水电工程中最常用的非金属脆性材料是混凝土。混凝土虽然成分及其配比都很多,产品型号很丰富,但都属于非均质材料,其本构关系曲线与金属材料的情况非常不同,曲线上弹性部分很短。

混凝土由骨料、水泥及填充料等组成。在空蚀试验中,作为混凝土试件表面的水泥砂浆层属于薄弱相,最先受到冲击而失效。因而,水泥砂浆层的强度对于空蚀初期的破坏起到了关键性作用。水泥砂浆层被破坏后,以石块或其他物质组成的骨料直接暴露在空化流动中,而骨料对流动的扰动很可能进一步促进空化,加剧空蚀对骨料周围填充料的侵蚀作用。当骨料失去必要的支撑后,在液体不断冲刷下脱离材料基体而被移走。所以,增强混凝土水泥砂浆层的力学性能是改善混凝土空蚀的重要途径。

### 7.5.3 材料的抗空蚀指标

尽管在很多情况下硬度不能有效体现材料的抗空蚀能力,但由于硬度测量简单易行,在必要的时候硬度也被用来粗略表征材料的抗空蚀能力。

到目前为止,仍然没有找到一种适合大多数空蚀情况的指标来确定材料的抗空蚀性能。下面简要介绍一种衡量材料空蚀强度的应变能方法。假设空泡溃灭时释放的部分能量被材料吸收,所吸收的能量用于克服材料分子之间的连接力,并使材料失效。令材料吸收的能量为 $E_a$,材料体积损失为 $\Delta V$,单位体积材料失效时所吸收的能量为 $S_a$,则有

$$E_a = S_a \cdot \Delta V$$

则材料失效时所吸收的功率 $\dot{E}_a$ 为

$$\dot{E}_a = S_a \cdot \Delta V / t$$

式中,$\Delta V/t$ 为体积损失率。如果采用材料失效时单位面积上所吸收的功率来表达材料的

空蚀强度,则可以避免试件尺度的影响。这样上式可变为

$$\frac{\dot{E}_a}{A_e} = S_a \cdot \frac{\Delta V}{A_e \cdot t}$$

式中,$A_e$ 为试件上遭受空蚀破坏的面积。

由于 $\Delta V/A_e$ 为试件单位面积上的体积损失,即为平均空蚀深度 $h_c$。记 $I_C = \dot{E}_a/A_e$,则上式可变为

$$I_C = S_a \cdot \frac{h_c}{t} \tag{7-27}$$

由上式可知,只要已知在一定试验时间内的平均空蚀深度 $h_c$,以及单位体积材料失效时所吸收的能量 $S_a$,就可求出试件的空蚀强度。根据空蚀现象中材料的实际受力,理论上可采用材料压缩过程的应力-应变曲线包围的面积作为 $S_a$ 的计算值。在一些文献中,也曾采用材料拉伸试验中得到的极限回弹能、极限抗拉能及工程应变能来确定 $S_a$[8]。

# 参考文献

[1] SUPPONEN O, OBRESCHKOW D, FARHAT M. Rebounds of deformed cavitation bubbles[J]. Physical Review Fluids, 2018, 3: 103604.

[2] BRENNEN C E. Cavitation and bubble dynamics[M]. Oxford: Oxford University Press, 1995.

[3] SUPPONEN O, OBRESCHKOW D, KOBEL P, et al. Detailed experiments on weakly deformed cavitation bubbles[J]. Experiments in Fluids, 2019, 60(2): 33.

[4] SUPPONEN O, OBRESCHKOW D, TINGUELY M, et al. Scaling laws for jets of single cavitation bubbles[J]. Journal of Fluid Mechanics, 2016, 802: 263-293.

[5] SUGIMOTO Y, YAMANISHI Y, SATO K, et al. Measurement of bubble behavior and impact on solid wall induced by fiber-Holmium: YAG Laser[J]. Journal of Flow Control, Measurement & Visualization, 2015, 03(4): 135-143.

[6] BRENNEN C E. Hydrodynamics of Pumps [M]. Vermont: Concepts ETI, Inc. and Oxford University Press, 1994.

[7] KIM K H, CHAHINE G, FRANC J P, et al. Advanced experimental and numerical techniques for cavitation erosion prediction[M]. Dordrecht: Springer Dordrecht, 2014.

[8] 黄继汤. 空化与空蚀的原理及应用[M]. 北京: 清华大学出版社, 1991.

[9] 陆力, 黄继汤, 许协庆. 空泡在边壁附近溃灭的实验研究[J]. 水利学报, 1990, 2: 10-17.

[10] 潘中永, 袁寿其. 泵空化基础[M]. 镇江: 江苏大学出版社, 2013.

# 第8章

# 空化流动数值模拟与分析

## 8.1 气液两相流概述

### 8.1.1 相的概念

物质的"相"是指在一个流动系统中,具有相同成分、相同物理性质和相同化学性质的均匀物质。即使是同一种化学成分的物质,由于物质所处的状态不同,也应该是不同的相。例如对化学上的"$H_2O$"而言,在常压、0℃以下时呈现固态的冰,属于固相的"$H_2O$";在常压、4~100℃时呈现液态的水,属于液相的"$H_2O$";在常压、大于100℃时呈现气态的蒸气,属于气相的"$H_2O$"。所以,相是指某种特定化学物质的单一状态。

在流场中,流体只含有一种"相"的物质时,该流动称为单相流;而当流场中的流体含有超过一种以上的"相"时,该流动称为多相流。根据流场中"相"的数量,流动可称为两相流、三相流等。根据不同相的组合,多相流还可以进行具体的划分,如两相流就包括液固两相流、气固两相流、气液两相流等。当然,两相流还包括具有相同物质形态的液液两相流(如牛奶与水的混合物)、气气两相流(如氮气与氢气的混合物)等。

多相流有两个明显的特点:①包括至少一种连续流动介质,如液体或气体。多相流中的连续流动介质也称连续相。连续流动介质作为多相流的运动载体,决定了流动的基本特征。②含有离散相,如固体颗粒、液滴、气泡或蒸气泡等。由于多相流中连续相与离散相的物理性质往往差别较大,所以流动中容易发生分层、分离、混合等复杂现象。

在特殊情况下,单相流可能变成多相流。如在常压下,温度处于0~4℃时会出现冰水混合物,如黄河上的"冰凌"现象;若单相水以较高速度通过文丘里管的喉部时发生空化现象,此时就会出现汽液混合物。反之,冰水混合物在较高温度下会重新成为单相的水,或在较低温度下变成单相的冰,而汽液两相流的空化流动也在压力恢复后成为单相的水流。这些过程都是由于相变导致的相数量变化。

此外,单相流与多相流的概念也不是一成不变的。在一些特殊情况下,为了处理问题的便利性,可以将多相流假设为虚拟单相流。即当全流场可视为由一种化学性质稳定、物理形态不变或者连续变化的流体充满时,可将该流动作为单相流动处理,称为拟单相流动。如空化流动分析中的均质混合流假设就是将空泡与液体的混合物视为密度可变的单相连续流体,而该单相流的物理性质由空泡与液体的物理性质参数共同确定。与拟单相流处理相似,也可以将一些流动作为拟多相流处理。如采用气体输送同一种固体物质的颗粒群流动中,由于这些颗粒的当量直径差别大,则可将颗粒按照直径范围分成若干组。把相同或相近直径的颗粒归入一组颗粒,它们在气体中具有相同或相近的动力学与运动学特性,构成一组两相流。这样每组两相流具有不同的动力学与运动学特性,全体颗粒混合于气体中的流动称为颗粒群流动,这也是一种特殊的多相流。

### 8.1.2　气液两相流

工业界常见的气液两相流具有丰富的流动形态。在气液两相流动中,由于气相具有可压缩性,导致在气液两相界面发生随机变动,在气相与液相间形成不同组合的相界面,且相界面分布呈现不同的几何形状,称为气液两相流的流型。根据流型划分原则,气液两相流大致包括分层流、波状流、泡状流、环状流、塞状流以及弹状流等[1]。此外,气液两相流的气液交界面往往存在着较强的不稳定性。由于气液两相的物理性质(如密度、黏性、表面张力等)及其动力学参数(速度、压力等)往往存在较大的差异,所以在相间交界面极易诱发所谓的开尔文-亥姆霍兹(Kelvin-Helmholtz)不稳定性,造成气液交界面的剧烈变化。气液两相流的流动不稳定性在工程上主要表现为恒振幅或变振幅的流动振荡。气液两相流的不稳定性不仅会引发设备、动力及系统中各种部件的运行、安全问题,还会降低系统效率,甚至会导致机械振动、控制失败等严重问题。

大部分空化现象,如绕水翼空化等流动通常属于气液两相流,即气相物质为蒸气;而对于通气空化,则在流场中可能包括两种气相物质:一种成分为非凝聚性气体;另一种是由相变生成的蒸气,但蒸气在一定流动条件下会凝结为液体。为叙述方便,本章将空化流动统称为气液两相流,其中包括蒸气相与液相组成的二组分气液两相流,也包括了气相、蒸气相与液相组成的三组分气液两相流。

对于空化流动而言,由于流道通常较为宽敞,因而气液两相流的流型大多为泡状流。但对于一些处于剧烈空化状态的射流泵或文丘里管内的空化流动,流道中也可能发生壅塞空化,空化形成的蒸气相占据大部分流道,形成所谓的塞状流。然而气液两相流的各种流型还有可能相互转换,进一步增加了流动现象的复杂程度。

相对于普通的气液两相流,空化流动中往往包含相变过程,因此空化关联的气液两相流更加复杂。根据本书前面章节的内容可知,空化通常表现为液相中的微小空化核的爆发性生长,而空泡的溃灭过程又伴随着极高密度的能量释放。这将在流场中引起剧烈的扰动,使得空化流动可能伴随其他复杂的物理现象。

## 8.2　基于均质平衡流假设的水动力学空化控制方程

在基于纳维-斯托克斯(Navier-Stokes)方程的计算框架内,双流体模型和均质平衡流模型(homogeneous equilibrium flow model,HEM)是两种普遍采用的气液两相流模型。在双流体模型中,将气、液两相都看成是充满整个流场的连续介质,针对两相分别建立质量、动量方程,并通过相界面间的相互作用将两组方程耦合起来。而均质平衡流模型将气、液两相组成的混合物视为一种拟单相的均匀介质,相间没有相对速度,流动参数取两相参数的加权平均。两种模型在处理空化流动时都有各自的优势,但同时也存在一定的局限性。通过长期实践,目前均质平衡流模型在实际运用中的便利性较好,方法也相对成熟,因而在实际工程中使用更广泛。下面主要在均质平衡流模型的框架内讨论有关空化流动的控制方程。

图 8-1 为空化流场在均质平衡流假设下的概念示意图。在初始状态下,液相流场中的空化核体积分数为 $\alpha_{\text{nuc}}$,空泡体积分数为 $\alpha_{\text{v}}$,则流场中总空泡体积为 $(1-\alpha_{\text{v}})\alpha_{\text{nuc}}$。此时,流场中的空泡数量为 $N_{\text{b}}$,平均空泡半径为 $R$,则 $(1-\alpha_{\text{v}})\alpha_{\text{nuc}}=\dfrac{4}{3}\pi R^3 \cdot N_{\text{b}}$。

对于空化的汽化过程,微小的空化核发生体积膨胀,如果仍以 $R$ 表示平均空泡半径,则流场中总空泡体积分数为 $\alpha_{\text{v}}=\dfrac{4}{3}\pi R^3 \cdot N_{\text{b}}$;对于凝结过程,空泡凝结成为微小半径的空化核。

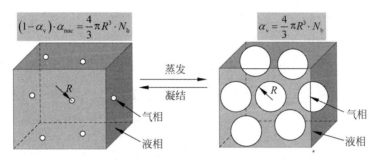

图 8-1　空化流动的均质平衡流假设

假定空化流场中的气液两相流为均相流动,气相与液相之间无速度滑移,可推导气液两相流的连续方程和动量方程如下:

$$\frac{\partial \rho_{\text{m}}}{\partial t}+\frac{\partial (\rho_{\text{m}} u_j)}{\partial x_j}=0 \tag{8-1}$$

$$\frac{\partial (\rho_{\text{m}} u_i)}{\partial t}+\frac{\partial (\rho_{\text{m}} u_i u_j)}{\partial x_j}=-\frac{\partial p}{\partial x_i}+\frac{\partial}{\partial x_j}\left(\mu_{\text{m}} \frac{\partial u_i}{\partial x_j}\right) \tag{8-2}$$

式中,$p$ 代表压力;$u_i$ 代表 $i$ 方向的速度分量;$\rho$ 是流体密度;$\mu$ 是流体动力黏性系数;下标"m"表示气液两相流的混合物。

气液两相流的密度 $\rho_{\text{m}}$ 与动力黏性系数 $\mu_{\text{m}}$ 可以分别通过以下公式计算:

$$\rho_{\text{m}}=\alpha_{\text{v}}\rho_{\text{v}}+(1-\alpha_{\text{v}})\rho_1 \tag{8-3}$$

$$\mu_{\text{m}}=\alpha_{\text{v}}\mu_{\text{v}}+(1-\alpha_{\text{v}})\mu_1 \tag{8-4}$$

式中,下标"v"表示蒸气相,下标"l"表示液相;$\alpha$ 为体积分数。

由上述推导可知,基本控制方程中未知量的数量增加了。在空化流场的数值模拟中,除了湍流封闭以外,还需求解密度场才能进行空化模拟,因而必须寻求建立均质平衡流的介质密度与其他物理量之间的关系,或耦合入适当的空化模型。空化模型是用于描述蒸气、液体两相之间质量输运的数学模型,对空化流动的模拟精度起着决定性的作用。目前基于不同密度场的确定方法,空化模型根据不同的理论和假设主要分为两类:正压流体状态方程模型(barotropic equation model,BEM)和质量传输方程模型(transport equation-based model,TEM)。下面将分别针对这两大类空化模型进行说明、讨论。

### 8.2.1 基于正压流体状态方程的空化模型

正压流体状态方程模型（BEM）最初由德拉努瓦（Y. Delannoy）和库恩（J. L. Kueny）在 1990 年提出[2]。在该模型中，气液混合物的密度可以采用状态方程描述，即认为气液混合物的密度是压力与温度的函数。通常在空化流动中，可以忽略温度的影响。当忽略空化的热力学效应后，在 BEM 中，气液混合物的密度可以简化为当地压力 $p$ 的单值函数，即

$$\rho_m = f(p) \tag{8-5}$$

为了更加方便地表述混合物密度 $\rho_m$ 与压力的关系，定义参数 $\Delta p_v$ 为

$$\Delta p_v = \pi c_{min}^2 \frac{\rho_l - \rho_v}{2} \tag{8-6}$$

式中，$c_{min}$ 为流场中的最小声速。

因此，$f(p)$ 可以写为

$$\rho_m = f(p) = \begin{cases} \rho_{ref}\left(\dfrac{p + p_0}{p_{ref} + p_0}\right)^{1/n}, & p > p_v + 0.5\Delta p_v \\ \dfrac{\rho_l + \rho_v}{2} + \dfrac{\rho_l - \rho_v}{2}\sin\left(\pi \cdot \dfrac{p - p_v}{\Delta p_v}\right), & p_v - 0.5\Delta p_v \leqslant p \leqslant p_v + 0.5\Delta p_v \\ \dfrac{p}{RT}, & p < p_v - 0.5\Delta p_v \end{cases}$$

$$\tag{8-7}$$

式中，$p_{ref}$ 为参考压力；$\rho_{ref}$ 为参考密度；$p_0 = 3 \times 10^8$ Pa，$n = 7$。

从式（8-7）可以看出，在正压流体状态方程模型中有如下结论成立：

（1）当压力较大（$p > p_v + 0.5\Delta p_v$）时，气液混合物被视为纯液态，其密度与压力的关系服从泰特（Tait）方程；

（2）当压力较小（$p < p_v - 0.5\Delta p_v$）时，认为当地流动介质为纯蒸气，流体密度与压力的关系满足理想气体状态方程；

（3）当压力处于一定范围（$p_v - 0.5\Delta p_v \leqslant p \leqslant p_v + 0.5\Delta p_v$）时，当地流场由气、液两相混合物组成，其密度与压力的关系按正弦曲线描述。关于该空化模型的理论分析及实际应用已经有了较为详细的研究[3-4]。该模型可以较好地模拟稳定的附着型空化，对压力等参数的预测结果与试验数据也比较吻合。需要注意的是，水动力学空化的本质是相变，而基于正压流体状态方程的空化模型在物理模型中并没有体现相变过程，这暗示着该空化模型在捕捉空化流动细节时必然存在着一定的缺陷。实际上，试验结果[5-6]表明，在空化流动中漩涡的产生及其运动对空化的演变产生着重要的作用。而在空化流场中，由于密度与压力梯度不平行导致的斜压矩项在漩涡演变过程中的作用不可忽略。但是在基于正压流体状态方程空化模型中，由于将密度简化为压力的单值函数，其密度与压力梯度始终保持平行，因而无法反映斜压矩项的影响。因此，该空化模型在预测空化的对流和输运现象方面存在明显的缺陷。

### 8.2.2 基于质量输运方程的空化模型

为了捕捉空化过程中的相变过程，人们逐步发展出了一套基于质量输运方程的空化模型（TEM）。通过添加适当的源项，对质量或体积分数采用传输方程来控制气液两相之间的

质量传输过程。与基于正压流体状态方程的空化模型类似,在 TEM 类型的空化模型中,一般也忽略热力学效应的影响。目前,通常采用基于体积分数的输运方程来描述相变过程,如

$$\frac{\partial (\rho_v \alpha_v)}{\partial t} + \frac{\partial (\rho_v \alpha_v u_i)}{\partial x_i} = \dot{m}^+ - \dot{m}^- \tag{8-8}$$

式中,$\alpha_v$ 为蒸气相体积分数;$\dot{m}^+$ 表示蒸发过程中单位时间内由液相转为蒸气相的液体质量;$\dot{m}^-$ 则表示反向的凝结过程。根据不同的 $\dot{m}^+$、$\dot{m}^-$ 源项构建方式,此类模型又可分为两类:基于空泡动力学瑞利-普莱塞特(Rayleigh-Plesset)方程的空化模型和基于界面动力学的空化模型。

首先介绍基于空泡动力学概念的空化模型。瑞利-普莱塞特方程描述的是一个单泡在内外压差作用下的生长或溃灭过程,其形式为

$$\rho_l \left( \frac{3}{2} \dot{R}^2 + R\ddot{R} \right) = p_v - p + p_{g0} \left( \frac{R_0}{R} \right)^{3\gamma} - \frac{2\sigma_s}{R} - 4\mu \frac{\dot{R}}{R} \tag{8-9}$$

式中,$R$ 为球形空泡的半径;$R_0$ 为球形空泡的初始半径;$\dot{R}$ 和 $\ddot{R}$ 分别为空泡半径对时间的一阶与二阶导数;$p_{g0}$ 为泡内不可凝结气体分压;$\sigma_s$ 为表面张力系数;$\mu$ 为液相黏性系数。

若忽略上式中的空泡半径的二阶导数、表面张力、液体黏性、非凝结气体的影响,则式(8-9)可以简化为

$$\frac{3}{2} \dot{R}^2 = \frac{p_v - p}{\rho_l} \tag{8-10}$$

由此可得到球形空泡半径变化率与压力差($p_v - p$)之间的关系为

$$\dot{R} = \frac{\mathrm{d}R}{\mathrm{d}t} = \pm \sqrt{\frac{2}{3} \frac{|p_v - p|}{\rho_l}} \tag{8-11}$$

空化流动中的体积变化是由液相的蒸发产生蒸气相,或由于蒸气相凝结所导致,则可以得到相变过程中质量变化率 $\dot{m}$ 的表达式为

$$\dot{m} = \pm \rho_v \frac{\mathrm{d}}{\mathrm{d}t} \left( \frac{4}{3} \pi R^3 \right) = \pm 4\pi \rho_v R^2 \sqrt{\frac{2}{3} \frac{|p_v - p|}{\rho_l}} \tag{8-12}$$

上式的符号取决于具体的相变过程,蒸发过程取正值,凝结过程则取负值。上式建立了单个气泡膨胀或收缩过程中相间质量传输速率与压力的关系,并成为推导多个基于质量输运方程的空化模型源项的基础。

基于式(8-12),施耐尔(G. H. Schnerr)和绍尔(J. Sauer)提出了第一个不需要经验常数的质量输运空化模型[7]。在该模型中的源项分别为

$$\begin{cases} \dot{m}^+ = \dfrac{\rho_v \rho_l}{\rho_m} \alpha_v (1 - \alpha_v) \dfrac{3}{R} \sqrt{\dfrac{2}{3} \dfrac{(p_{sat} - p)}{\rho_l}}, & p < p_{sat} \\[4mm] \dot{m}^- = \dfrac{\rho_v \rho_l}{\rho_m} \alpha_v (1 - \alpha_v) \dfrac{3}{R} \sqrt{\dfrac{2}{3} \dfrac{(p - p_{sat})}{\rho_l}}, & p \geqslant p_{sat} \end{cases} \tag{8-13}$$

式中,$\dot{m}^+$ 为蒸发源项;$\dot{m}^-$ 为凝结源项;$p_{sat}$ 表示与空化相变相关的饱和蒸气压。

2002 年,辛格尔(A. K. Singhal)等提出了第一个被商用化的空化模型[8]。在该模型中,质量传输方程中的源项定义为

$$
\begin{cases}
\dot{m}^{+} = C_e \dfrac{\sqrt{k}}{\sigma_s} \rho_1 \rho_v \sqrt{\dfrac{2}{3} \dfrac{p_v - p}{\rho_1}} (1 - f_v - f_g), & p < p_{sat} \\[4mm]
\dot{m}^{-} = C_c \dfrac{\sqrt{k}}{\sigma_s} \rho_1 \rho_v \sqrt{\dfrac{2}{3} \dfrac{p - p_v}{\rho_1}} f_v, & p \geqslant p_{sat}
\end{cases}
\tag{8-14}
$$

式中，$C_e$、$C_c$ 为模型经验系数；$f_v$ 为蒸气质量分数；$f_g$ 为非凝结气体的质量分数。

式(8-14)考虑了当地湍动能、表面张力、非凝结气体等因素对相变的影响，因而得名为"全空化模型"(full cavitation model)。辛格尔等利用该模型对绕 NACA66 水翼空化流动、浸没式圆柱空化绕流、锐边圆孔空化流进行了数值模拟，并通过计算结果与试验数据的对比较好地验证了该模型的有效性。

茨瓦特(P. J. Zwart)等在 2004 年提出了一个更简化的空化模型[9]，并利用该模型对水翼空化、诱导轮空化及文丘里管空化进行了数值模拟。结果表明，该模型较好地捕捉到了空化流动的细节。在该模型中的源项表达式为

$$
\begin{cases}
\dot{m}^{+} = C'_e \dfrac{3\rho_v (1 - \alpha_v) \alpha_{nuc}}{R} \sqrt{\dfrac{2}{3} \dfrac{(p_{sat} - p)}{\rho_1}}, & p < p_{sat} \\[4mm]
\dot{m}^{-} = C'_c \dfrac{3\alpha_v \rho_v}{R} \sqrt{\dfrac{2}{3} \dfrac{(p - p_{sat})}{\rho_1}}, & p \geqslant p_{sat}
\end{cases}
\tag{8-15}
$$

式中，$C'_e$、$C'_c$ 为模型经验系数；$\alpha_{nuc}$ 为液体中非凝结气体的体积分数。

文献[10]中较为系统地介绍了以上三种基于空泡动力学方程的空化模型的发展历史，并对各种模型的适用性进行了归纳总结。此类空化模型对于大尺度空泡团的漩涡脱落现象有较好的体现，但过早预测了空泡的断裂。

尽管基于空泡动力学概念的空化模型能够对气液两相间的质量输运进行较好的描述，但是模型通常涉及蒸发与凝结源项经验常数的确定问题，且各种模型的经验系数取值不尽相同，这使得此类空化模型在针对不同工程问题时具有一定的局限性。为了消除经验常数带来的局限性，塞诺克(I. Senocak)、史维(W. Shyy)在 2004 年提出了一种基于界面动力学的质量传输模型(interfacial dynamic model，IDM)[11]。该模型不是从传统上的瑞利-普莱塞特方程入手来推导气液相间的蒸发与凝结源项，而是从空泡界面动力学的运动机理入手推导气液相间的质量传输速率。在 IDM 模型中，表示相变源项的表达式为

$$
\begin{cases}
\dot{m}^{-} = \dfrac{(1 - \alpha_1)(p - p_{sat})\rho_v}{(u_{vn} - u_{In})^2 (\rho_1 - \rho_v) t_\infty}, & p \geqslant p_{sat} \\[4mm]
\dot{m}^{+} = \dfrac{(p_{sat} - p)\rho_1 \alpha_1}{(u_{vn} - u_{In})^2 (\rho_1 - \rho_v) t_\infty}, & p < p_{sat}
\end{cases}
\tag{8-16}
$$

式中，$u_{vn}$、$u_{In}$ 分别为蒸气相在空泡界面的法向运动速度、空泡的界面运动速度。

利用该模型，塞诺克、史维对圆柱空化绕流、绕 NACA66 水翼空化流动及文丘里管空化流动进行了模拟计算，数值结果与试验数据吻合良好。理论上，IDM 空化模型由于消除了经验系数对空化过程中相变的影响，所以模型具有更普遍的适用性。该模型对低气相体积分数的混相区域逐渐过渡到高气相体积分数的纯气相区域的动态交界面有很好的表现，可清晰地模拟出附着型空化中，不同含气量区域的空泡界面，但是对空泡的断裂及大尺度空泡团脱落现象的预测仍存在明显不足[12]。

2012 年，在两类质量输运空化模型的基础上，黄彪、王国玉提出了一种基于混合密度分

域的空化模型(density modification based cavitation model，DMBM)[12]。该模型结合了两类质量输运空化模型的优势：①在含气量较高的纯气相及过渡区域内，采用 IDM 空化模型以模拟空泡内部、清晰的气液界面及其反向推进的过程；②而在含气量较低的空化混相脉动区域内，采用基于空泡动力学概念的质量传输方程型空化模型以捕捉空泡团的漩涡脱落现象。DMBM 模型中质量传输源项的表达式为

$$\dot{m}^+ = \chi(\rho_m/\rho_1)\dot{m}_{RP}^+ + [1 - \chi(\rho_m/\rho_1)]\dot{m}_{IDM}^+$$

$$\dot{m}^- = \chi(\rho_m/\rho_1)\dot{m}_{RP}^- + [1 - \chi(\rho_m/\rho_1)]\dot{m}_{IDM}^- \tag{8-17}$$

式中，$\dot{m}_{RP}^+$、$\dot{m}_{RP}^-$ 分别为基于空泡动力学概念的质量传输方程型空化模型的蒸发与凝结源项；$\dot{m}_{IDM}^+$、$\dot{m}_{IDM}^-$ 分别为 IDM 空化模型的蒸发与凝结源项；$\chi(\rho_m/\rho_1)$ 为桥接函数，通过该函数将两个空化模型进行桥接，以便对空化行为进行更好的预测。$\chi(\rho_m/\rho_1)$ 的表达式为

$$\chi(\rho_m/\rho_1) = 0.5 + \tanh\left[\frac{C_1(C_3\rho_m/\rho_1 - C_2)}{C_4(1 - 2C_2) + C_2}\right] \Big/ [2\tanh(C_1)] \tag{8-18}$$

式中，$C_1$、$C_2$、$C_3$、$C_4$ 为模型常数。

　　研究表明，DMBM 模型不但可准确地模拟出附着在翼型前端、稳定的、含气量相对较大的空泡，还可以捕捉到空泡脱落瞬时水翼尾部的不稳定脉动，通过数值计算预测得到的时均速度等流场参数和水动力学特性也与试验结果有较好的一致性。

　　此外，为了较好地模拟流场中的漩涡空化，基于茨瓦特(Zwart)空化模型改进的 LVC (local vortical cavitation)空化模型中考虑了漩涡对空化发展的影响。该模型在模拟间隙空化流动时显示了较好的适应性。图 8-2 比较了四种空化数下，高速摄像记录的水翼间隙空化与分别采用茨瓦特(Zwart)空化模型、LVC 空化模型模拟的间隙空化。结果表明，LVC 空化模型可以真实反映不同空化数下漩涡空化的长度，与试验数据吻合较好[13]。

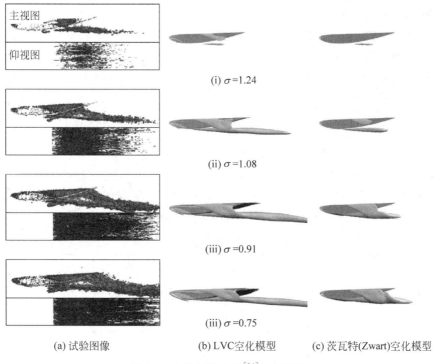

(i) $\sigma=1.24$

(ii) $\sigma=1.08$

(iii) $\sigma=0.91$

(iii) $\sigma=0.75$

(a) 试验图像　　　　(b) LVC空化模型　　　　(c) 茨瓦特(Zwart)空化模型

图 8-2　水翼间隙空化[14]（见彩页）

### 8.2.3　空化热效应的模拟模型

在 8.2.2 节中介绍的几种典型空化模型均忽略了空化过程中伴随的能量变化。实际空化的相变过程中，在蒸发阶段由于汽化潜热的影响，液态流体在转变为蒸气时会从周围流体中吸取热量，造成周围液体温度的下降；而在凝结阶段，蒸气在转变为液态流体时会向外界释放热量，引起周围流体的温度升高。此外，温度的改变也会直接影响流体介质的饱和蒸气压，进而影响空化过程。在大多数空化流动研究中，流动介质通常为液态水，温度基本在环境温度（约 290K）附近，由于水的比热容较大，空化过程引起的水体温度变化不显著，因而在此类空化中的空化热效应是可以忽略的。然而，在一些温度变化较大的环境或对于一些热敏流体介质（如液氢、液氧等）而言，空化过程中的热效应将会显著改变空化过程，必须在研究中给予足够的重视。

早在 1961 年，萨洛斯迪（L. Sarosdy）、阿科斯塔（A. Acosta）就发现了水体空化和氟利昂（freon）空化的明显区别[15]。他们指出，当空化在水体中发生时，空泡界面较清晰，蒸气含量较大；在相同的情况下，氟利昂中发生空化时，空化形态比较模糊。虽然他们观察到了热力学效应对氟利昂空化的巨大影响，但限于当时的试验和计算条件，并没有结合物理机制或者从数值计算上分析造成空化现象显著差异的原因。1969 年鲁格里（R. S. Ruggeri）、摩尔（R. D. Moore）在试验中最早对空化的热力学作用进行了定量研究[16]，对不同的流体、工作温度以及不同工作环境下泵内空化流动进行了试验研究，提出了预测空化余量的策略。其中，饱和蒸气压随温度变化的函数用克劳修斯-克拉伯龙（Clausius-Clapeyron）方程近似，在水、液氮和丁烷等液体中测量并评价了泵的空化性能。这些研究证实了热力学效应对于空化以及泵性能的巨大影响，促进了此后相关的研究。

与传统空化数值计算一样，考虑热效应的空化流动也大多基于均质平衡流假设。在该框架内，气液两相被认为具有相同速度和压力并处于局部热平衡状态。由于在低温流体空化过程中，相变导致的温度变化（即热效应）不可忽略且对空化区动量传输影响较大，需同时模拟流动和传热过程。因此，低温流体空化的基本控制方程包括质量守恒方程、动量守恒方程，以及能量守恒方程。其中质量守恒方程、动量守恒方程如式（8-1）和式（8-2）所示，气液两相混合流体的能量守恒方程为

$$\frac{\partial}{\partial t}(\rho_m h_m) + \nabla \cdot (\rho_m h_m U - \lambda_m \nabla T) = (\dot{m}^+ - \dot{m}^-) h_{fg} \tag{8-19}$$

式中，$h_m$ 为焓；$\lambda_m$ 为热导率；$T$ 为开尔文温度；$h_{fg}$ 为流体介质的汽化潜热。

液体的物理性质与温度紧密相关。表 8-1 为水在 0～150℃ 范围内四个温度所对应的物理性质参数，由此可知当水体温度发生较大变化时，所有的物理性质参数均有明显变化，尤其是饱和蒸气压变化最大，动力黏度的变化次之，而表面张力系数的变化也不可忽略。

表 8-1　不同温度下水的物理性质

| 温度<br>$T/℃$ | 密度<br>$\rho/(\text{kg/m}^3)$ | 饱和蒸气压<br>$p_v/\text{kPa}$ | 动力黏度<br>$\mu/(10^{-3} \text{ Pa} \cdot \text{s})$ | 表面张力系数<br>$\sigma_s/(10^{-2} \text{ N/m})$ |
|---|---|---|---|---|
| 0 | 999.8 | 0.611 | 1.794 | 7.56 |
| 25 | 997.1 | 3.166 | 0.894 | 7.21 |
| 70 | 977.7 | 31.16 | 0.406 | 6.52 |
| 150 | 917.0 | 476.16 | 0.182 | 5.35 |

由式(8-9)可知,当液体温度在较大区间变动时,需要在空化模型中考虑饱和蒸气压、黏性项与表面张力项的影响。因为常规空化模型如式(8-13)～式(8-17)只涉及饱和蒸气压与局部流场压力之间的差值,不适用于考虑热力学效应的空化现象。

当流场中液体温度变化范围较小时(如表 8-1,水温在 0～25℃之间变化),至少须考虑黏性项对空化发展的影响。如果忽略表面张力项、二次导数项的影响,则式(8-9)可简化为

$$\frac{3}{2}\rho_l \dot{R}^2 = p_v - p - 4\mu \frac{\dot{R}}{R} \tag{8-20}$$

依照茨瓦特(Zwart)模型的思路,可构建一种新的空化模型,其质量传输源项为

$$\dot{m}^+ = C_e \frac{\alpha_v \rho_v}{R_b}\left(\sqrt{\frac{6 \times \max(p - p_v, 0)}{\rho_l} + \frac{16\mu^2}{(\rho_l R_b)^2}} - \frac{4\mu}{R_b \rho_l}\right)$$

$$\dot{m}^- = C_c \frac{r_g(1 - \alpha_v)\rho_v}{R_b}\left(\sqrt{\frac{6 \times \max(p_v - p, 0)}{\rho_l} + \frac{16\mu^2}{(\rho_l R_b)^2}} - \frac{4\mu}{R_b \rho_l}\right) \tag{8-21}$$

上式为一种考虑了动力黏度影响的热力学空化模型。图 8-3 表示水温分别为室温(25℃)、70℃和 150℃,空化数 $\sigma = 1.5$ 时绕二维 NACA0015 水翼的空化。其中图 8-3(b)为运用式(8-21)表示的模型模拟所得的结果,而图 8-3(a)为另一种热力学空化模型模拟所得的结果。由此可知,热效应降低了相间质量传输率、抑制了空化发展,使得温度越高,空泡长度越短。两种空化模型都可以较好地预测温度变化对绕二维水翼空化的影响[17]。

如果需要反映表面张力项对空化发展的影响,可以基于式(8-9)进一步推导相应的空化模型。此外,文献[18]中提供了一种基于温度边界层概念的方法,构建的热力学空化模型可适用于分析较大的温度变化对空化流场的影响。

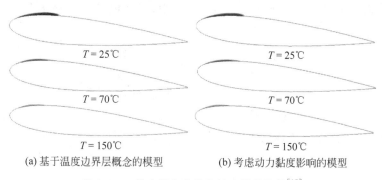

T = 25℃          T = 25℃

T = 70℃          T = 70℃

T = 150℃          T = 150℃

(a) 基于温度边界层概念的模型          (b) 考虑动力黏度影响的模型

图 8-3  二维水翼空化的热效应模拟结果[17]

### 8.2.4  多组分空化模拟方法

在实际的空化流动中,很多时候包括多种流体介质,即除了常规气液两相流中的液体与蒸气两种成分之外,还有其他不可凝结气体。如水下航行体的通气空化中,流场中可能含有液相、气相和蒸气相共三种组分,而且通入不可凝结气体的体积分数 $\alpha_g$ 可能大于蒸气浓度。当空化流场中气体体积分数不可忽略时,须考虑不可凝结气体对空化的影响。

流场中含有的不可凝结气体可以理解为相对增大了液相流体中含有的空化核浓度。这样可以基于茨瓦特(Zwart)提出的空化模型进行改进,通过修改质量传输方程的源项就可

得到新的空化模型——多组分空化模型。一种简单的多组分空化模型为

$$
\begin{cases}
\dot{m}^{+}=C_{\mathrm{e}}\dfrac{3\rho_{\mathrm{v}}(1-\alpha_{\mathrm{v}}-\alpha_{\mathrm{g}})\max(\alpha_{\mathrm{g}},\alpha_{\mathrm{nuc}})}{R_{\mathrm{b}}}\sqrt{\dfrac{2}{3}\dfrac{\max(p_{\mathrm{v}}-p,0)}{\rho_{\mathrm{l}}}}\\[4mm]
\dot{m}^{-}=C_{\mathrm{c}}\dfrac{3\rho_{\mathrm{v}}\alpha_{\mathrm{v}}}{R_{\mathrm{b}}}\sqrt{\dfrac{2}{3}\dfrac{\max(p-p_{\mathrm{v}},0)}{\rho_{\mathrm{l}}}}
\end{cases}
\tag{8-22}
$$

与式(8-15)相比,改进的空化模型(即式(8-22))中表示凝结过程的质量传输源项没有变化,只是表示蒸发过程的源项发生了变化,而这种变化仅考虑了液相流体中空化核含量的改变。

实际上,不同组分的空化流场中存在多种相间界面,由此影响空化进程。例如水下航行体通气空化属于比较简单的三组分空化,包含了水与蒸气的界面、水与非凝结气体的界面等两种气相与液相之间的界面,而不同界面的性质可能有所不同,进而造成表面张力对空化发展的显著影响。因此,在必要时须重新构建新的多组分空化模型,才能准确反映实际的空化流动演化过程。

下面以一种典型三组分(液相、气相和蒸气相)空化为例,说明多组分空化模型的另一种构建方法。当考虑不同性质相间界面与表面张力对空化的影响时,三组分气液混合流体的动量守恒方程为

$$
\frac{\partial \rho_{\mathrm{m}} u_i}{\partial t}+\frac{\partial \rho_{\mathrm{m}} u_i u_j}{\partial x_j}=-\frac{\partial p}{\partial x_i}+\frac{\partial}{\partial x_j}\mu\left(\frac{\partial u_i}{\partial x_j}+\frac{\partial u_j}{\partial x_i}\right)+\sigma_{\mathrm{s}}\kappa\delta(\varphi)\boldsymbol{n}
\tag{8-23}
$$

式中,$\mu$ 为气液混合流体的动力黏度,$\mu=\mu_{\mathrm{m}}+\mu_{\mathrm{t}}$;$\sigma_{\mathrm{s}}$ 为表面张力系数;$\kappa$ 为交界面的表面曲率;$\boldsymbol{n}$ 为法向向量;$\delta$ 为狄拉克函数;$\varphi$ 为水平集(Level-set)函数。

上式等式右边的最后一项为表面张力项。其中,水平集函数 $\varphi$ 定义为从计算单元至交界面的距离,即

$$
\varphi=\begin{cases}
+|d|,& x\in 液相\\
0,& x\in 界面\\
-|d|,& x\in 气相
\end{cases}
\tag{8-24}
$$

式中,$d$ 表示从计算点至交界面的最小距离。

空化流动中,气液混合流体的密度与动力黏度分别定义为

$$
\rho_{\mathrm{m}}=\begin{cases}
\rho_{\mathrm{v}},& \varphi_{\mathrm{v}}>\xi\\
\rho_{\mathrm{v}}+(\rho_{\mathrm{l}}-\rho_{\mathrm{v}})H(\varphi_{\mathrm{v}}),& |\varphi_{\mathrm{v}}|\leqslant\xi\\
\rho_{\mathrm{g}},& \varphi_{\mathrm{g}}>\xi\\
\rho_{\mathrm{g}}+(\rho_{\mathrm{l}}-\rho_{\mathrm{g}})H(\varphi_{\mathrm{g}}),& |\varphi_{\mathrm{g}}|\leqslant\xi\\
\rho_{\mathrm{l}},& 其他
\end{cases}
\tag{8-25}
$$

$$
\mu_{\mathrm{m}}=\begin{cases}
\mu_{\mathrm{v}},& \varphi_{\mathrm{v}}>\xi\\
\mu_{\mathrm{v}}+(\mu_{\mathrm{l}}-\mu_{\mathrm{v}})H(\varphi_{\mathrm{v}}),& |\varphi_{\mathrm{v}}|\leqslant\xi\\
\mu_{\mathrm{g}},& \varphi_{\mathrm{g}}>\xi\\
\mu_{\mathrm{g}}+(\mu_{\mathrm{l}}-\mu_{\mathrm{g}})H(\varphi_{\mathrm{g}}),& |\varphi_{\mathrm{g}}|\leqslant\xi\\
\mu_{\mathrm{l}},& 其他
\end{cases}
\tag{8-26}
$$

式中,$\xi$ 是一个恒为正的小量规整参数;$\varphi_v$、$\varphi_g$ 分别为液相与蒸气相、液相与气相之间界面的水平集函数;$H$ 为阶跃函数,其定义为

$$H(\varphi) = \begin{cases} 0, & \varphi < -\xi \\ \dfrac{\varphi + \xi}{2\xi} + \dfrac{\sin(\pi\varphi/\xi)}{2\pi}, & |\varphi| \leqslant \xi \\ 1, & \varphi > +\xi \end{cases} \tag{8-27}$$

交界面的表面曲率 $\kappa$ 为

$$\kappa = \nabla \cdot (\nabla\varphi / |\nabla\varphi|) \tag{8-28}$$

法向向量 $\boldsymbol{n}$ 为

$$\boldsymbol{n} = \nabla\varphi / |\nabla\varphi| \tag{8-29}$$

因此,动量守恒方程(式(8-23))中的表面张力项可以表示为

$$\sigma_s \kappa \delta(\varphi) \boldsymbol{n} = \sigma_s \delta(\varphi) (\nabla\varphi / |\nabla\varphi|) \nabla \cdot (\nabla\varphi / |\nabla\varphi|) \tag{8-30}$$

此外,气相和蒸气相的质量平衡方程为

$$\frac{\partial(\rho_g \alpha_g)}{\partial t} + \frac{\partial(\rho_g \alpha_g u_j)}{\partial x_j} = 0 \tag{8-31}$$

$$\frac{\partial(\rho_v \alpha_v)}{\partial t} + \frac{\partial(\rho_v \alpha_v u_j)}{\partial x_j} = \dot{m}^+ - \dot{m}^- \tag{8-32}$$

式(8-32)中的质量传输源项 $\dot{m}^+$、$\dot{m}^-$ 可采用式(8-22)所示的空化模型求解。

采用上述新的三组分空化模拟方法对一种水下航行体的通气空化流动进行了数值模拟,所得的结果如图 8-4 所示,它表示流场中蒸气体积(图中虚线)与空气体积(图中实线)随着通气时间的变化。由图可知,在自然空化阶段,蒸气体积随时间呈现准周期振荡;当流场中通入空气后,自然空化被迅速抑制,而空气体积逐渐增长,并很快达到平衡状态。流场中通气达到平衡后,空气空泡体积基本维持不变,约为自然空化时蒸气空泡体积平均值的 10 倍,但空气泡体积变化幅度远小于自然空化时蒸气体积的振荡幅度。由图 8-4 的结果可知,通气空化远比自然空化稳定,在工程上更易于应用。

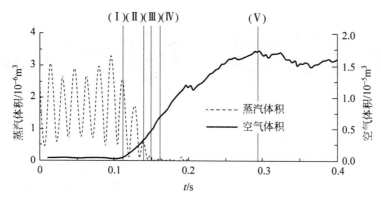

图 8-4　通气空化流动中蒸气与空气的体积变化[19]

选取图 8-4 中 5 个瞬时时刻,分析相应的空化形态。图 8-5 中,在水下航行体的锥形部位之后设置了环形通气槽,从该槽中通入空气,通气流量为 $Q^* = 0.1\%$。空泡形状以蒸气体积分数 $\alpha_v$ 或者空气体积分数 $\alpha_g$ 为 0.1 的等值面表示。在刚开始通气的 I 时刻,流场中

尚无空气,而蒸气泡则包裹了水下航行体的前部,此时蒸气空泡尾部的不稳定行为导致蒸气空泡体积的准周期性振荡;在Ⅱ时刻,蒸气与空气共存,在空气的作用下,蒸气空泡体积减小,而且变得更不稳定;在Ⅲ时刻,自然空化被进一步抑制,蒸气空泡几乎消失,而此时空气空泡体积继续增大;在Ⅳ时刻,自然空化完全消失,空气空泡体积基本接近自然空化时蒸气空泡体积的平均值,此时附着在水下航行体前部的空气空泡比较稳定;在Ⅴ时刻,空气空泡基本覆盖水下航行体表面,流场中空气空泡体积基本保持一个水平,只是稍有波动。

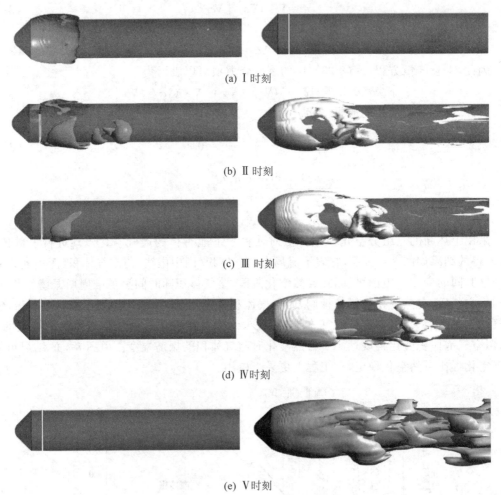

(a) Ⅰ时刻

(b) Ⅱ时刻

(c) Ⅲ时刻

(d) Ⅳ时刻

(e) Ⅴ时刻

图 8-5　通气空化中蒸气空泡和空气空泡的发展进程[19]（见彩页）

图 8-6 为通气稳定后绕水下航行体的空化形态。试验照片显示,在水下航行体的前部,附着在固体表面的空气层清晰可见,空泡很稳定;而在水下航行体的中部及尾端,发生明显的空泡脱落,空泡不稳定。采用新的三组分空化模拟方法较逼真地复现了试验中的空化现象。

(a) 实验照片

(b) 数值模拟

图 8-6 稳定的通气空化形态[19]（见彩页）

## 8.3 非定常空化湍流模拟

空化流动往往具有很强的非定常特性,涉及密度场、速度场和压力场的迅速变化。当基于均质平衡流假设处理工程实际中的非定常空化流动时,采用 RANS（Reynolds averaged Navier-Stokes）方法具有一定的优势。然而,传统 RANS 方法过大预测流场中的湍流黏性,不利于准确模拟空化流动中频繁出现的流动分离、尾流、漩涡等复杂现象,从而错误地预报空化流动的发展,以及相关的物理性质参数。因此,为了改善非定常空化的模拟精度,必须对湍流模拟方法进行必要的研究。

### 8.3.1 密度修正的滤波器模型

密度修正的滤波器模型（filter-based density correction model,FBDCM）综合了滤波器模型与密度修正模型的优势,既可以捕捉不同尺度漩涡的非定常特性,也能反映空化计算中气液混相区域的可压缩性。由于 FBDCM 模型只需要修改湍流黏性系数的表达式[20],所以在实际空化流动模拟中应用 FBDCM 模型十分便利。

在 FBDCM 模型中,湍流黏性系数为

$$\mu_t = \frac{C_\mu \rho_m k^2}{\varepsilon} f_{hybrid} \tag{8-33}$$

式中,$C_\mu$ 为模型常数,$C_\mu = 0.09$; $f_{hybrid}$ 为混合函数,计算公式如下:

$$f_{hybrid} = \zeta f_{FBM} + (1 - \zeta) f_{DCM} \tag{8-34}$$

式中,$\zeta$ 为混合因子,可根据式（8-35）计算; $f_{FBM}$ 为滤波器系数; $f_{DCM}$ 为密度修正系数。两个系数分别按照式（8-36）、式（8-37）计算。

$$\zeta = 0.5 + \tanh\left(\frac{C_1(0.6\rho/\rho_1 - C_2)}{0.2(1 - 2C_2) + C_2}\right) / [2\tanh(C_1)] \tag{8-35}$$

式中,常数 $C_1$、$C_2$ 分别为 4、0.2。

$$f_{FBM} = \min\left(1, \frac{\lambda_1 \varepsilon}{k^{3/2}}\right) \tag{8-36}$$

式中,$\lambda_1$ 为滤波尺度,由流场局部网格尺度确定。

$$f_{DCM} = \frac{\rho_v + (1 - \alpha_v)^{n_1}(\rho_1 - \rho_v)}{\rho_v + (1 - \alpha_v)(\rho_1 - \rho_v)} \tag{8-37}$$

式中,$n_1$ 为幂指数,一般取为 10。

将 FBDCM 模型应用于绕二维水翼的空化流动计算,不仅可以较准确地模拟非定常空化演化过程,而且预测的水翼表面压力脉动与试验结果基本一致[21]。

### 8.3.2 动态 PANS 方法

为了进一步提高空化流动的模拟精度,精细反映空化演化过程中的非定常流动现象,动态 PANS(partially averaged Navier-Stokes)方法是目前一种比较高效的湍流模拟途径。实质上,PANS 方法属于桥接 RANS 方法与 DNS(direct numerical simulation)方法的过渡性模型,由两个湍流特征系数来表征数值计算中的湍流模化比例。根据特征系数的取值不同,动态 PANS 方法的模拟精度处于 RANS 方法与 DNS 方法之间。下面以基于标准 $k$-$\varepsilon$ 双方程模型的 $k$-$\varepsilon$ PANS 方法为例,介绍动态 PANS 方法的具体构建过程[22]。

可压缩流体的动量守恒方程为

$$
\begin{cases}
\dfrac{\partial(\rho v_i)}{\partial t} + \dfrac{\partial(\rho v_i v_j)}{\partial x_j} = -\dfrac{\partial p}{\partial x_i} + \dfrac{1}{3}\mu\dfrac{\partial}{\partial x_i}\left(\dfrac{\partial v_j}{\partial x_j}\right) + \dfrac{\mu \partial^2 v_i}{\partial x_j \partial x_j} \\
-\dfrac{\partial^2 p}{\partial x_i \partial x_i} = \dfrac{\partial v_i}{\partial x_j}\dfrac{\partial v_j}{\partial x_i}
\end{cases}
\tag{8-38}
$$

式中,$v_i$ 为瞬态速度。引入部分平均操作符 $\langle\ \rangle$,则可将 $v_i$ 分成部分平均部分 $U_i$ 和未求解部分 $u_i$,它们之间的关系如下:

$$
\begin{cases}
v_i = U_i + u_i \\
U_i = \langle v_i \rangle,\ \langle u_i \rangle \neq 0
\end{cases}
\tag{8-39}
$$

用 PANS 方法计算出 $U_i$,则可压缩流体的 PANS 方程为

$$
\begin{cases}
\dfrac{\partial(\rho U_i)}{\partial t} + \dfrac{\partial(\rho U_i U_j)}{\partial x_j} + \dfrac{\partial \tau(\rho v_i, \rho v_j)}{\partial x_j} = -\dfrac{\partial\langle p\rangle}{\partial x_i} + \dfrac{1}{3}\mu\dfrac{\partial}{\partial x_i}\left(\dfrac{\partial U_j}{\partial x_j}\right) + \dfrac{\mu \partial^2 U_i}{\partial x_j \partial x_j} \\
-\dfrac{\partial^2\langle p\rangle}{\partial x_i \partial x_i} = \dfrac{\partial U_i}{\partial x_j}\dfrac{\partial U_j}{\partial x_i} + \dfrac{\partial \tau(v_i, v_j)}{\partial x_i \partial x_i}
\end{cases}
\tag{8-40}
$$

式中,$\tau(\rho v_i, \rho v_j)$ 为类似于 RANS 方法中雷诺应力或 LES 中亚格子应力的正半正定张量。

基于标准 $k$-$\varepsilon$ 双方程模型,可写出未求解量的方程为

$$
\dfrac{\partial(\rho k_u)}{\partial t} + \dfrac{\partial(\rho U_i k_u)}{\partial x_j} = \dfrac{\partial}{\partial x_j}\left[\left(\mu + \dfrac{\mu_u}{\sigma_{ku}}\right)\dfrac{\partial k_u}{\partial x_j}\right] + P_{ku} - \rho\varepsilon_u
\tag{8-41}
$$

$$
\dfrac{\partial(\rho\varepsilon_u)}{\partial t} + \dfrac{\partial(\rho u_j \varepsilon_u)}{\partial x_j} = \dfrac{\partial}{\partial x_j}\left[\left(\mu + \dfrac{\mu_u}{\sigma_{\varepsilon u}}\right)\dfrac{\partial \varepsilon_u}{\partial x_j}\right] + C_{\varepsilon 1}P_{ku}\dfrac{\varepsilon_u}{k_u} - C_{\varepsilon 2}^*\rho\dfrac{\varepsilon_u^2}{k_u}
\tag{8-42}
$$

式中,下标"u"表示未求解量; $P_{ku}$ 为未求解湍动能生成项; $\mu_u$ 为 PANS 方法中的涡黏系数, $\mu_u = C_\mu k_u^2/\varepsilon_u$; 模型系数中,$C_{\varepsilon 1} = 1.44$,$C_{\varepsilon 2} = 1.92$,$\sigma_k = 1.0$,$\sigma_\varepsilon = 1.3$; 而 $\sigma_{ku}$、$\sigma_{\varepsilon u}$、$C_{\varepsilon 2}^*$ 分别为

$$
\sigma_{ku} = \sigma_k\dfrac{f_k^2}{f_\varepsilon},\quad \sigma_{\varepsilon u} = \sigma_\varepsilon\dfrac{f_k^2}{f_\varepsilon},\quad C_{\varepsilon 2}^* = C_{\varepsilon 1} + \dfrac{f_k}{f_\varepsilon}(C_{\varepsilon 2} - C_{\varepsilon 1})
\tag{8-43}
$$

式中,$f_k$ 为未求解湍动能与全部湍动能之比,即 $f_k = k_u/k$; $f_\varepsilon$ 为未求解湍动能耗散率与全部湍动能耗散率之比,即 $f_\varepsilon = \varepsilon_u/\varepsilon$。

$f_k$、$f_\varepsilon$ 为 PANS 方法中确定求解分辨率的参数,其中,$0 \leqslant f_k \leqslant 1$,通常设 $f_\varepsilon$ 为 1。当 $f_k = 1$ 时,所有未求解量均通过模化而求解,此时 PANS 方法等同于 RANS 方法;当 $f_k = 0$ 时,所有未知数均需直接求解,此时 PANS 方法等同于 DNS 方法。

为了兼顾求解速度与数值精度,引入式(8-44)所示的动态 $f_k$ 以更好地适应局部流场特征。

$$f_k = \min[1, 3(\Delta/l)^{2/3}] \tag{8-44}$$

式中,$\Delta$ 为局部网格尺度,$\Delta = (\Delta x \times \Delta y \times \Delta z)^{1/3}$;$l$ 为湍流长度,$l = k^{1.5}/\varepsilon$。

基于标准 $k$-$\varepsilon$ 双方程模型的动态 $k$-$\varepsilon$ PANS 方法的实施步骤如下:

① 设定 $f_k = 1$、$f_\varepsilon = 1$,即采用常规 RANS 方法求出初始流场;

② 根据初始流场,按 $l = k^{1.5}/\varepsilon$ 计算流场中的湍流长度分布;

③ 依据式(8-44)计算流场中 $f_k$ 的分布;

④ 采用求得的 $f_k$ 分布,求解流场;

⑤ 如果未达到收敛标准,则重复②~④,直至满足收敛条件。

图 8-7 为基于动态 $k$-$\varepsilon$ PANS 方法计算绕 Clark-Y 水翼空化演化过程。其中,"改进的 PANS"即为动态 $k$-$\varepsilon$ PANS 方法。与常规 RANS 方法、定系数($f_k = 0.5$、$0.8$)PANS 方法的数值结果相比,动态 $k$-$\varepsilon$ PANS 方法模拟的空化形态与试验更接近,逼真地再现了一个空泡运动周期($T_{cycle}$)内空化发育、生长、脱落,以及在水翼下游溃灭的演化过程。

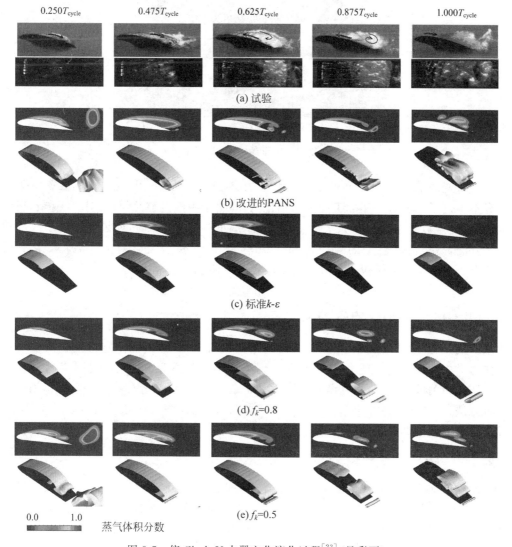

图 8-7 绕 Clark-Y 水翼空化演化过程[23](见彩页)

图 8-8 表示水翼周围流场中三个时刻的 $f_k$ 分布。由此可知,在主流区域,较大的 $f_k$ 值便于高效求解流动的主要特征;而在流场中的驻点、分离区、尾流区等特殊位置,取较小的 $f_k$ 值来细致求解局部湍流信息,以获得更多的流动细节。在计算中,系数 $f_k$ 根据瞬时流动特征动态调整,使得数值模拟可以更好地捕捉空化湍流的非定常特性。

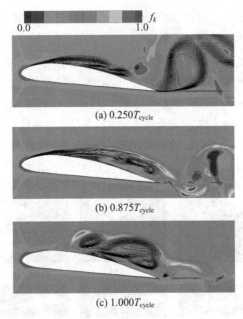

图 8-8　水翼空化演化三个瞬时的 $f_k$ 分布[23](见彩页)

除了常规的 RANS 方法和近年逐渐普及的 PANS 方法,采用 LES 分析水翼空化的情况也有不少例子。但对于实际工程中的空化流动,由于一般流道几何形体比较复杂,雷诺数较大,目前还难以直接进行复杂实际空化现象的 LES 分析。因此,如果能够逐步改进动态 PANS 方法,不断提高模型的适应性和模拟精度,进一步改善计算效率,那么未来动态 PANS 方法在空化流动模拟中能够得到更广泛的应用。

## 8.4　非定常空化中的涡分析

众所周知,空化流动属于多相流,其流场结构相对复杂,尤其是非定常空化演化不仅涉及流体力学中的诸多流动现象,还可能关联到物理学与化学等方面的其他繁杂过程。而在与空化演化相关的物理现象中,漩涡运动也许是最引人注目的。因此,通过合理运用特定的涡分析方法,有助于抓住非定常空化流动的主要特征,从而深入认知空化流动的本质,进一步促进空化的有效调控研究。下面简要介绍几种涡分析方法。

### 8.4.1　欧拉拟序结构

涡结构的演变在空化流动的发展中起着至关重要的作用。因此,对涡结构及漩涡演化行为的分析一直是非定常空化流动研究中一个非常重要的组成部分。然而,由于人们对于漩涡的本质认识依然不够,对漩涡结构的精确辨识依然是一个具有挑战性任务。到目前为止,已经提出了很多涡结构辨识方法,如涡量、$Q$ 准则等。

（1）涡量（vorticity）。涡量 $\omega$ 被广泛用于流场涡结构的识别。涡量为涡向量 $\boldsymbol{\omega}$ 的模，而涡向量则为速度向量的旋度，即

$$\begin{cases} \omega = |\boldsymbol{\omega}| \\ \boldsymbol{\omega} = \nabla \times \boldsymbol{v} \end{cases} \tag{8-45}$$

通常，涡向量 $\boldsymbol{\omega}$ 有三个分量。涡量在主流方向上的分量 $\omega_x$ 为

$$\omega_x = \frac{\partial w}{\partial y} - \frac{\partial v}{\partial z} \tag{8-46}$$

（2）$Q$ 准则（Q criterion）。$Q$ 准则通过采用速度梯度张量的第二不变量来识别涡结构，可以表达为

$$Q = \frac{1}{2}(\|\boldsymbol{B}\|_{\mathrm{F}}^2 - \|\boldsymbol{A}\|_{\mathrm{F}}^2) > 0 \tag{8-47}$$

式中，$\boldsymbol{B}$ 和 $\boldsymbol{A}$ 分别为速度梯度张量的反对称部分和对称部分，$\|\cdot\|_{\mathrm{F}}$ 表示矩阵的弗罗贝尼乌斯（Frobenius）范数。$Q$ 准则将流场中涡量相对于剪切应变更占主导的区域定义为涡，即当反对称张量 $\boldsymbol{B}$ 能克服对称张量 $\boldsymbol{A}$ 的剪切效果时才被认定为涡。

（3）$\Omega$ 方法。由于 $Q$ 准则在显示三维漩涡结构时需要人为设定一个阈值，作为准则具有一定的任意性。文献[24]中提出了 $\Omega$ 方法，即以流体微团旋转部分的涡量大小占总涡量大小的比例来表征涡结构，$\Omega$ 的表达式为

$$\Omega = \frac{\|\boldsymbol{B}\|_{\mathrm{F}}^2}{\|\boldsymbol{A}\|_{\mathrm{F}}^2 + \|\boldsymbol{B}\|_{\mathrm{F}}^2 + \varepsilon'} \tag{8-48}$$

式中，$\varepsilon'$ 为小量，$\varepsilon' = 0.001(\|\boldsymbol{B}\|_{\mathrm{F}}^2 - \|\boldsymbol{A}\|_{\mathrm{F}}^2)_{\max}$。

$\Omega$ 的大小代表涡量的"浓度"，一般推荐 $0.51 \sim 0.6$ 作为识别涡结构的参考范围。显然，$\Omega$ 方法解决了利用 $Q$ 准则识别涡结构的阈值选择问题，具有较好的可操作性。

（4）Liutex 方法[25]。该方法的要点是将流体微团运动的刚体旋转分量分离出来，以一个新的向量 $\boldsymbol{R}$ 表示，即

$$\boldsymbol{R} = R\boldsymbol{r}$$

$$R = \begin{cases} 2(b-a), & a^2 - b^2 < 0, b > 0 \\ 2(b+a), & a^2 - b^2 < 0, b < 0 \\ 0, & a^2 - b^2 \geqslant 0 \end{cases} \tag{8-49}$$

式中，$a$、$b$ 的表达式为

$$a = \frac{1}{2}\sqrt{\left(\frac{\partial V}{\partial y} - \frac{\partial U}{\partial x}\right)^2 + \left(\frac{\partial V}{\partial x} - \frac{\partial U}{\partial y}\right)^2}$$

$$b = \frac{1}{2}\left(\frac{\partial V}{\partial x} - \frac{\partial U}{\partial y}\right)$$

在 $xyz$ 坐标系中，$z$ 轴指示的方向与流体微团的旋转轴 $\boldsymbol{r}$ 平行，其大小 $R$ 表示流体微团的刚体旋转强度。

图 8-9 给出了应用上述四种涡识别方法辨识的轴流式叶片叶顶间隙泄漏涡空化流动中的涡结构。图中，坐标 $\lambda$ 表示相对周向坐标，$r^*$ 表示相对径向坐标。"PS"代表叶片的压力面，"SS"代表叶片的吸力面。"A""B""D""G"表示不同部位的涡结构。图 8-9(a)表示空泡

主要分布在吸力面靠近叶顶间隙处；图 8-9(b)～(e)表示采用轴向涡量 $\omega_z$、$Q$ 准则、$\Omega$ 方法和 Liutex 方法表示的涡结构，分别说明如下：

① 在图 8-9(b)中，采用轴向涡量 $\omega_z$ 捕捉到涡结构 A、B。A 为沿着叶片吸力面向上卷起的间隙泄漏涡与空泡作用引起的涡结构，而 B 为叶顶间隙泄漏涡核。此外，沿叶片吸力面有一条高涡量区，这主要由流动的高剪切形变率造成，而并非真实的涡结构。

② 在图 8-9(c)中，采用 $Q$ 准则也捕捉到涡结构 A、B，但涡核 A 的位置不同。

③ 在图 8-9(d)中，采用 $\Omega$ 方法捕捉到涡结构 A、B、G、D。其中，涡结构 A、G、D 均处于空泡的范围内；在四个涡结构中，涡核 B、D 的强度较小。

④ 在图 8-9(e)中，采用 Liutex 方法也同样捕捉到四个涡结构 A、B、G、D。与 $\Omega$ 方法的识别结果相比，Liutex 方法得到的涡结构 G 的强度更弱。在空化区的三个涡结构中，从涡强度来看，A 明显强于涡结构 D、G。这种趋势符合实际的空化流动现象。

综上所述，轴向涡量难以明确区分流场中漩涡引起的高涡量区域和边界层内剪切流动引起的高涡量区域，对漩涡结构的辨识效果不理想；$Q$ 准则中剔除了剪切形变率，较好地反映了当地的漩涡结构。然而 $Q$ 准则在进行涡结构三维显示时，非常依赖于设定的阈值，因而具有较强的主观性；$\Omega$ 方法避免了人为设定阈值的问题，但由于其将漩涡强度均进行了无量纲化，所以难以直接反映漩涡强度的真实大小；Litux 方法则综合了 $Q$ 准则及 $\Omega$ 方法的优点，不再需要人为主观设定阈值，也能保留漩涡强度的大小信息，有利于分析非定常空化流动中的涡结构演化。

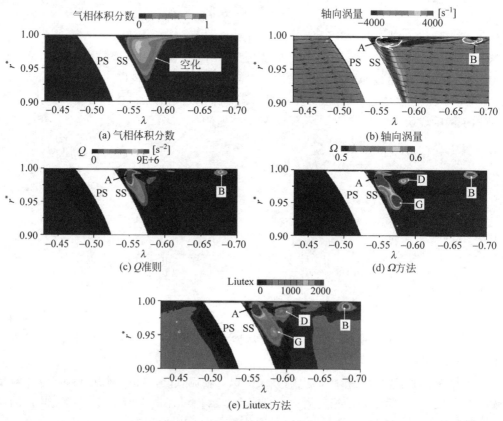

图 8-9 叶顶间隙空化及涡结构[26]（见彩页）

### 8.4.2　拉格朗日拟序结构

上述各种识别涡结构的方法均为基于传统欧拉观点的漩涡辨识方法。近年来,随着非定常空化数值分析技术的发展,一种基于拉格朗日观点的涡结构辨识技术逐渐得到重视。拉格朗日拟序结构(Lagrangian coherent structure,LCS)是指在时变系统(如流体力学中的湍流、空化流等)中区分不同动力学特征区域的结构。这些结构可以用有限时间李雅普诺夫指数(finite-time Lyapunov exponent,FTLE)来定义。拉格朗日拟序结构可以比较清晰地区分空化流场中具备不同动力学特征的区域,而这些特征通常无法通过速度场,甚至系统的轨迹来显现。因此,LCS 可以从有别于传统欧拉观点的角度反映更多的流场信息。

在一个随时间变化的速度场 $v(x,t)$ 中,以 $t_0$ 为初始时间、$x_0$ 为初始位置的质点随时间推移形成的迹线函数为 $x(t;t_0,x_0)$。在时间 $T_{LE}$ 内,质点从 $x(t_0;t_0,x_0)$ 移动到 $x(t_0+T_{LE};t_0,x_0)$。在 $t_0$ 时刻,有限时间柯西-格林变形张量$\Theta$可以定义为

$$\Theta_{t_0}^{T_{LE}}(x_0)=\left[\frac{\partial x(t_0+T_{LE};t_0,x_0)}{\partial x_0}\right]^{T}\frac{\partial x(t_0+T_{LE};t_0,x_0)}{\partial x_0} \tag{8-50}$$

式中,$\dfrac{\partial x(t_0+T_{LE};t_0,x_0)}{\partial x_0}$ 为变形梯度张量;$\left[\dfrac{\partial x(t_0+T_{LE};t_0,x_0)}{\partial x_0}\right]^{T}$ 为转置矩阵;$\Theta$ 为 $x$、$t_0$ 和 $T_{LE}$ 的函数。因此,有限时间李雅普诺夫指数 FTLE 可定义为

$$\Upsilon_{t_0}^{T_{LE}}(x_0)=\frac{1}{|T_{LE}|}\ln\sqrt{\lambda_{max}[\Theta_{t_0}^{T_{LE}}(x_0)]} \tag{8-51}$$

式中,$\lambda_{max}$ 为$\Theta$的最大特征值,代表粒子的最大延展程度,所对应的特征向量则表征变形的方向。FTLE 场是一个标量场,它反映了当前时刻流体的特性。当相邻粒子以不同运动特性运动时,会导致 FTLE 场中出现突出的"脊"形结构,这种结构称为拉格朗日拟序结构(LCS)。通常,FTLE 和 LCS 一同被认为是研究流场结构的后处理技术,利用 LCS 可以分割不同运动特性的流场,从而捕捉流场潜在的动态力学和几何学特性。

图 8-10 展示了抽水蓄能机组活动导叶与固定导叶断面上二维 FTLE 分布。在活动导叶的进口附近 LCS 清晰可见,对应着这些活动导叶进口处分布的漩涡结构(即图中 LCS B),以及活动导叶流道内流动分离引起的漩涡结构(即图中 LCS A)。

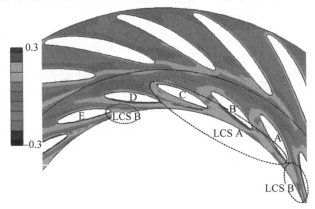

图 8-10　双列导叶内的 FTLE 分布[27](见彩页)

　　图 8-11 表示绕二维 Clark-Y 水翼空化某典型阶段的 $Q$ 准则涡结构及三维拉格朗日拟序结构。结果表明,运用 $Q$ 准则可以大体上反映空泡脱落引起的漩涡运动,以及流场中主要漩涡的组成。而 LCS 除了能反映水翼吸力面及下游空化区域的复杂漩涡结构外,还能反映空化流动对水翼压力面流动的影响。因此,拉格朗日拟序结构作为传统欧拉观点的涡结构辨识方法的一种有益补充,可为今后空化流动分析提供强有力的支撑。

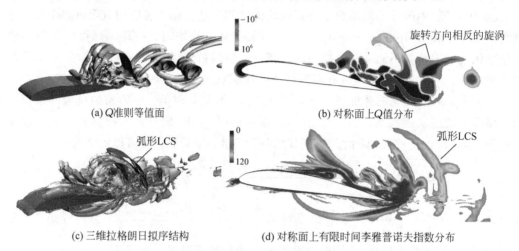

(a) $Q$ 准则等值面　　　　　　　　(b) 对称面上 $Q$ 值分布

(c) 三维拉格朗日拟序结构　　　　(d) 对称面上有限时间李雅普诺夫指数分布

图 8-11　绕水翼空化流场的三维涡结构与拉格朗日拟序结构[28]（见彩页）

# 参考文献

[1]　SPEDDING P L, WOODS G S, RAGHUNATHAN R S, et al. Vertical two-phase flow: Part I: Flow regimes[J]. Chemical Engineering Research and Design, 1998, 76(5): 612-619.

[2]　DELANNOY Y, KUENY J L. Two phase flow approach in unsteady cavitation modeling[C]. ASME Cavitation and Multiphase Flow Forum, 1990. ASME-FED 98: 153-158.

[3]　GONCALVES E, PATELLA R F. Numerical simulation of cavitating flows with homogeneous models[J]. Computers & Fluids, 2009, 38(9): 1682-1696.

[4]　谭磊, 曹树良. 基于滤波器湍流模型的水翼空化数值模拟[J]. 江苏大学学报（自然科学版）, 2010, 31(6): 683-686.

[5]　KATZ J. Cavitation phenomena within regions of flow separation[J]. Journal of Fluid Mechanics, 1984, 140: 397-436.

[6]　LEROUX J B, ASTOLFI J A, BILLARD J Y. An experimental study of unsteady partial cavitation [J]. Journal of Fluids Engineering, 2004, 126(1): 94-101.

[7]　SCHNERR G H, SAUER J. Physical and numerical modeling of unsteady cavitation dynamics[C]. Proceedings of 4th International Conference on Multiphase Flow, New Orleans, USA, 2001.

[8]　SINGHAL A K, ATHAVALE M M, LI H, et al. Mathematical basis and validation of the full cavitation model[J]. Journal of Fluids Engineering, 2002, 124(3): 617-624.

[9]　ZWART P J, GERBER A G, BELAMRI T. A two-phase flow model for predicting cavitation dynamics[C]. Proceedings of the 5th International Conference on Multiphase Flow, Yokohama, Japan, 2004.

[10]　NIEDŹWIEDZKA A, SCHNERR G H, SOBIESKI W. Review of numerical models of cavitating flows

with the use of the homogeneous approach[J]. Archives of Thermodynamics, 2016, 37(2): 71-88.

[11]    SENOCAK I, SHYY W. Interfacial dynamics-based modelling of turbulent cavitating flows, Part-1: Model development and steady-state computations[J]. International Journal for Numerical Methods in Fluids, 2004, 44(9): 975-995.

[12]    黄彪. 非定常空化流动机理及数值计算模型研究[D]. 北京: 北京理工大学, 2012.

[13]    ZHAO Y, WANG G, HUANG B. A cavitation model for computations of unsteady cavitating flows [J]. Acta Mechanica Sinica, 2016, 32(2): 273-283.

[14]    赵宇. 叶顶间隙旋涡空化数值计算模型与流动机理研究[D]. 北京: 北京理工大学, 2016.

[15]    SAROSDY L, ACOSTA A. Note on observations of cavitation in different fluids[J]. Journal of Fluids Engineering, 1961, 83(3): 399-400.

[16]    RUGGERI R S, MOORE R D. Method for prediction of pump cavitation performance for various liquids, liquid temperatures, and rotative speeds[R]. NASA Technical Note, NASA TN D-5292, National Aeronautics and Space Administration, 1969.

[17]    YU A, LUO X W, JI B, et al. Cavitation simulation with consideration of viscous effect at large liquid temperature variation[J]. Chinese Physics Letters, 2014, 31(8): 086401.

[18]    ZHANG Y, LUO X W, JI B, et al. A thermodynamic cavitation model for cavitating flow simulation in a wide range of water temperatures[J]. Chinese Physics Letters, 2010, 27(1): 016401.

[19]    YU A, LUO X W, JI B. Analysis of ventilated cavitation around a cylinder vehicle with nature cavitation using a new simulation method[J]. Science Bulletin, 2015, 60(21): 1833-1839.

[20]    HUANG B, WANG G Y, ZHAO Y. Numerical simulation unsteady cloud cavitating flow with a filter-based density correction model[J]. Journal of Hydrodynamics, 2014, 26(1): 26-36.

[21]    YU A, JI B, HUANG R F, et al. Cavitation shedding dynamics around a hydrofoil simulated using a filter-based density corrected model[J]. Science China Technological Science, 2015, 58(5): 864-869.

[22]    HUANG R F, LUO X W, JI B, et al. Turbulent flows over a backward facing step simulated using a modified Partially-Averaged Navier-Stokes model[J]. Journal of Fluids Engineering, 2017, 139(4): 044501.

[23]    HUANG Renfang, LUO Xianwu, JI B. Numerical simulation of the transient cavitating turbulent flows around the Clark-Y hydrofoil using modified partially averaged Navier-Stokes method[J]. Journal of Mechanical Science and Technology, 2017, 31(6): 2849-2859.

[24]    LIU C Q, WANG Y Q, YANG Y, et al. New omega vortex identification method[J]. Science China Physics, Mechanics & Astronomy, 2016, 59(8): 684711.

[25]    LIU C Q, GAO Y S, TIAN S L, et al. Rortex-A new vortex vector definition and vorticity tensor and vector decompositions[J]. Physics of Fluids, 2018, 30(3): 035103.

[26]    XU S, LONG X P, JI B, et al. Vortex dynamic characteristics of unsteady tip clearance cavitation in a waterjet pump determined with different vortex identification methods[J]. Journal of Mechanical Science and Technology, 2019, 33(12): 5901-5912.

[27]    YANG D D, LUO X W, LIU D M, et al. Unstable flow characteristics in a pump-turbine simulated by a Modified Partially-Averaged Navier-Stokes method[J]. Science China Technological Science, 2019, 62(3): 406-416.

[28]    CHENG H Y, LONG X P, JI B, et al. 3-D Lagrangian-based investigations of the time-dependent cloud cavitating flows around a Clark-Y hydrofoil with special emphasis on shedding process analysis [J]. Journal of Hydrodynamics, 2018, 30(1): 122-130.

# 第9章

# 水力机械的空化

## 9.1　水力机械的空化现象

空化是水利水电工程中比较常见的现象,而人们对水力机械中的空化更是司空见惯。无论在设计阶段还是运行阶段,水力机械的空化都是工程中需要重点考虑的因素[1]。

### 9.1.1　常见空化类型

由于水力机械的流道具有复杂的几何形状,而且大部分水力机械属于叶片式旋转机械,所以水力机械的空化比绕水翼空化或文丘里管内的空化复杂得多,在外观形态上体现出更明显的多样性。在绕水翼空化中出现的固定型空化、游移型空化、漩涡型空化等都是水力机械中较为常见的空化形态[2]。对于叶片式水力机械,当液流到达叶片导流面时方向突然发生变化,易出现固定型空化;在导流面处若液流方向发生小幅变化,且冲角较小则可能出现游移型空化;一般在叶轮进口边(或转轮出口边)、叶轮(或转轮)与固定流动部件之间的间隙处,由于压力的急剧变化,常出现漩涡型空化。在偏离最优工况的混流式水轮机尾水管中常出现螺旋形涡带,这类涡带也属于漩涡型空化。此外,在水力机械中出现固定型空化时,往往在固定型空泡的表面也伴随有游移型空泡。

在水力机械行业,通常不按空化的基本形态分类,而是按空化在水力机械中发生的部位进行分类。通常将水力机械空化分成四类,即翼型空化、间隙空化、空腔空化和局部空化。下面分别做简要的介绍:

(1) 翼型空化(foil cavity),即发生在水翼表面的空化。翼型空化一般以固定型空化为主,经常伴随着游移型泡空化或云空化,属于叶片式水力机械中普遍存在的空化现象。翼型空化不仅与叶片翼型的几何形状有关,而且与水力机械运行工况密切相关。对于反击式水力机械,翼型空化一般发生在叶片背面(即吸力面,或称低压边)。而当运行流量高于设计值时,翼型空化可能发生在叶片正面(即压力面,或称高压边)。图 9-1(a)中,蓄能泵叶片进口处的空化即为典型的翼型空化;图 9-1(b)中,空穴"A"为在离心式叶轮进口附近,沿叶片的吸力面上发生的翼型空化。在一些文献中,翼型空化亦称"进口边空化"(leading-edge cavitation)。

(2) 间隙空化(clearance cavity),指发生在水力机械间隙流道中的空化现象。叶片式水

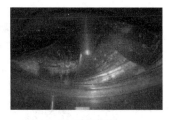
(a) 蓄能泵[2]

(b) 离心式叶轮[3]

图 9-1　叶片泵内的空化(见彩页)

力机械中存在间隙的部位很多,如半开式叶片与泵壳之间、轴流式叶片与转轮室之间、冲击式水轮机的喷嘴与喷针之间、活动导叶与底环或顶盖之间等。当液流通过窄小的间隙通道时,在流场中易引起局部流速升高、压力降低而导致漩涡空化。图 9-2 中,由于轴流式叶片与泵壳之间泄漏流的作用,顺流向从叶缘脱离的流动往往会形成叶缘泄漏涡空化(tip leakage vortex cavity)。对于轴流式水力机械,因为在叶缘附近的流速很高,容易形成剧烈的空化与空蚀;而对高水头水轮机或高扬程叶片泵,在一些小尺度间隙处发生空化的可能性很大,而且空化后产生的后果尤为严重。此外,间隙空化随着运行工况而变化。图 9-3 表示随着流量增大的三种间隙空化:(a)为稳定的、小流量工况下,在轴流式叶片离叶片进口一段距离后的叶缘处发生的间隙空化。此时空化形态比较稳定。(b)为不稳定工况下的间隙空化,空化在叶片进口即发生。(c)为大流量工况下的不稳定间隙空化,空化主要发生在叶片的背面,但在叶片的工作面(压力面)亦可见空化。(d)为轴流式叶轮间隙空化的全貌照片。此时,间隙空化处于稳定的状态。

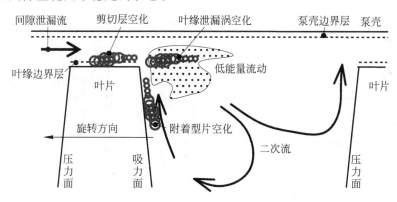

图 9-2　轴流式水力机械叶缘附近的流动[1]

　　(3)空腔空化。最典型的空腔空化是水轮机尾水管内的涡带(vortex rope)。涡带是反击式水轮机所特有的一种漩涡空化,尤以混流式水轮机、定桨轴流式水轮机中最为突出。当水轮机运行在非设计工况(主要指小流量工况)时,叶片出口水流不再保持法向出流,即 $v_{u2} \neq 0$。在转轮出口形成的旋转水流在尾水管中诱发回流。当回流到达转轮区后,由于转轮作用在尾水管中心区形成强制涡。在非对称水流作用下,涡流偏心形成螺旋状涡带。当涡带的中心压力低于饱和蒸气压力或含气量足够大时,涡带内形成空腔空化。图 9-4 中,图(a)为基于 $Q$ 准则表示的涡带,图(b)为以空泡体积含量表示的空化涡带。

　　尾水管中产生的涡带一般以低于水轮机转频的频率旋转,在水轮机中造成压力脉动,有时甚至造成整个机组振动。涡带频率 $f_r$ 与水轮机转频 $f_n$ 之间的关系为

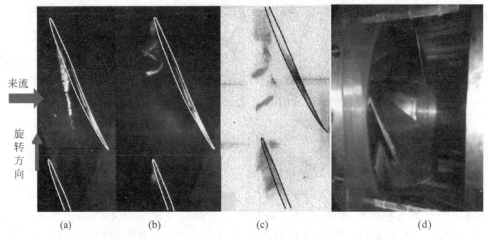

来流

旋转方向

(a)　　　　　(b)　　　　　(c)　　　　　(d)

图 9-3　轴流式水力机械叶缘附近的流动[4]（见彩页）

$$f_r = f_n / n_r \qquad (9\text{-}1)$$

式中，$n_r$ 为 3.2～4.0 的常数[5]。

当尾水管中发生空化时，普通涡带转化为空化涡带，即发生空腔空化。此时，尾水管中不仅存在频率为 $f_r$ 的涡带引起的压力脉动，还有空化涡带导致的更低频率的压力脉动。如图 9-5 所示，频率为 $f_{rc}$ 的分量即为空化涡带造成的压力脉动，这是由于空化涡带的体积脉动引起的。虽然空化涡带引起的压力脉动并非幅值最大的分量，但因为频率 $f_{rc}$ 不到水轮机转频 $f_n$ 的 1/10，在某些特定情况下容易引起结构共振而危及机组的运行安全。

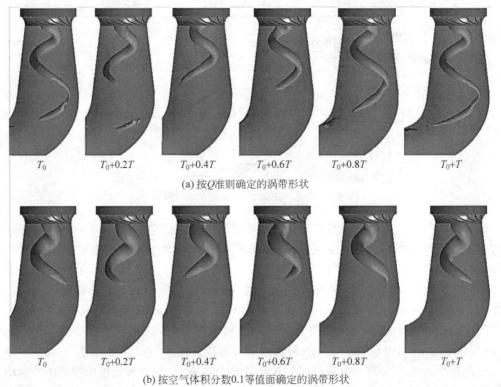

$T_0$　　　$T_0+0.2T$　　　$T_0+0.4T$　　　$T_0+0.6T$　　　$T_0+0.8T$　　　$T_0+T$

(a) 按 $Q$ 准则确定的涡带形状

$T_0$　　　$T_0+0.2T$　　　$T_0+0.4T$　　　$T_0+0.6T$　　　$T_0+0.8T$　　　$T_0+T$

(b) 按空气体积分数0.1等值面确定的涡带形状

图 9-4　水轮机尾水管中的涡带

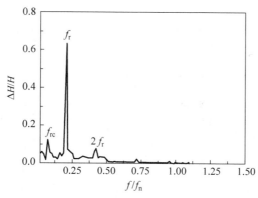

图 9-5　尾水管中压力脉动

（4）局部空化（local cavity），指只出现在水力机械局部范围内的空化。局部空化一般是由于铸造和加工缺陷或者安装形成的过流部件表面不平整，或者砂眼、气孔等引起的局部流态突然变化而造成的。

实际上，除了上述四类空化外，水力机械内部还存在其他类型的空化，如发生在叶片间流道的叶道涡空化、垂直于叶片表面的分离涡空化等。

## 9.1.2　水力机械的典型空化状态

图 9-6 为高比转速混流式水轮机的特性曲线。图中，$Q_1'$、$n_1'$ 分别为水轮机的单位流量与单位转速[6]，12.0～36.0 的数值表示水轮机工况对应的活动导叶开度。根据活动导叶开度，大致可将水轮机的运行工况分为六个区域[5]：

（1）图中①表示导叶开度小于 12.0mm 的极低负荷运行区。在此区域运行，转轮内的流动比较复杂，当电站尾水位较低时可能发生翼型空化（图 9-7（a）中，通过内窥镜观测到翼型空化发生在转轮叶片背面），以及相邻叶片之间的叶道涡空化（如图 9-8 所示）。依据速度三角形分析可知在转轮叶片出口的水流有很强的正环量，此时水轮机的水力效率很低。

（2）图中②表示导叶开度位于 12.0～15.0mm 的部分负荷运行区，一般在该区域运行时，水轮机内的压力脉动最强烈。此时在转轮叶片出口的水流仍然有较强的正环量，尾水管中顺流向的主流与逆向的回流并存，在尾水位较低时易发生偏心的空腔空化，如图 9-4 所示。偏心的空腔空化引起如图 9-5 中所示的几种低频压力脉动，严重时影响水轮机正常运行。

（3）图中③表示导叶开度位于 15.0～18.0mm 的高部分负荷运行区。对于比转速大于 210m·kW 的混流式水轮机，在最优流量的 65%～90% 工况下通常发生频率高于转频 $f_n$ 的压力脉动。若该压力脉动对应转轮内发生的旋转空化（rotating cavitation 或 alternating cavitation），则压力脉动频率为 $(1.1～1.2)f_n$。

（4）图中④表示水轮机的最优运行区。此时，水轮机的内部流动相对稳定，水效率高，一般不发生空化。

（5）图中⑤表示水轮机的满负荷运行区。当尾水位较低时，容易在转轮叶片正面发生翼型空化，如图 9-7（b）所示。从转轮出口至尾水管，出现柱状涡带，如图 9-9 所示。此时水轮机的运行相对稳定。

（6）图中⑥表示超负荷运行区。此时，由于运行流量大，水轮机内可能发生空化共振，导致压力脉动增大。

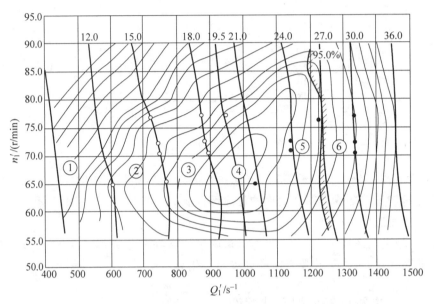

图 9-6　高比转速混流式水轮机的运行工况[5]

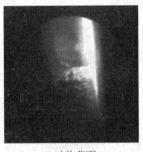
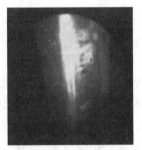

(a)叶片背面　　　　　　　(b)叶片正面

图 9-7　混流式转轮中的翼型空化（见彩页）

(a)初生叶道涡　　　　　　(b)发展叶道涡

图 9-8　混流式水轮机中的叶道涡空化（见彩页）

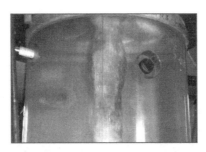

图 9-9　混流式水轮机中的柱状空化涡带(见彩页)

图 9-10 表示轴流式水轮机中的两种典型空化:转轮叶片根部与轮毂处的空化、叶片叶缘处的间隙空化。轮毂处的空化主要取决于水轮机运行的空化数,空化强度还与水流中的含气量有关。而叶缘处的间隙空化主要源自叶片与水轮机转轮室之间的剪切流动,而与空化数、运行流量等参数并没有紧密的关联。此外,由于现代轴流式水轮机采用活动导叶与转桨式叶片的协联调节(on-cam adjustment),转轮与尾水管中的流动均比较顺畅,在尾水管中不发生类似混流式水轮机的涡带与空腔空化。因此,轴流式水轮机与混流式水轮机的空化特征有所不同。

(a) 转轮的轮毂处　　　　　　　　　　(b) 叶片的叶缘处

图 9-10　轴流式水轮机中的典型空化[2]

离心式叶片泵中的空化较混流式水轮机中的空化相对简单。在离心式叶片泵中,主要的空化形式为叶片进口附近的翼型空化,通常发生在叶片背面,形成如图 9-1(b)所示的空泡"A"。该空泡可扩展至叶轮前盖板,形成如图 9-1(b)所示的空泡"B"。有时也在叶轮进口处沿前盖板发生空化,形成如图 9-1(b)所示的空泡"C";而在大流量工况时,翼型空化变得不稳定,主要发生在叶片正面。

对离心式叶片泵而言,在小流量工况下叶轮内流动状态复杂,容易出现许多不稳定的流动现象。图 9-11 表示一种低比转速离心泵在几种流量工况下泵扬程系数随空化数的变化曲线。泵在设计流量工况(流量系数为 $\phi_d$)附近运行时,一旦空化数接近临界值,扬程系数急剧下降;当泵在$(0.35\sim0.66)\phi_d$等部分流量工况运行时,即使空化数接近临界值,扬程系数仍下降缓慢。此时,泵内产生不稳定的旋转空化。图 9-11 中,以实心记号表示泵内出现旋转空化的工况。随着流量下降,出现旋转空化时的空化数逐渐朝较大的空化数方向变化。图 9-12 给出了在流量工况为 $0.45\phi_d$ 时,叶轮中旋转空化的周期性演化。当一个叶片

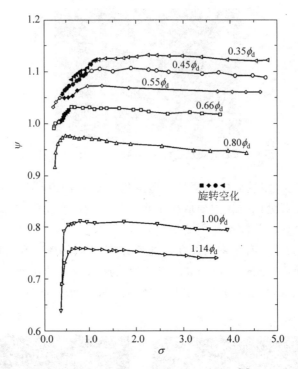

图 9-11　低比转速离心泵的空化特性[7]

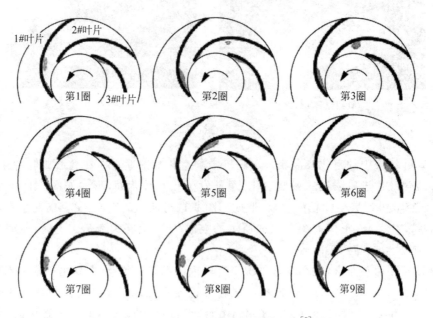

图 9-12　离心式叶轮内的旋转空化[7]

发生空化时,由于空泡对叶片间流道造成阻塞,以及空泡尾迹对相邻的后序叶片进口流动的影响,均使得后序叶片的攻角减小,则该后序叶片的空化减弱;反之,当一个叶片上空化消失,叶片间流道变得通畅,则相邻后序叶片的攻角增大,该后序叶片的空化增强。研究表明,

发生旋转空化的条件可以用下列公式表示[7]

$$\frac{\sigma}{2\alpha}=常数 \tag{9-2}$$

式中,$\alpha$ 表示液流相对于叶片进口的攻角,即 $\alpha=\beta_b-\beta$,其中 $\beta_b$ 为叶片进口角,$\beta$ 为液流角。

　　在图 9-11 中,不同流量下发生旋转空化时对应的 $\frac{\sigma}{2\alpha}$ 值约为 2.33。需要说明的是,图 9-12 中所示的旋转空化传播方向与叶轮旋转方向相反,且传播频率约为 $0.2f_n$[7],不同于一般情况下的旋转空化传播。

　　一般地,无论是哪种形式的叶片泵,在小于设计流量下运行时可能出现振动与噪声,而有些振动与噪声和空化紧密相关。表 9-1 给出了几种发生在叶片泵中的振动与噪声,以及对应的频率[8]。表 9-1 中,喘振与空化喘振都属于系统引起的不稳定现象,而其他振动属于局部的不稳定现象;旋转失速与喘振均发生在运行流量小于设计流量的工况,而旋转空化与空化喘振不仅发生在小流量工况,也发生在大于设计流量的工况,这说明空化扩大了机组及系统的不稳定运行范围。此外,叶片在泵内旋转运动引起的动静干涉也是常见的振动原因,在压力场中可测得叶片通过频率的脉动分量及其谐频分量。所以,叶片泵中的振动原因较多,频率范围很广。

表 9-1　叶片泵中的振动与噪声

| 现象类型 | 现象描述 | 频　率 |
|---|---|---|
| 叶轮内的旋转失速 | 叶片进口处出现大冲角(即大攻角)时发生;"旋转失速团"(rotating stall cell)在相邻若干叶片间流道或压水室中出现,并按泵转速的一定百分比沿着泵转动方向传播 | $(0.5\sim0.7)f_n$ |
| 无叶压水室内的旋转失速 | | $(0.05\sim0.25)f_n$ |
| 旋转空化 | 可认为是有空化伴随的旋转失速;在 1~2 个叶片处空泡尺度更大,由大尺度空泡构成的"旋转空化团"在叶片间传播 | 一般 $(1.1\sim1.2)f_n$ |
| 喘振 | 在高负荷工况,且扬程—流量曲线有正斜率时发生;与泵系统的水力要素相关,并引起系统中压力、流量的脉动 | 根据系统确定 |
| 空化喘振 | 空化伴随的喘振;扬程—流量曲线的斜率为正或负时均可能发生 | 与系统相关,一般 $(0.1\sim0.4)f_n$ |
| 部分空化 | 空化尾部沿着翼型表面摆动,并与翼型发生作用 | 小于 $f_n$ |
| 超空化 | 空化尾部与翼型后缘发生作用而引起振动 | |
| 空化噪声 | 空化发展引起流场变化的噪声,以及空泡溃灭噪声;空化噪声可能与结构形成共振 | $1\sim20$kHz |

# 9.2　水力机械空化的尺度效应

## 9.2.1　空化尺度效应的现象

　　在海洋与水利工程中,水力机械如船舶螺旋桨、水轮机、泵、阀等的原型尺度较大,不宜在实验室直接开展空化试验,所以通常需要采用一定比例的缩小尺度模型进行空化试验,然后换算为原型试验数据。然而水电站的实际运行经验表明,模型水轮机空化试验中观测的空化与原型水轮机中的空化相差很大,有时在模型水轮机中无空化现象,但在原型水轮机实际运行中却产生了不稳定空化及比较严重的空蚀损伤。这类现象在船体及螺旋桨的空化研究中也比比皆是。这种由于水力机械原型与模型的几何参数比例不为 1 所引起的空化现象差异,常称为水力机械空化的尺度影响或尺度效应(水利行业内有时称为"比尺效应")。水力机械空化的尺度效应表征了水力机械原型与模型空化现象之间的偏差。

### 9.2.2 空化现象的模拟

理论上,空化试验需要保证模型与原型的两个空化现象从初生空化到空泡溃灭的整个过程具有物理相似特性,因而需要建立模拟空化现象的物理过程及边界条件、初始条件的理论与方法。但由于空化是一个复杂的、非线性过程,目前并不能做到完全相似与完全模拟,而只能抓住空化现象的关键因素进行近似的模拟。

(1) 空化状态的模拟准则。空化状态的模拟主要考虑初生空化与空化发展的过程需要遵循的物理条件。

首先,初生空化时空泡须满足静力平衡方程,即

$$p_R = p_g + p_v - \frac{2\sigma_s}{R} = p_L - \frac{2\sigma_s}{R} \tag{9-3}$$

式中,$p_R$ 为空泡界面上的液体压力;$p_L$ 可视为空泡内气相的总压力,即 $p_L = p_g + p_v$;$\sigma_s$ 为液体的表面张力系数;$R$ 为空泡在壁面处的半径。

在空化发展过程中,空泡变化须满足球形空泡边壁运动方程,即

$$R\ddot{R} + \frac{3}{2}\dot{R}^2 = \frac{p_R - p_\infty}{\rho} \tag{9-4}$$

式中,$p_\infty$ 为未受扰动的流场压力,当空泡膨胀时为负值,而空泡被压缩时取正值;$\rho$ 为液体密度。

在式(9-4)中,$(p_R - p_\infty)$ 表示空泡边壁上的压力和系统压力之差,它决定着空泡的半径,及其变化的速度和加速度。

将式(9-3)中 $p_R$ 的表达式代入式(9-4),可得控制空泡初生及膨胀、压缩的基本方程式

$$\rho\left(R\ddot{R} + \frac{3}{2}\dot{R}^2\right) = p_L - \frac{2\sigma_s}{R} - p_\infty \tag{9-5}$$

下面考虑原型与模型空化试验中两个空泡的相似关系。以下标"f"表示参考量,将以下物理量分别转变为相对量:

① 密度相对量

$$\bar{\rho} = \rho/\rho_f$$

② 空泡半径相对量

$$\bar{R} = R/R_f$$

③ 空泡运动速度相对量

$$\bar{\dot{R}} = \frac{\dot{R}}{\dot{R}_f} = \frac{\mathrm{d}\bar{R}/\mathrm{d}t}{\mathrm{d}\bar{R}_f/\mathrm{d}t}$$

④ 空泡运动加速度相对量

$$\overline{\overline{R}} = \frac{\ddot{R}}{\ddot{R}_f} = \frac{\mathrm{d}^2 \overline{R} / \mathrm{d}t^2}{\mathrm{d}^2 \overline{R}_f / \mathrm{d}t^2}$$

⑤ 空泡内气相压力相对量

$$\overline{p}_L = p_L / p_{Lf}$$

⑥ 液体表面张力相对量

$$\overline{\sigma}_s = \sigma_s / (\sigma_s)_f$$

⑦ 液体流场压力相对量

$$\overline{p}_\infty = p_\infty / p_{\infty f}$$

将上述各相对量代入式(9-5),则

$$\left( \frac{R_f^2 \rho_f}{t_f^2 p_{\infty f}} \right) \left( \overline{R}\,\overline{\overline{R}} + \frac{3}{2} \overline{\dot{R}}^2 \right) \overline{\rho} = \left( \frac{p_{Lf}}{p_{\infty f}} \right) \overline{p}_L - \left( \frac{2(\sigma_s)_f}{R_f p_{\infty f}} \right) \frac{\overline{\sigma}_s}{\overline{R}} - \overline{p}_\infty \qquad (9\text{-}6)$$

由于下标 f 表示参考量,既可以代表原型(以下标"p"表示),也可以代表模型(以下标"m"表示)。当考虑原型的空化现象时,式(9-6)变为

$$\left( \frac{R_p^2 \rho_p}{t_p^2 p_{\infty p}} \right) \left( \overline{R}\,\overline{\overline{R}} + \frac{3}{2} \overline{\dot{R}}^2 \right) \overline{\rho} = \left( \frac{p_{Lp}}{p_{\infty p}} \right) \overline{p} - \left( \frac{2(\sigma_s)_p}{R_p p_{\infty p}} \right) \frac{\overline{\sigma}_s}{\overline{R}} - \overline{p}_\infty \qquad (9\text{-}7)$$

当考虑模型的空化现象时,式(9-6)变为

$$\left( \frac{R_m^2 \rho_m}{t_m^2 p_{\infty m}} \right) \left( \overline{R}\,\overline{\overline{R}} + \frac{3}{2} \overline{\dot{R}}^2 \right) \overline{\rho} = \left( \frac{p_{Lm}}{p_{\infty m}} \right) \overline{p} - \left( \frac{2(\sigma_s)_m}{R_m p_{\infty m}} \right) \frac{\overline{\sigma}_s}{\overline{R}} - \overline{p}_\infty \qquad (9\text{-}8)$$

当表征原型和模型空化状态的无因次方程相同时,两种空化状态相似。此时,式(9-7)与式(9-8)中对应项的系数必定相等。所以,原型与模型的空化状态模拟准则为

$$\frac{R_p^2 \rho_p}{t_p^2 p_{\infty p}} = \frac{R_m^2 \rho_m}{t_m^2 p_{\infty m}} = \frac{R^2 \rho}{t^2 p_\infty} = C_{s1} \qquad (9\text{-}9)$$

$$\frac{p_{Lp}}{p_{\infty p}} = \frac{p_{Lm}}{p_{\infty m}} = \frac{p_L}{p_\infty} = C_{s2} \qquad (9\text{-}10)$$

$$\frac{(\sigma_s)_p}{R_p p_{\infty p}} = \frac{(\sigma_s)_m}{R_m p_{\infty m}} = \frac{\sigma_s}{R p_\infty} = C_{s3} \qquad (9\text{-}11)$$

式中,$C_{s1}$、$C_{s2}$、$C_{s3}$ 为常数。

在式(9-9)中,$(R^2/t^2)$ 表示空泡壁面运动速度 $u_r$ 的平方,相当于空泡壁面处液体速度平方的量度,则 $\frac{R^2 \rho}{t^2} = \left( \frac{u_r^2}{g} \right) \rho g$,在物理意义上相当于速度头,可将其理解为空泡壁面运动的速度头 $p'$;而 $p_\infty = Eu \cdot H$,其中 $H$ 为泵的扬程或水轮机的水头,而 $Eu$ 为液流的欧拉数。因此,式(9-9)中的关系可表示为

$$C_{s1} \propto p' / (H \cdot Eu) = \frac{p'}{H} \frac{1}{Eu}$$

式中,$p'/H$ 为空泡壁面运动的欧拉数,记为 $Eu'$。则式(9-9)表示的模拟准则可表示为

$$C_{s1} = \frac{Eu'}{Eu} \qquad (9\text{-}12)$$

因此,常数 $C_{s1}$ 表示空泡壁面运动的欧拉数与液流欧拉数之比。

根据式(9-10)可知,$C_{s2} = p_L/p_\infty = p_L/(H \cdot Eu)$,即 $C_{s2}$ 为考虑空泡内压力状态的模拟准则数。

根据式(9-11)可知,$C_{s3} = \sigma_s/(R \cdot p_\infty) = 1/We$,即 $C_{s3}$ 为考虑空泡表面张力的模拟准则数,在数值上为韦伯数 $We$(液流惯性力与表面张力之比)的倒数。

(2)内边界条件的模拟准则。空泡的壁面可看作空泡与其周围液体之间的边界。由于流场压力变化,液体的蒸发形成由液相向泡内的蒸气扩散,液体中气体也可向泡内转移,使得泡内气相体积增大,导致空泡膨胀;压缩时,泡内的蒸气凝结,气体将逸出。气相的扩散和转移过程是通过空泡的内边界进行的。同时,相间边界上的气液转移过程中将产生热交换。因此,空化模拟试验应满足相间边界(内边界)上的扩散转移和热交换过程的模拟条件。

假设空泡质量及惯性力,以及因黏性所产生的摩擦损失过程中的热效应可以忽略,且在相变过程中空泡内的温度是均匀的,则可以认为空化导致相间的转移和热交换只在边界上进行。因而可以将空泡发展过程中的体积扩散和热量交换视为内边界条件来处理模拟问题。对孤立空泡,分别写出蒸气与不可凝结气体的状态方程,即

$$p_v = N_v \rho_v T$$
$$p_g = N_g \rho_g T$$

则空泡内混合气体的状态方程为

$$p_L = p_v + p_g = (N_v \rho_v + N_g \rho_g)T \tag{9-13}$$

式中,$N$ 为气体常数;$T$ 为开尔文温度;下标"v""g"分别表示蒸气与不可凝结气体。

进一步假定空泡内蒸气和不可凝聚性气体是均匀混合,且分别充满空泡的体积。所以可认为两者体积均等于空泡体积 $V$,只是具有各自的密度和不同质量,则根据式(9-13)可得

$$p_L V = p_v V + p_g V = (N_v \rho_v V + N_g \rho_g V)T$$

上式可改写成

$$p_L V = (m_v N_v + m_g N_g)T = \frac{T}{g}(G_v N_v + G_g N_g) \tag{9-14}$$

式中,$m$ 为质量,$G$ 为重量。

对上式进行微分,则可得

$$V dp_L + p_L dV = \frac{T}{g}(N_v dG_v + N_g dG_g) \tag{9-15}$$

式中,$dG_v$ 为相转移过程中蒸气的重量增量;$dG_g$ 为相转移过程中不可凝结气体的重量增量;$G_v$、$G_g$ 分别为单位时间、单位边界面积上转移的蒸气和空气重量,即蒸气和空气的转移扩散速率分别为 $dG_v = 4\pi R^2 v_v dt$,$dG_g = 4\pi R^2 v_g dt$,其中 $v_v$、$v_g$ 分别为蒸气与不可凝结气体进入空泡的速度。

蒸气进入空泡的速度 $v_v$ 取决于液体中饱和蒸气压力和空泡内蒸气压力之差 $\Delta p_{sv}$,且遵循下列规律:

$$v_v = k_v(p_{sv} - p_v) = k_v \cdot \Delta p_{sv} \tag{9-16}$$

式中,$p_{sv}$ 为液体中的蒸气压强,不同于饱和蒸气压强;$k_v$ 为蒸发速度系数,由下式确定

$$k_v = \beta_v \frac{J N_v}{g} \left(\frac{T}{\chi}\right)^2 \frac{1}{p_{sv}} \tag{9-17}$$

式中，$\beta_v$ 为相间当量导热系数，$J$ 为热功当量，$\chi$ 为液体的汽化内热系数。

将式(9-17)代入式(9-16)，则可得

$$v_v = \beta_v \frac{J N_v}{g} \left( \frac{T}{\chi} \right)^2 \frac{\Delta p_{sv}}{p_{sv}} \tag{9-18}$$

气体向空泡内转移速度取决于液体中的气体压力和空泡内气体压力之差 $\Delta p_{sg}$，即

$$v_g = k_g (p_{sg} - p_g) = k_g \cdot \Delta p_{sg} \tag{9-19}$$

式中，$k_g$ 为气体逸出速度系数；$p_{sg}$ 为液体中气体压强。

对于球形空泡，它的体积为 $V = 4\pi R^3 / 3$，$dV = 4\pi R^2 dR$，则空泡壁面的运动速度 $u_r = \dfrac{dR}{dt} = \dfrac{1}{4\pi R^2} \dfrac{dV}{dt}$。联合式(9-15)、式(9-18)和式(9-19)，则可得

$$\frac{dR}{dt} = \frac{N_v^2 T \beta_v J}{g^2 p_L} \left( \frac{T}{\chi} \right)^2 \frac{\Delta p_{sv}}{p_{sv}} + \frac{N_g T k_g \Delta p_{sg}}{g p_L} - \frac{R}{3 p_L} \frac{dp_L}{dt} \tag{9-20}$$

同样将上式表示为相对量的形式，则

$$\frac{d\overline{R}}{d\overline{t}} = \left( \frac{t N_g T k_g \Delta p_{sg}}{R g p_L} \right)_f \frac{\Delta \overline{p}_{sg}}{\overline{p}_L} + \left( \frac{t N_v^2 T^3 \beta_v J \Delta p_{sv}}{p_L g^2 R \chi^2 p_{sv}} \right)_f \frac{\Delta \overline{p}_{sv}}{\overline{p}_L \overline{p}_{sv}} - \frac{\overline{R}}{3 \overline{p}_L} \frac{d\overline{p}_L}{d\overline{t}} \tag{9-21}$$

由上式可得原型和模型内边界条件的模拟准则为

$$\frac{T N_g t k_g \Delta p_{sg}}{p_L R} = C_{b1} \tag{9-22}$$

$$\frac{T^3 N_v^2 t \beta_v J \Delta p_{sv}}{p_L R \chi^2 p_{sv}} = C_{b2} \tag{9-23}$$

上式中的 $C_{b1}$ 是表示内边界上不可凝结气体转移过程速度的模拟准则数，而 $C_{b2}$ 是表示内边界上蒸气转移过程速度的模拟准则数。

（3）外边界条件的模拟。外边界条件包括液体流场的速度、压力等，以及保持流动状态相似的力学相似数，如雷诺数、佛汝德数、欧拉数与斯特劳哈尔数。当考虑空泡溃灭时的弹性压缩效应时，还需满足马赫数相等。但在实际流动中，很难精确保持上述的多个模拟准则数都相等，因此需根据实际情况分别处理，具体的处理原则如下：

① 只要雷诺数足够大，液流处于阻力平方区，则认为雷诺数对外边界条件造成的影响可忽略。

② 由于水力机械内部流动为有压流动，当流场中不形成大区域的稳定空泡时，重力比压力、惯性力的影响小，可忽略。但在模拟空化的后期过程时，稳定空泡已构成一定的自由表面，压力很低，重力影响不可忽视，则佛汝德数应尽量满足。

③ 当模拟空泡本身的状态和空泡的边壁运动时，压力应予模拟，故欧拉数应相等。

④ 当研究空泡边壁状态及空泡溃灭现象的微射流时，斯特劳哈尔数是一个基本的模拟条件，应予满足。

（4）初始条件的模拟。空化初始条件的模拟即需要满足液流中空化核的数量和尺寸相似，这实际上难以实现。一定尺度的空泡被液流挟带是形成不稳定空化的基本条件。这一过程除与空泡本身状态有关外，还与液流边界层的厚度 $\delta$ 有关，而 $\delta$ 取决于雷诺数与流道表面粗糙度，因此制作空化试验模型时，应考虑流道表面微观质量具有较好的相似性。

综上所述，模拟空化现象应满足一组与空化现象相关的模拟准则，具体包括空泡边壁运

动状态模拟准则、表面张力模拟准则、空泡内压力状态模拟准则、气体转移速度模拟准则、蒸气转移速率模拟准则、液流惯性力模拟准则、液流重力模拟准则、液流压力模拟准则、液流黏性力模拟准则、水击弹性压缩效果模拟准则、空化核状态模拟准则等。当然,流道几何相似是空化模拟的前提要求。

### 9.2.3  水力机械空化模拟

在水力机械空化模拟试验中,不可能全部满足上述各种准则。为了保证空化试验具有一定的相似性,至少应该考虑以下方面具有良好的相似性:

① 保证模型与原型流道的几何相似;

② 保证液流的物理性质参数相似;

③ 使用原型水力机械的水头或扬程,保证流体的力学相似;

④ 保证工况相似、空化系数及临界空化系数相似。

此外,应对模型试验的结果进行相应的尺度效应修正,改善模型空化试验反映原型水力机械空化性能的预测精度。下面以水轮机为例进行必要说明。

(1) 水轮机空化工况的相似条件。图 9-13 表示反击式水轮机装置的吸出关系。图中,K 为转轮叶片上最低压力点,2 表示叶片出口处,3 为水轮机下游。水轮机空化系数 $\sigma_h$ [9] 为

$$\sigma_h = \frac{(w_K^2 - u_K^2) - (w_2^2 - u_2^2) + v_2^2}{2gH} + \xi_{K-3} \tag{9-24}$$

式中,$w$ 为相对速度;$u$ 为牵连速度;$v$ 为绝对速度;$H$ 为水轮机的水头;$\xi_{K-3}$ 为尾水管水头损失系数,$\xi_{K-3} = \Delta h_{K-3}/H$,其中 $\Delta h_{K-3}$ 为 K 点到水轮机下游(点 3 处)的水头损失。

将式(9-24)表示为特征速度 $v_c$ 表征的相对值的形式,则有

$$\sigma_h = \left[\left(\frac{w_K^2}{v_c^2} - \frac{u_K^2}{v_c^2}\right) - \left(\frac{w_2^2}{v_c^2} - \frac{u_2^2}{v_c^2}\right) + \frac{v_2^2}{v_c^2}\right] \cdot v_c^2/(2gH) - \xi_{K-3} \tag{9-25}$$

由于在相似工况下,相似水轮机的速度三角形相似,且水轮机水头 $H$ 可用两点压差 $\Delta p/(\rho g)$ 来表达,则水轮机的空化系数可写成

$$\sigma_h = \left[(k_{wk}^2 - k_{uk}^2) - (k_{w2}^2 - k_{u2}^2) + k_{v2}^2\right] \cdot v_c^2 \Big/ \left(2\frac{\Delta p}{\rho}\right) - \xi_{K-3}$$

式中,$k_{wk}$、$k_{uk}$、$k_{w2}$、$k_{u2}$、$k_{v2}$ 均为速度系数,且为常数。

记 $k = (k_{wk}^2 - k_{uk}^2) - (k_{w2}^2 - k_{u2}^2) + k_{v2}^2$,则上式可进一步表示为

$$\sigma_h = \frac{k}{2Eu} - \xi_{K-3} \tag{9-26}$$

对于几何相似的原型与模型水轮机,由于 $k$ 为常数,当原型水轮机与模型水轮机的欧拉数 $Eu$、尾水管水头损失系数 $\xi_{K-3}$ 相等时,原型和模型的空化系数相等。此时,可认为原型水轮机与模型水轮机的空化相似。

(2) 水轮机空化系数的修正。由式(9-26)可知,原型水轮机与模型水轮机的空化相似条件是要求二者的欧拉数 $Eu$、尾水管水头损失系数 $\xi_{K-3}$ 均相等。一般情况下,欧拉数 $Eu$ 仅能近似相等;而原型与模型的雷诺数并不相同(只是均在阻力平方区),它们对应的 $\xi_{K-3}$ 也因雷诺数不同而有差别。所以,通常情况下 $(\xi_{K-3})_p < (\xi_{K-3})_m$,故原型水轮机空化数 $(\sigma_h)_p >$ 模型水轮机空化数 $(\sigma_h)_m$。

为了满足实际工程的需要，须对水轮机空化系数公式，即式(9-26)进行必要的修正。下式为一种修正方法[9]：

$$(\sigma_{\mathrm{h}})_{\mathrm{p}} = \frac{\eta_{\mathrm{p}}}{\eta_{\mathrm{m}}}(\sigma_{\mathrm{h}})_{\mathrm{m}} + \left(\frac{\eta_{\mathrm{p}}}{\eta_{\mathrm{m}}} - 1\right)(\eta_{2\text{-}3})_{\mathrm{m}}\eta_{\mathrm{p}}\alpha_{\mathrm{c}}^2 +$$

$$\frac{h_{\mathrm{Km}}}{D_{1\mathrm{m}}}\left(\frac{\eta_{\mathrm{p}}}{\eta_{\mathrm{m}}}\frac{D_{1\mathrm{m}}}{H_{\mathrm{m}}} - \frac{D_{1\mathrm{p}}}{H_{\mathrm{p}}}\right) \qquad (9\text{-}27)$$

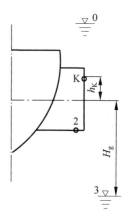

式中，$\eta$ 为水轮机水力效率；$\eta_{2\text{-}3}$ 为尾水管水力效率；$h_{\mathrm{K}}$ 为叶片表面上最低压力点到计算吸出高度的起始平面之间距离；$D_1$ 为转轮直径；$\alpha_{\mathrm{c}}$ 为流速分布系数。

在式(9-27)中，由于叶片最低压力点位置参数 $h_{\mathrm{K}}$ 很小，所以可忽略等号右边的第三项；一般由于原型与模型的水力效率相差不大，原型效率与尾水管效率也都小于1，则等号右边第二

图 9-13  水轮机装置吸出
高度示意图

项的值显然比较小，也可忽略。因而，综合考虑式(9-27)等号右边第二、三项的影响，可将式(9-27)表达为如下的简化形式[9]：

$$(\sigma_{\mathrm{h}})_{\mathrm{p}} \approx 1.17\frac{\eta_{\mathrm{p}}}{\eta_{\mathrm{m}}}(\sigma_{\mathrm{h}})_{\mathrm{m}} \qquad (9\text{-}28)$$

## 9.3  反击式水轮机的空化特性

### 9.3.1  水轮机空化系数

水轮机空化特性常用空化系数 $\sigma_{\mathrm{h}}$ 来评价。在图 9-14 中，0 表示上游水面的点，1 和 2 分别表示转轮叶片的进口和出口处的点，K 点为叶片上最低压力点，3 表示水轮机下游的点。在转轮叶片外，取与 1 和 2 紧邻的两点 1′ 和 2′，且 1 与 1′、2 与 2′ 的高程与压力分别相等，即 $p_1 = p_1'$，$h_1 = h_1'$；$p_2 = p_2'$，$h_2 = h_2'$。

下面依据伯努利方程分析从水轮机的上游至下游各流道段间的能量平衡。

自水轮机上游处的点 0 至水轮机进口处的点 1′，可写出如下能量方程：

$$\frac{p_0}{\rho g} + \frac{v_0^2}{2g} + H = \frac{p_1'}{\rho g} + \frac{v_1^2}{2g} + H_{\mathrm{g}} + h_1 + \Delta h_{0\text{-}1} \qquad (9\text{-}29)$$

式中，$H$ 为水轮机水头；$H_{\mathrm{g}}$ 为以下游水面 3 处为基准的安装高度；$\Delta h_{0\text{-}1}$ 为从点 0 至点 1 之间的水力损失。

从点 1 至点 K 之间的能量方程为

$$\frac{p_1}{\rho g} + \frac{w_1^2}{2g} - \frac{u_1^2}{2g} + H_{\mathrm{g}} + h_1 = \frac{p_{\mathrm{K}}}{\rho g} + \frac{w_{\mathrm{K}}^2}{2g} - \frac{u_{\mathrm{K}}^2}{2g} + H_{\mathrm{g}} + h_{\mathrm{K}} + \Delta h_{1\text{-}\mathrm{K}} \qquad (9\text{-}30)$$

式中，$h_{\mathrm{K}}$ 为点 K 相对水轮机安装中心线(图 9-14 中的水平中心线)的高度；$\Delta h_{1\text{-}\mathrm{K}}$ 为从点 1 至点 K 之间的水力损失。

从点 K 至点 2 之间的能量方程为

$$\frac{p_{\mathrm{K}}}{\rho g} + \frac{w_{\mathrm{K}}^2}{2g} - \frac{u_{\mathrm{K}}^2}{2g} + H_{\mathrm{g}} + h_{\mathrm{K}} + \Delta h_{1\text{-}\mathrm{K}} = \frac{p_2}{\rho g} + \frac{w_2^2}{2g} - \frac{u_2^2}{2g} + H_{\mathrm{g}} - h_2 + \Delta h_{1\text{-}2} \qquad (9\text{-}31)$$

式中，$\Delta h_{1\text{-}2}$ 为从点 1 至点 2 之间的水力损失。

从点 $2'$ 至点 3 之间的能量方程为

$$\frac{p_{2'}}{\rho g} + \frac{v_2^2}{2g} + H_g - h_2 = \frac{p_3}{\rho g} + \frac{v_3^2}{2g} + \Delta h_{2\text{-}3}$$

式中，$\Delta h_{2\text{-}3}$ 为从点 2 至点 3 之间的水力损失。

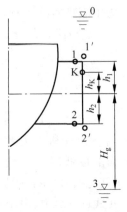

如果水轮机下游为开敞水面，则 $p_3$ 即为大气压 $p_a$，而速度 $v_3 \approx 0$。因而，上式可变为

$$\frac{p_{2'}}{\rho g} + \frac{v_2^2}{2g} + H_g - h_2 = \frac{p_a}{\rho g} + \Delta h_{2\text{-}3} \tag{9-32}$$

将式(9-31)与式(9-32)等号两边分别相加，并减去 $p_v/(\rho g)$
后可整理为如下形式

图 9-14   水轮机的安装高程

$$\frac{p_K - p_v}{\rho g H} = \frac{\dfrac{p_a - p_v}{\rho g} - H_g}{H} - \frac{h_K}{H} - \frac{(w_K^2 - u_K^2) - (w_2^2 - u_2^2) + v_2^2}{2gH} + \frac{\Delta h_{K\text{-}3}}{H} \tag{9-33}$$

式中，$\Delta h_{K\text{-}3}$ 为点 K 到点 3 之间的水力损失。$\Delta h_{K\text{-}3}/H$ 即为式(9-24)中的尾水管水头损失系数 $\xi_{K\text{-}3}$。

在上式中，等号右边第一项称为水轮机的装置空化数 $\sigma_y$，即

$$\sigma_y = \frac{(p_a - p_v)/(\rho g) - H_g}{H} \tag{9-34}$$

而等号右边第三项和第四项之和在数值上称为水轮机空化系数 $\sigma_h$，即

$$\sigma_h = \frac{(w_K^2 - u_K^2) - (w_2^2 - u_2^2) + v_2^2}{2gH} - \xi_{K\text{-}3} \tag{9-35}$$

由上式可知，$\sigma_h$ 是水轮机的动态参数，也是一个无量纲量，它的物理意义是水轮机转轮中的相对动力真空值。

式(9-33)等号右边第二项 $h_K/H$ 的数值较小，通常可以忽略。所以，式(9-33)可变成

$$\frac{p_K - p_v}{\rho g H} = \sigma_y - \sigma_h \tag{9-36}$$

(1) 当水轮机中最低压力 $p_K = p_v$ 时，$\sigma_y = \sigma_h$，即水轮机的装置空化数等于水轮机空化系数，此时为水轮机空化的临界状态；

(2) 当 $\sigma_y > \sigma_h$ 时，$p_K > p_v$，则水轮机转轮中不会产生空化；

(3) 当 $\sigma_y < \sigma_h$ 时，$p_K < p_v$，则水轮机转轮将会出现空化。

式(9-35)表明，水轮机空化系数取决于水轮机内部流场，即 $\sigma_h = f(w, u, v)$。所以，$\sigma_h$ 是水轮机运行工况的函数。为全面反映水轮机的空化特性，通常通过模型试验测出每个工况点的 $\sigma_h$ 值，再把它们绘制在水轮机综合特性曲线上。图 9-15 为福建省水口电站轴流转桨式水轮机的运转特性曲线，其中虚线表示等空化系数曲线。图中，BA 表示叶片开度，GVO 表示导叶开度。在大型轴流式水轮机中，通过转轮叶片与导叶的联合调节，可使水轮机在较大范围内高效工作。

水轮机的空化系数(亦称托马空化数)与水轮机的比转速有关。图 9-16 为根据统计数据绘制的空化数与轴流式水轮机比转速之间的关系。图中，横坐标为按照欧洲标准计算的

比转速 $\nu_s$。由图可知,随着比转速的增大,空化系数按比转速的幂指数关系不断增大。

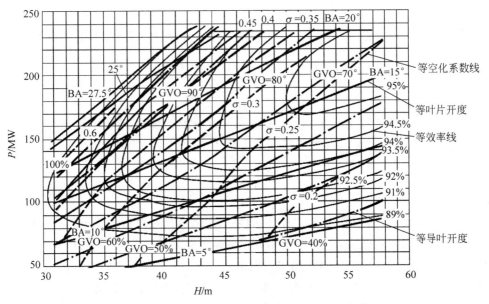

图 9-15 轴流转桨式水轮机的综合特性曲线[10]

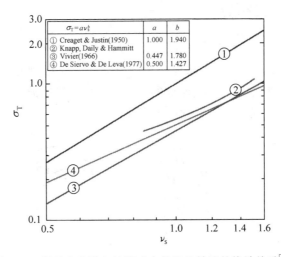

图 9-16 托马空化数与轴流式水轮机比转速的统计关系[2]

## 9.3.2 水轮机的吸出高程

当水轮机在 $\sigma_y > \sigma_h$ 条件下运行时,可保证水轮机中最低压力 $p_K > p_v$,即水轮机不出现空化。对给定的水轮机,在相似工况下水轮机空化系数 $\sigma_h$ 是一个常数。如果要求在水轮机中不发生空化,就必须保证水轮机的装置空化数 $\sigma_y > \sigma_h$。

由式(9-34)可知水轮机内不发生空化的条件为

$$\frac{(p_a - p_v)/(\rho g) - H_g}{H} > \sigma_h$$

上式可改写为

$$H_g < (p_a - p_v)/(\rho g) - \sigma_h \cdot H \tag{9-37}$$

水电站的大气压一般按 $p_a/(\rho g) = 10.33 - \dfrac{\nabla}{900}$(m)计算,其中$\nabla$为电站所处的海拔高度。在 20℃下,$p_v/(\rho g) \approx 0.24$(m)。所以,式(9-37)可变为

$$H_g < 10.09 - \frac{\nabla}{900} - \sigma_h \cdot H \tag{9-38}$$

上式的单位为 m。在实际应用中,往往还需要预留一定的裕度以充分保证水轮机中无空化。所以,在电站设计时引入安全系数 $K_\sigma$,并将上式中的 10.09 简记为 10,然后根据下列公式计算水轮机的吸出高度:

$$H_g = 10 - \frac{\nabla}{900} - K_\sigma \cdot \sigma_h \cdot H \tag{9-39}$$

计算吸出高度 $H_g$ 时需首先确定 $K_\sigma$。如果增大 $K_\sigma$,则可改善水轮机的运行状况,使水轮机不空化或降低空化强度,但须降低吸出高度,使得土建工程开挖量增加。因此,选择 $K_\sigma$ 时要进行必要的技术经济比较,确定的数值应合理。$K_\sigma$ 常用的取值范围为:①混流式水轮机,$K_\sigma = 1.15 \sim 1.2$;②轴流式水轮机,$K_\sigma = 1.1$;③超大型水轮机,$K_\sigma \approx 2.0$。

## 9.4　叶片泵的空化特性

### 9.4.1　叶片泵的空化余量

叶片泵的最低压力通常发生在靠近叶片背面进口稍后处,如图 9-17 所示的点 K,由点 K 至叶轮出口,压力逐渐增大。当点 K 处的压力 $p_K$ 小于当地温度下的饱和蒸气压 $p_v$ 时,泵发生空化。故 $p_K = p_v$ 是泵发生空化的界限。

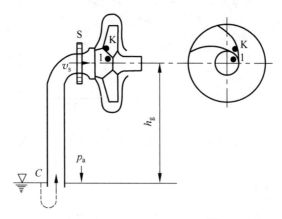

图 9-17　泵吸入装置示意图[6]

根据伯努利方程,可列出泵进口断面上点 S 至叶片进口稍前点 1 处的能量关系为

$$z_S + \frac{p_S}{\rho g} + \frac{v_S^2}{2g} = z_1 + \frac{p_1}{\rho g} + \frac{v_1^2}{2g} + h_{S\text{-}1} \tag{9-40}$$

式中,$z$ 为高度;$h_{S\text{-}1}$ 为自点 S 至点 1 之间的水力损失。

再列出从点 1 到点 K 的相对运动伯努利方程

$$z_1 + \frac{p_1}{\rho g} + \frac{w_1^2 - u_1^2}{2g} = z_K + \frac{p_K}{\rho g} + \frac{w_K^2 - u_K^2}{2g} + h_{1\text{-}K} \tag{9-41}$$

式中,$h_{1\text{-}K}$ 为点 1 到点 K 的水力损失。

将式(9-40)与式(9-41)的等号两边分别相加,整理后可得

$$\frac{p_S}{\rho g} + \frac{v_S^2}{2g} - \frac{p_K}{\rho g} = \frac{v_1^2}{2g} + \lambda' \frac{w_1^2}{2g} + \frac{u_1^2 - u_K^2}{2g} + (z_K - z_S) + h_{S\text{-}K} \tag{9-42}$$

式中,$\lambda'$ 为叶片进口绕流压降系数,$\lambda' = (w_K/w_1)^2 - 1$;$h_{S\text{-}K}$ 为从点 S 到点 K 的水力损失。

在式(9-42)中,由于点 K 与点 1 之间的径向坐标相差不大,因此两点的圆周速度不同引起的压力变化很小,则等号右边的第三项可忽略;等号右边的第四项表示泵进口断面点 S 到叶轮叶片上点 K 之间的高度差 $(z_K - z_S)$ 引起的压力变化,一般来说该压力变化可忽略不计;等号右边的最后一项表示泵进口断面点 S 到叶片上点 K 之间的水力损失 $h_{S\text{-}K}$,而通常 $h_{S\text{-}K}$ 亦很小,可忽略。因此,式(9-42)可以简化为

$$\frac{p_S}{\rho g} + \frac{v_S^2}{2g} - \frac{p_K}{\rho g} = \frac{v_1^2}{2g} + \lambda' \frac{w_1^2}{2g} \tag{9-43}$$

在式(9-43)中,当点 K 的压力 $p_K$ 降低至当地饱和蒸气压 $p_v$ 时,泵内发生空化。此时,式(9-43)可改为

$$\frac{p_S}{\rho g} + \frac{v_S^2}{2g} - \frac{p_v}{\rho g} = \frac{v_1^2}{2g} + \lambda' \frac{w_1^2}{2g} \tag{9-44}$$

在式(9-44)中,等号左边的表达式称为泵的装置空化余量,亦称为有效的净正吸入水头,用 $\text{NPSH}_a$(available net positive suction head)表示:

$$\text{NPSH}_a = \frac{p_S}{\rho g} + \frac{v_S^2}{2g} - \frac{p_v}{\rho g} \tag{9-45}$$

在式(9-44)中,等号右式的表达式称为泵的空化余量,亦称为必需的净正吸入水头,用 $\text{NPSH}_r$(required net positive suction head)表示:

$$\text{NPSH}_r = \frac{v_1^2}{2g} + \lambda' \frac{w_1^2}{2g} \tag{9-46}$$

泵的装置空化余量 $\text{NPSH}_a$ 取决于泵的吸入装置,是泵进口处液流全水头减去饱和蒸气压后剩余的水头,可以理解为泵进口处单位重量液体超过饱和蒸气压的能量。所以,$\text{NPSH}_a$ 与泵本身并没有直接关系。为了分析装置空化余量与泵吸入装置的关系,写出泵外自由液面至泵进口断面点 S 处的伯努利方程为

$$\frac{p_a}{\rho g} = \frac{p_S}{\rho g} + \frac{v_S^2}{2g} + h_g + h_f \tag{9-47}$$

式中,$h_g$ 为泵进口至液面的几何高度,如图 9-17 所示;$h_f$ 是吸入装置的水力损失。

由式(9-45)和式(9-47)可得如下关系式:

$$\text{NPSH}_a = \frac{p_a}{\rho g} - \frac{p_v}{\rho g} - h_g - h_f \tag{9-48}$$

由式(9-48)可知,装置空化余量 $\text{NPSH}_a$ 是将连通大气压的液面压强水头减去单位重量液体产生的几何吸入高度 $h_g$(当 $h_g$ 为负值时称为"倒灌"),并克服装置水力损失 $h_f$,最后在

泵进口处剩余的超过饱和蒸气压的、可以利用的液体能量。由于 $p_a/\rho g$、$p_v/\rho g$ 和 $h_g$ 都是常数,而泵装置的水力损失 $h_f$ 与泵的运行流量 $Q$ 的平方成正比,故 NPSH$_a$ 随 $Q$ 的增加而下降,如图 9-18 所示。

由式(9-46)可知,泵的空化余量 NPSH$_r$ 与泵内流动状态有关。因为在叶片进口处 $v_1$ 和 $w_1$ 随流量的增大而增大,故 NPSH$_r$ 随运行流量 $Q$ 的增大而增大。由于在理论上无法准确计算泵的空化余量,NPSH$_r$ 需要通过试验来确定。对一台既定的泵,在转速、流量不变时,NPSH$_r$ 是个定值。泵的空化试验就是通过减小装置空化余量使 NPSH$_a$ = NPSH$_r$,从而确定该泵在该运行工况下的空化余量 NPSH$_r$。通过试验确定的 NPSH$_r$ 也可以如图 9-15 一样,绘制在泵的综合特性曲线图中。在行业中,通常规定(转速与流量一定时)取扬程下降 3% 的点作为叶片泵的临界空化点。

如图 9-18 所示,根据装置空化余量 NPSH$_a$ 与泵的空化余量 NPSH$_r$ 的数值大小,泵的运行区域可划分为无空化区域、空化区域,以及临界空化点(流量为 $Q_A$ 的工况),具体关系为:

① 当 NPSH$_a$ > NPSH$_r$ 时,泵内无空化;

② 当 NPSH$_a$ = NPSH$_r$ 时(即图 9-18 中的 A 点),泵内出现初生空化;

③ 当 NPSH$_a$ < NPSH$_r$ 时,泵内发生空化。

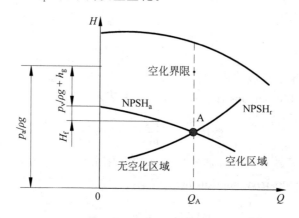

图 9-18　泵空化余量与泵的装置空化余量[6]

若用托马空化数来表示泵的装置空化余量与泵的空化余量,则可分别得到泵的装置空化数 $\sigma_y$、泵的空化系数 $\sigma_h$:

$$\sigma_y = \frac{\text{NPSH}_a}{H} = \left( \frac{p_S}{\rho g} + \frac{v_S^2}{2g} - \frac{p_v}{\rho g} \right) \Big/ H \tag{9-49}$$

$$\sigma_h = \frac{\text{NPSH}_r}{H} = \left( \lambda \frac{w_1^2}{2g} + \frac{v_1^2}{2g} \right) \Big/ H \tag{9-50}$$

式中,$H$ 为泵的扬程。

图 9-19 表示叶片泵的空化数与比转速的统计关系[2]。从图中可看出,随着比转速的增大,泵的空化数按比转速的 1.2～1.3 次方增大。

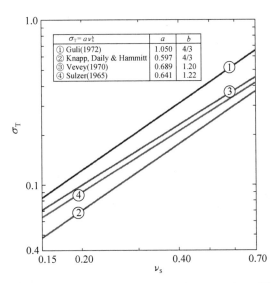

图 9-19 托马空化数与叶片泵比转速的统计关系[2]

### 9.4.2 泵的允许吸上高度

泵不允许长期在空化条件下运行。在生产实践中,一般通过空化试验确定泵空化余量 $NPSH_r$ 后,还要考虑一个安全余量 $\Delta h_r$(常取值为 0.3m),将二者之和作为许用空化余量,以 $[NPSH]$ 表示,即 $[NPSH] = NPSH_r + \Delta h_r$。也可以采用安全系数 $k_\sigma$ 表示,即 $[NPSH] = k_\sigma NPSH_r$,其中 $k_\sigma = 1.1 \sim 1.3$。

为保证泵内不发生空化,装置空化余量 $NPSH_a$ 应大于等于许用空化余量 $[NPSH]$,即 $NPSH_a \geqslant [NPSH]$。将式(9-48)代入上述关系式,则

$$\frac{p_a}{\rho g} - \frac{p_v}{\rho g} - h_g - h_f \geqslant [NPSH]$$

将上式进行变形,则可得

$$h_g \leqslant \frac{p_a}{\rho g} - \frac{p_v}{\rho g} - [NPSH] - h_f$$

如果将大气压与机组安装位置海拔高度的表达式及水温 20℃ 的饱和蒸气压代入上式,则可确定泵的允许吸上高度 $h_g$ 为

$$h_g = 10 - \frac{\nabla}{900} - h_f - [NPSH] \tag{9-51}$$

为了确保泵内无空化,应尽可能增大 $NPSH_a$。常用的方法有:

① 降低泵的安装高度,以减小泵的允许吸上高度 $h_g$。若泵进口是倒灌的,则需增大泵的倒灌高度;

② 减小泵吸入段的水力损失 $h_f$,如增大进口管径、缩短吸入段长度,尽量减小吸入段上引起局部损失的附属部件(如扩散管、弯管、底阀等);

③ 由于 $NPSH_a$ 随流量增大而减小($h_f$ 变大),而 $NPSH_r$ 随流量增大而增大,所以泵运行在大流量工况时易发生空化。因此,应控制泵的运行流量,避免长时间在大流量工况下运行。在选型时防止泵的扬程过高,这样可以避免实际运行工作点偏向大流量。

## 9.5　水轮机与叶片泵的空蚀

### 9.5.1　水轮机的空蚀

不同类型的水轮机具有不同的空蚀特征。下面分别以轴流式和混流式水轮机为例说明：

（1）轴流式水轮机。图 9-20 表示轴流式转轮的典型空蚀部位，主要包括叶片背面上的进口（图中"D"）、出口（图中"C"），以及轮缘处（图中"A"）；叶片正面上的进口靠近轮缘处（图中"E"），以及叶片正面中后部靠近轮毂处（图中"F"）与轮缘处（图中"G"）。此外，在叶片的外缘（图中"B"）、靠近叶片的轮毂上，以及与叶片对应的转轮室也可能发生比较严重的空蚀。

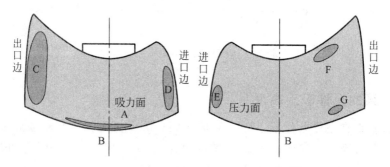

图 9-20　轴流式水轮机转轮的典型空蚀[2]

在轴流式水轮机中，发生在叶片背面的进口、出口和轮缘处（图中"A""B""C""D"）的翼型空化造成了翼型空蚀，在严重的情况下翼型空蚀造成叶片背面的全部表面被破坏。在偏离设计工况时，翼型空蚀也发生在叶片工作面（图中"E""F""G"）。由于轴流式水轮机中经常发生间隙空化，由此造成间隙空蚀。所以，间隙空蚀是轴流式水轮机中比较突出的空蚀形式，主要发生在间隙空化所接近的叶片外缘与转轮室。

当轴流式水轮机在超过额定出力或大流量范围内长期运行时，空蚀破坏比较严重。

（2）混流式水轮机。混流式转轮中常发生翼型空化，从而造成翼型空蚀。混流式水轮机的空蚀以翼型空蚀最为突出，空蚀多发生在叶片的背面，有时也发生在上冠或下环上，如图 9-21 所示的几个区域内：

① 叶片背面靠近出水边的下半部（图中"C"），在混流式水轮机中，此处的空蚀一般最严重；

② 叶片背面进口靠下环处（图中"A"）；

③ 转轮下环的内侧（图中"B"）；

④ 转轮上冠靠近叶片背面处（图中"D"），以及叶片背面靠近上冠处。

当然，在混流式水轮机中也存在间隙空化与间隙空蚀，以底环和活动导叶之间、转轮壁面外侧与迷宫环之间最为突出。此外，由于混流式水轮机的运行水头较高，当机组运行在多泥沙河流时将受到空化和磨损的联合作用，空蚀破坏加剧。

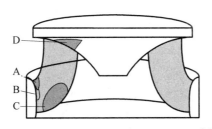

图 9-21 混流式水轮机转轮的典型空蚀[2]

### 9.5.2 叶片泵的空蚀

低比转速混流泵的空蚀特征与离心泵接近,而高比转速混流泵空蚀特征则接近于轴流泵。所以,下面只分别介绍离心泵与轴流泵的空蚀。

(1) 离心泵。由于离心泵的流道一般比较狭窄,在叶轮内发生空化后容易引起流道堵塞与流动分离,迅速改变泵内流场并导致泵的性能陡降。泵内流动恶化可进一步促进空化发展,使得泵内出现严重的空蚀。影响离心泵空蚀的因素包括:决定离心式叶轮形状的几何参数,尤其是叶轮进口的几何参数,如叶片进口直径、叶片数、进口边厚度、叶片进口角等;运行参数,如转速、流量等;在叶轮进口的入流条件,如液流的成分、压力、湍流强度等。

图 9-22 表示了离心泵中发生空蚀的典型部位:

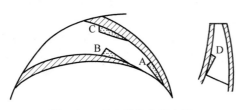

图 9-22 离心泵的典型空蚀

① 当泵运行流量低于设计流量时,在叶片背面的进口附近(图中"A")易发生附着在叶片表面、并向出口方向发展的翼型空化,从而形成翼型空蚀。如果空化进一步发展,可能在叶轮前盖板处(图中"D")发生空化,或者扩展至叶片背面的中部(图中"C")。

② 当泵运行流量大于设计流量时,空化首先发生在叶片正面的进口附近(图中"B"),并且可能进一步发展至叶轮前盖板处(图中"D"),进而导致在这些区域产生空蚀。

③ 当泵运行在设计流量工况时,空化可能出现在叶片背面的进口处(图中"A")或叶片正面的进口处(图中"B")。该工况下叶片进口附近的空化不稳定,也可能发展至叶片间流道中,造成叶片进口及流道中的空蚀。

当离心泵长期在较低流量工况下运行时,在泵静止部件中的流态很差,会在压水室隔舌处,以及半螺旋形吸水室的内壁产生空蚀。

(2) 轴流泵。由于轴流泵流道比较宽阔,当泵内空化不严重时,对泵的性能几乎无影响。只有当空化发展比较严重后,泵流道内流态发生显著变化,泵的性能参数才有明显变化。轴流泵内空蚀主要发生在叶轮的叶片背面。当泵的运行流量小于设计流量时,在叶片背面进口靠近轮缘附近形成漩涡,当叶轮进口压力下降到一定值时,泵内发生空化。当压力进一步下降,空化区在叶片背面进口附近、叶片中部扩展,而且可与叶片轮缘处的间隙空化连成一片。即使泵运行流量大于设计流量时,由于叶片进口处的相对速度 $w_1$ 和绝对速度 $v_1$ 较大,当进口压力较低时,在叶片背面的中部也可能发生空化。图 9-23 为某轴流泵叶片背面的空蚀分布。

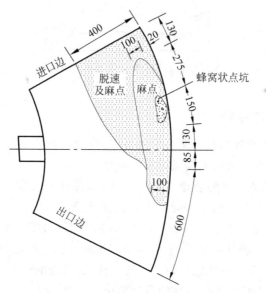

图 9-23　轴流泵叶轮叶片背面的空蚀

当轴流泵运行流量大于设计流量时,液流进入叶片的冲角为负值,在叶片正面的进口形成脱流漩涡,所以空化首先发生在叶片正面进口靠近轮缘附近。如果泵进口压力较低时,空化将从轮缘向叶片中部发展。

## 9.6　运行条件对水力机械空蚀的影响

水力机械的内部流场随着运行工况会发生非常大的变化,所以运行条件与空化强度、空蚀强度均有密切的联系。

### 9.6.1　水力机械的空蚀强度

我国水力机械行业采用叶片背面单位面积、单位时间上的平均空蚀深度作为标准,来评价水轮机空蚀破坏的程度,即空蚀强度。空蚀强度按照下列公式[11]定义

$$I_C = \frac{V}{A \cdot T_C} \tag{9-52}$$

式中,$I_C$ 为空蚀指数,单位为 mm/h;$V$ 为空蚀体积,单位为 $m^2 \times mm$(对应着空蚀面积×材料侵蚀的深度);$T_C$ 为空化工况下的运行时间,单位为 h;$A$ 为叶片背面总面积,单位为 $m^2$。

依据空蚀指数 $I_C$ 的数值,可将空蚀强度分成 5 个等级,并换算成每年的空蚀速率,以便区分各种水力机械的空蚀破坏程度,如表 9-2 所示。对于大型的水电站与泵站,可以根据空蚀速率来计算水力机械的检修周期,并确保在机组安全运行的时限内对遭受空蚀破坏的部件进行修补或更换。

表 9-2　水力机械的空蚀强度等级[11]

| 空蚀等级 | 空蚀指数 $I_C/(10^{-4}\ mm/h)$ | 空蚀速率/(mm/年) |
|---|---|---|
| I | <0.0577 | <0.05 |
| II | 0.0577~0.115 | 0.05~0.1 |
| III | 0.115~0.577 | 0.1~0.5 |
| IV | 0.577~1.150 | 0.5~1.0 |
| V | >1.150 | >1.0 |

空蚀保证期：自投入商业运行之日算起，水泵运行 3000h(不包括启动、停机过程、空载运行和在空气中旋转时间)或投入商业运行 2 年，两者中以先到时间为准。

### 9.6.2　空蚀损坏量的测定与计算

为了评估水力机械的有效运行周期，必须按照下列步骤确定空蚀破坏程度：

(1) 按 IEC60609 标准的规定，测量水力机械受损部件的空蚀面积及其最大深度。

(2) 每个流道部件的空蚀损坏量 $G$ 按下式计算。

$$G = 0.5\rho \sum_i S_i A_i \tag{9-53}$$

式中，$\rho$ 为空蚀部件材料密度，单位为 kg/mm$^3$；$S_i$ 为空蚀面积，单位为 mm$^2$；$A_i$ 为空蚀最大深度，单位为 mm。

(3) 在测量空蚀损坏量时，如果水泵工况运行时间不足或超过基准运行时间 3000h，则按以下规定计算保证值的换算值，即

$$G_{3000h} = 3000G/T_C \tag{9-54}$$

式中，$G$ 为测量的空蚀损坏量；$T_C$ 为测量时水泵工况实际运行小时数。

在水力机械空蚀保证期内，水力机械正常运行。

### 9.6.3　空蚀强度的影响因素

实践证明水轮机的空蚀破坏程度与运行条件有密切关系，而影响水轮机空蚀强度的主要因素包括运行时间、水轮机吸出高度、水轮机工作直径、运行水头等。

(1) 运行时间。掌握运行时间对空蚀强度影响的规律，对预估水轮机破坏程度和规定检修计划非常关键。但由于空蚀的影响因素很多，空化对材料的破坏一般经历孕育、加速、减速、稳定等过程，目前还不能确切地掌握该变化规律，只能通过调查统计的办法进行预估。

空蚀破坏材料造成的空蚀深度 $h_c$ 随运行时间的增长而增加，呈幂指数关系变化，即

$$h_{cmax} = \alpha_c T_C^{n_c} \tag{9-55}$$

式中，$h_{cmax}$ 为最大空蚀深度；$\alpha_c$ 为比例系数；$T_C$ 为运行时间；$n_c$ 为指数，它的取值为 1.6~2.0。

需要说明的是，式(9-55)中的比例系数与指数对不同电站水轮机来说并不是恒定的，其数值取决于水轮机的转轮型号、所用材料及加工质量等因素。

(2) 吸出高度。由之前的分析可知，通过改变水轮机的吸出高度，可控制转轮中的空化强度，改善水轮机的空蚀。在电站运行中，水位变化导致水轮机的吸出高度发生变化，即电站下游的高水位对应较小的吸出高度，而低水位对应较大的吸出高度。高水位运行时降低

了水轮机的吸出高度,相对空化强度的峰值减小,且使变负荷运行时的空化强度变得平缓,有利于减轻水轮机的空蚀。然而,降低吸出高度并不是防止空蚀破坏的绝对条件,有些电站即使吸出高度较低,但空蚀破坏仍很严重。因此,在水轮机设计与运行中需全面考虑,综合确定防止空蚀的有效措施。

(3) 其他参数。假设空蚀导致水力机械在单位时间内的质量损失 $\Delta m_C$ 与空泡数量、空泡潜在的能量 $p_\infty V_{cavmax}$ 成正比,与材料许用应力 $[\tau]$ 成反比[9],则

$$\Delta m_C = C_C \frac{U_\infty p_\infty V_{cavmax}}{[\tau] \cdot T_C} \tag{9-56}$$

式中,$C_C$ 为系数;$U_\infty$ 为水力机械的特征流速;$V_{cavmax}$ 为最大空泡体积。

对于相似水力机械,在相似工况下原型与模型的空蚀质量损失关系[9]可表示为

$$\Delta m_{Cp} = \frac{H_p^2}{H_m^2} \frac{D_p^2}{D_m^2} \frac{[\tau]_m}{[\tau]_p} \Delta m_{Cm} \tag{9-57}$$

式中,$D$ 为水力机械的特征尺度,如水轮机的进口直径或泵的出口直径。

由上式可知,同一系列水轮机在相似工况下,其空蚀强度与水力机械的水头或扬程的二次方,以及名义直径的二次方成正比,与所用材料的许用应力成反比。

如果水力机械偏离设计工况运行时,由于机组内流动条件变差,从而加剧了空蚀破坏。所以,水力机械应避免在偏离设计工况下长期运行,尤其应当防止空蚀与泥沙磨损联合作用的不利情况。

# 参考文献

[1]　LUO X W, JI B, TSUJIMOTO Y. A review of cavitation in hydraulic machinery[J]. Journal of Hydrodynamics, 2016, 28(3): 335-358.

[2]　AVELLAN F. Introduction to cavitation in hydraulic machinery[C]. The 6th International Conference on Hydraulic Machinery and Hydrodynamics, Timisoara, Romania, October 21-22, 2004: 11-22.

[3]　COUTIER-DELGOSHA O, FORTES-PATELLA R, REBOUD J L, et al. Experimental and numerical studies in a centrifugal pump with two-dimensional curved blades in cavitating condition[J]. Journal of Fluids Engineering, 2003, 125(11): 970-978.

[4]　GOLTZ I, KOSYNA G, STARK U, et al. Stall inception phenomena in a single-stage axial-flow pump[J]. Proceedings of the Institution of Mechanical Engineers, Part A: Journal of Power and Energy, 2003, 217(4): 471-479.

[5]　黄源芳, 刘光宁, 樊世英. 原型水轮机运行研究[M]. 北京: 中国电力出版社, 2010.

[6]　罗先武, 季斌, 许洪元. 流体机械设计及优化[M]. 北京: 清华大学出版社, 2012.

[7]　FRIEDRICHS J, KOSYNA G. Rotating cavitation in a centrifugal pump impeller of low specific speed [J]. Journal of Fluids Engineering, 2002, 124(6): 356-362.

[8]　辻本良信. ポンプの流体力学[M]. 大阪: 大阪大学出版会, 1998.

[9]　聂荣昇. 水轮机中的空化与空蚀[M]. 北京: 水利电力出版社, 1985.

[10]　王正伟. 流体机械基础[M]. 北京: 清华大学出版社, 2006.

[11]　黄继汤. 空化与空蚀的原理及应用[M]. 北京: 清华大学出版社, 1991.

# 第10章

# 螺旋桨的空化

## 10.1 螺旋桨概述

### 10.1.1 螺旋桨几何形状

螺旋桨主要由桨毂及 2~6 片桨叶构成。其中螺旋桨跟尾轴相互接合的部分被称为桨毂,桨毂的形状一般为锥形,桨叶则固定在桨毂上,根据实际需要桨叶在桨毂上的安装位置既可以是固定不变的,也可以是可调节的。显然,可调式桨叶可以适应更宽广的运行范围。

图 10-1 表示螺旋桨叶片及其坐标系,图 10-2 表示螺旋桨叶片的几何形状。图中,$z$ 轴为螺旋桨旋转中心线,旋转速度为 $\Omega$,桨叶顺旋转方向的进水边称为导边,出水边称为随边。$x$ 轴为过 $M$ 点(桨叶在桨毂上剖面的弦线中点)且垂直于旋转中心线的坐标轴,与 $z$ 轴的交点记为 $O$ 点;$r$ 轴为径向坐标,通过随边叶根处的 $N$ 点。自 $x$ 轴至 $r$ 轴所经过的角度记为 $\varphi$,则 $x$ 轴所在的位置为 $\varphi=0$。

确定螺旋桨几何形状的主要参考数据如下:

(1) 直径 $D$:螺旋桨绕轴(图 10-1 中 $z$ 轴,与桨毂中线相重合)旋转时,叶梢的运动轨迹形成一个圆,即梢圆。梢圆的直径被称为螺旋桨直径。叶梢距桨毂中线的距离为螺旋桨的半径 $R$,$R=D/2$。由该定义可知,$R$ 为桨叶相对桨毂中线的最大半径。

(2) 螺旋桨参考线:线段 $OM$ 及其延长线,即图中的 $x$ 轴。过 $x$ 轴且垂直于 $z$ 轴的剖面称为桨盘面,如图 10-2(a)所示。

(3) 桨叶切面:用与螺旋桨转轴同轴的圆柱面去截取桨叶,则得到桨叶切面。桨叶切面如果在平面中展开,即为桨叶切面的形状。比较常见的桨叶切面的形状有水翼形、圆背形、月牙形、梭形等。由于桨叶曲面是螺旋面式的自由曲面,一般很难简单地用曲线函数表示,所以经常通过多个桨叶切面的展开轮廓拟合得到三维桨叶形状。

(4) 桨叶母线:所有桨叶切面的弦线中点的连线,如图 10-2(a)所示的曲线 $MU$。桨叶母线可以表示桨叶的纵斜形态,$Z_R$ 即表示 $U$ 点处的纵斜。

(5) 叶片参考线:表示桨叶侧斜程度的参考线。在图 10-2(b)中,半径为 $r$ 的圆柱面与叶片的桨叶切面,其侧斜角为 $\gamma_s$。

（6）纵斜与侧斜：在桨盘面上，当桨叶母线与 $x$ 轴不重合时，沿螺旋桨旋转中心线方向，以桨叶母线与 $x$ 轴之间的轴向距离表示桨叶纵斜，可以采用图 10-1 中的坐标 $\varphi$ 表达；而当螺旋桨的桨叶不对称时，叶片参考线与螺旋桨参考线不重合，以二者在圆周方向的距离来表示侧斜。图 10-2(b)中，当桨叶半径为 $r$ 时，侧斜为 $r \cdot \gamma_s$。由空间关系可知，侧斜使得桨叶母线偏离螺旋桨参考线，引起额外的轴向位移。这部分纵斜是由于侧斜引起的纵斜。

此外，螺距比、盘面比等参数也属于重要的螺旋桨几何参数。

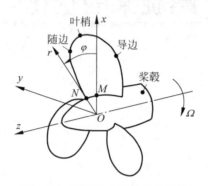

图 10-1　螺旋桨叶片及其坐标系

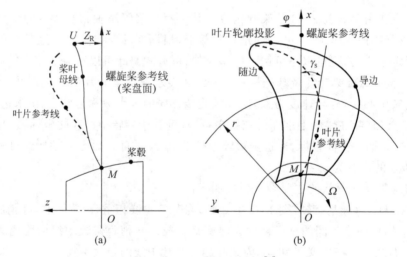

图 10-2　螺旋桨截面形状[1]

## 10.1.2　螺旋桨性能参数

螺旋桨模型在均匀来流下开展试验，经过试验能够获得推力、转矩、效率等螺旋桨的外部性能参数，这种模型试验通常称为螺旋桨的敞水试验。螺旋桨的敞水试验是了解螺旋桨性能的基本试验。描述螺旋桨的敞水性能时常用以下无因次性能参数：

① 推力系数 $K_T$

$$K_T = \frac{T}{\rho n^2 D^4} \tag{10-1}$$

式中，$T$ 为推力；$\rho$ 为水密度；$n$ 为螺旋桨转速，$\Omega = 2\pi n/60$；$D$ 为螺旋桨直径。

② 转矩系数 $K_Q$

$$K_Q = \frac{Q}{\rho n^2 D^5} \tag{10-2}$$

式中，$Q$ 为转矩。

③ 进速系数 $J$

$$J = \frac{v_A}{nD} \tag{10-3}$$

式中，$v_A$ 为螺旋桨进速。

④ 效率 $\eta_0$

$$\eta_0 = \frac{K_T}{K_Q} \frac{v_A}{2\pi nD} = \frac{K_T}{K_Q} \frac{J}{2\pi} \tag{10-4}$$

由式(10-4)可知，螺旋桨效率是个综合性参数，由推力系数 $K_T$、转矩系数 $K_Q$ 和进速系数 $J$ 共同确定。

当螺旋桨转速一定时，进速系数 $J$ 是螺旋桨的进程与螺旋桨直径的比值，是螺旋桨重要的性能参数。$J$ 可以类比于水翼攻角，它决定了螺旋桨的运行工况。在研究推力、转矩、效率和进速系数的关系时，往往不是采用转矩与推力的绝对大小，而是用推力系数和扭矩系数这些无因次系数表达。对于几何形状确定的螺旋桨而言，推力系数 $K_T$、转矩系数 $K_Q$ 以及效率 $\eta_0$ 仅与进速系数 $J$ 有关，$K_T$、$K_Q$ 和 $\eta_0$ 相对于 $J$ 的曲线称为螺旋桨的敞水性能曲线。图 10-3 为"青云丸"号螺旋桨模型的敞水性能。在数值上，$K_Q$ 比 $K_T$ 小 1 个数量级，通常采用 $K_T$、$10K_Q$ 和 $\eta_0$ 作为同一坐标系下的纵坐标参数。

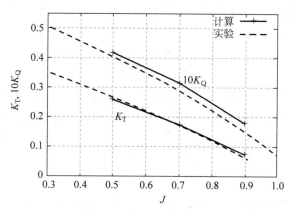

图 10-3    螺旋桨敞水性能曲线[2]

# 10.2    螺旋桨典型空化现象

## 10.2.1    空化与螺旋桨性能

因为具有构造简单、水动力性能良好和运行效率较高等优点，螺旋桨一直都是船舶行业中最为广泛使用的推进器。实际上，人们关注的空化问题最早就出现在船舶螺旋桨上。长期以来，空化已经成为阻碍船舶螺旋桨发挥最佳效能的"克星"。随着社会经济发展，现代舰船技术日益朝着高航速、高功率、超大载重量等方向迈进，由此使得螺旋桨在运转过程中不可避免地面临日益严重的空化问题。图 10-4(a) 表示进速系数 $J = 0.2$ 时螺旋桨推力系数 $K_T$ 与转矩系数 $K_Q$ 随空化数的变化。当空化发生($\sigma_i = 2$)后,螺旋桨推力与转矩均急剧下降;图 10-4(b) 则表示螺旋桨空化诱导的压力脉动激增。螺旋桨空化不仅限制了船舶的航行速度,往往还引发一系列不利影响,如振动、噪声、空蚀等。而且,螺旋桨空化的种类繁多,包括盘面的附着型空化、叶缘的漩涡空化等非常典型的空化形式。因此,研究螺旋桨的空化流动具有十分重要的科学意义与工程价值。

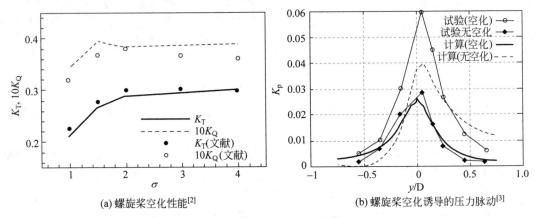

(a) 螺旋桨空化性能[2]　　　　　　　　　(b) 螺旋桨空化诱导的压力脉动[3]

图 10-4　螺旋桨空化的不利影响

### 10.2.2　螺旋桨典型空化形态

在船舶行业,常将空化称为空泡。而空化数也是描述螺旋桨空化状态的重要无量纲参数。螺旋桨的空化数表达式为

$$\sigma_n = \frac{p_{out} - p_v}{0.5\rho(nD)^2} \tag{10-5}$$

式中,$p_v$ 表示液体的饱和蒸气压强;$\rho$ 代表液体的密度;$p_{out}$ 表示计算域出口压力。

在实际应用中,更常用的螺旋桨空化数是基于某桨叶剖面处的速度计算得到的数值,比如基于半径为 $r = 0.8R$ 处的空化数为

$$\sigma_{n\_0.8R} = \frac{p - p_v}{0.5\rho(0.8\pi nD)^2} \tag{10-6}$$

图 10-5 展示了 INSEAN E779A 螺旋桨模型在三种不同工况下的空化形态。从图中可以看到,当进速系数 $J$ 为 0.71、空化数 $\sigma_n$ 为 1.515 时,靠近外缘的桨叶表面上有大片的附着型片空化,以及从叶梢朝下游方向延伸的漩涡空化。随着空化数增大,附着型片空化逐渐朝桨叶外缘收缩,附着型片空化面积减小,而漩涡空化的直径也减小,表示螺旋桨空化程度减弱。当进速系数 $J$ 为 0.83、空化数 $\sigma_n$ 为 2.016 时,附着型片空化基本消失,漩涡空化仍然明显,但自叶梢出来的漩涡空化直径进一步收缩成细线状。

图 10-5 中三种工况都出现了从叶梢延伸的漩涡空化。由于螺旋桨桨叶外缘处的线速度高,而且没有像其他水力旋转机械转轮或叶轮在叶片外缘处设置上冠或盖板等结构,所以螺旋桨在运转过程中很容易出现漩涡空化。这种漩涡空化出现在叶梢部位,因而常称为梢涡空化,如图 10-6 所示的梢涡空化是船舶螺旋桨非常典型的一种空化形态。图中,充分发

展的梢涡空化中白色的空泡明显、易见,涡核连成的涡线特别长。

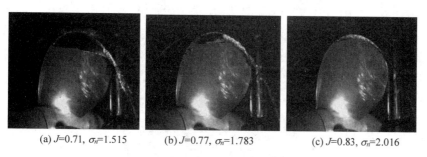

(a) $J$=0.71, $\sigma_n$=1.515　　　(b) $J$=0.77, $\sigma_n$=1.783　　　(c) $J$=0.83, $\sigma_n$=2.016

图 10-5　螺旋桨空化形态[4]

图 10-6　螺旋桨梢涡空化[5]（见彩页）

通过长期研究,目前已知船舶螺旋桨的空化形态非常丰富,种类繁多。图 10-7 列举了发生在船舶螺旋桨上的空化:桨叶导边上,靠近桨叶外缘与桨叶根部出现的固定型空化(主要是附着型片空化);桨叶随边附近的云空化;在桨叶梢部发生的梢涡空化;在螺旋桨内部以及桨叶面上的游移型泡空化;尾流区的轮毂漩涡空化等。

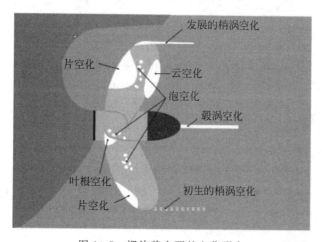

图 10-7　螺旋桨主要的空化形态

此外,在螺旋桨与船体之间可能出现一种特殊的螺旋桨-船体漩涡空化(propeller-hull vortex cavitation,即 PHV 空化),如图 10-8 所示。PHV 空化是由于船体上的流速驻点在湍流扰动下产生旋转,其运动强化后形成直径细小的空化漩涡,如"拱桥"般搭接在螺旋桨与船体之间。PHV 空化一般发生在进速系数较小、螺旋桨与船舵的间隙较小、船体平侧面位于螺旋桨垂直上方的情况。

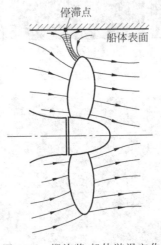

图 10-8　螺旋桨-船体漩涡空化

## 10.3　非均匀来流下的螺旋桨空化

### 10.3.1　尾流场中的螺旋桨空化

实际工程中的螺旋桨通常运行在船体后方尾流中。由于螺旋桨和船体是一个具有强相互作用的系统,进入桨盘面的水流速度经过船体与螺旋桨的相互作用之后,变得十分不均匀。图 10-9(a)表示螺旋桨与船体、船舵之间的相对位置;图 10-9(b)为"青云丸"号螺旋桨模型上游的流速分布。图中,外圆为以梢圆表示的螺旋桨盘面,内圆表示螺旋桨的轮毂。由图中数据可知,相对于螺旋桨水平轴线,桨盘面位于轴线以上的部分具有较高流速,而位于轴线之下的部分则流速较低。

图 10-10 表示 INSEAN E779A 螺旋桨模型在非均匀来流条件下数值模拟与空化试验的结果对比。图中,数值模拟的空泡形状由气相体积分数为 0.1 的等值面显示。从图中可以看到,在桨叶的位置角为 $-25°$ 时,螺旋桨背面的导边近叶梢处,附着型片空化已经初步形成。而随着旋转过程中桨叶位置变化,空泡体积逐渐增大;在位置角为 $0°$ 时,空化得到充分发展,空泡体积几乎达到最大。此时,附着在导边背面的片空化逐渐卷起进入梢涡,空化开始变得不稳定;在位置角为 $10°$ 时,叶片已经开始离开尾流的速度亏损区域,空泡开始与前缘分离,空泡体积有所减小,并且可以观察到梢涡空化的旋转运动;在位置角为 $15°$ 时,空泡体积进一步缩小,几乎完全变成了云空化。与试验图像比较,图 10-10(a)中基于 RANS(Reynolds averaged Navier-Stokes)的数值模拟结果能大致复现试验中观察到的固定型空化现象,但还不能清晰地捕捉梢涡空化,计算精度有待改进。

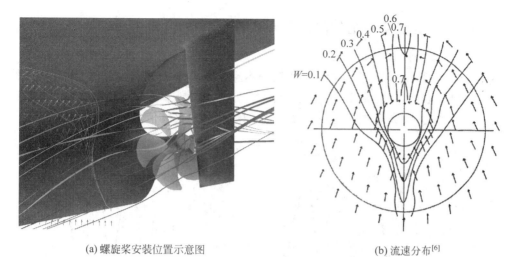

(a) 螺旋桨安装位置示意图　　　　　　　(b) 流速分布[6]

图 10-9　螺旋桨非均匀来流（见彩页）

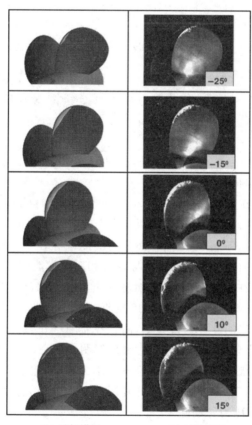

(a) 数值模拟　　　　(b) 试验结果

图 10-10　E779A 螺旋桨非均匀进流下的空化[7]

### 10.3.2 空化流场中的螺旋桨压力脉动

图 10-11 表示"青云丸"号螺旋桨模型桨叶在旋转一周过程中水动力性能的变化:(a) 推力系数 $K_T$;(b) 转矩系数 $K_Q$。图中,实线表示空化条件下的数据,虚线为无空化条件下的结果。该结果表明,空化发生后,螺旋桨叶片的水动力性能参数平均值基本不变。随桨叶旋转时位置角变化,推力系数与扭矩系数的脉动频率不变,仅幅值略有增加。

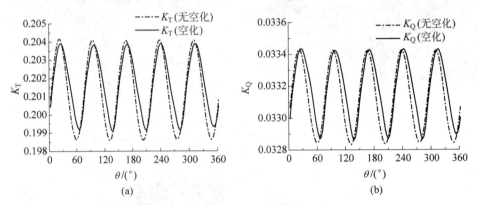

图 10-11　螺旋桨叶片在旋转一周过程中水动力性能的变化

图 10-12 为"青云丸"号螺旋桨模型在无空化与空化条件下,在螺旋桨上方船体表面三个不同位置监测点($P_1$、$C$、$S_1$)处计算的压力脉动[7]。图中,脉动压力幅值表示成无因次形式 $K_p$:

$$K_p = \frac{\Delta p}{\rho n^2 D^2} \tag{10-7}$$

式中,$\Delta p$ 为脉动压力的幅值。

如图 10-12(a)所示,在无空化条件下三个监测点处脉动压力具有基本相同的频率,都等于螺旋桨的叶片通过频率。瞬时脉动压力处于 3.35～3.38 之间,其中以 C 点的脉动幅值稍大,但平均值均位于 3.36～3.37 之间。而最明显的差异在于,不同监测点处脉动压力的相位各不相同,它们之间的相位差是由于各监测点相对于螺旋桨的几何位置不同所致。

如图 10-12(b)所示,在空化条件下,虽然脉动压力的变化范围增大至 3.32～3.42,但三个监测点处的脉动压力平均值仍维持在 3.36 附近。此时各监测点处的脉动压力变化不仅频率都相同,仍然为螺旋桨的叶片通过频率,而且各监测点处的相位也完全一致。这种脉动压力的变化趋势与无空化条件下的脉动压力形成鲜明对比。

图 10-13 表示螺旋桨旋转运动引起的船体上压力脉动频域图。在无空化条件下,船体上各监测点处压力脉动的主要成分是一阶叶片通过频率分量,脉动幅值 $\Delta K_p$ 不大,均小于 0.009;而在空化条件下,压力脉动除了一阶叶片通过频率分量,还有二阶、三阶叶片通过频率分量,且三个监测点的一阶与二阶叶片通过频率分量的幅值均超过 0.01,而且在监测点 C、监测点 S1 处一阶叶片通过频率分量 $\Delta K_p$ 都大于 0.02,由此说明空化条件下压力脉动幅值远强于无空化时的压力脉动。显然,这种压力脉动激增现象是由空化引起的。在非均匀来流条件下,螺旋桨的每个桨叶所经历的空化呈现周期性的生长和消失的演变过程,而此过程会在流场中诱发大幅度压力脉动,导致船体上所有监测点处压力脉动同步增大。

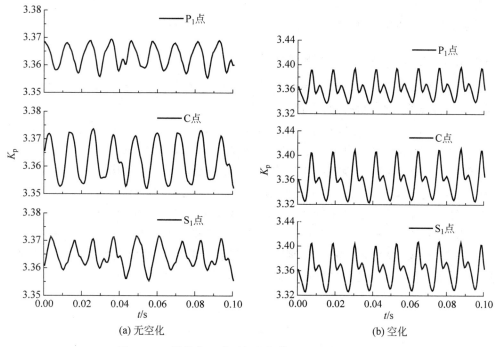

图 10-12 螺旋桨运动引起的船体上压力脉动时域图

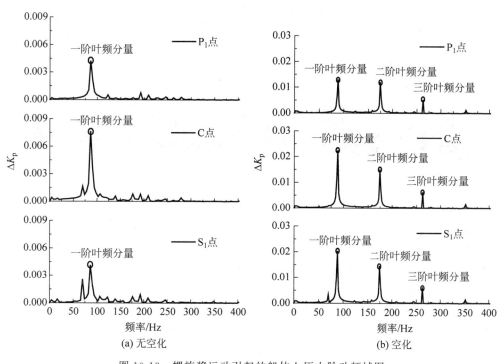

图 10-13 螺旋桨运动引起的船体上压力脉动频域图

因此可以推测,运行在船后尾流中的螺旋桨一旦发生周期性演变的空化,就极有可能引发船体的有害振动和噪声,影响船舶运行的安全和航行中的舒适性。

### 10.3.3　螺旋桨压力脉动激增机理

螺旋桨在船体后方不均匀尾流场中运转是引起船体压力脉动的重要原因,当空化发生时,螺旋桨空化就成为诱发压力脉动的主要来源。

图 10-14 中,五个时刻分别对应着螺旋桨♯1 桨叶所处的位置。在 a 时刻,空化发生在♯5 桨叶,♯1 桨叶无空化。此时,三个监测点处的压力脉动均较小。在 b 时刻,发生在♯5桨叶的空泡开始收缩,而♯1 桨叶未见空化。此时,三个监测点处的压力脉动同时达到最大值。在 c 时刻,♯5 桨叶无空化,空化发生在♯1 桨叶。此时,三个监测点处的压力脉动幅值均低于 b 时刻压力脉动。在 d 时刻,♯1 桨叶空化增强,空泡体积增大。此时,三个监测点处的压力脉动稍强于 c 时刻压力脉动。在 e 时刻,♯1 桨叶自 a 时刻开始已经旋转了 72°,正好到达了 a 时刻的♯5 桨叶位置,♯1 桨叶上的空化继续发展,并出现梢涡空化。此时,三个监测点处的压力脉动与 a 时刻的情况相似,幅值均较小。

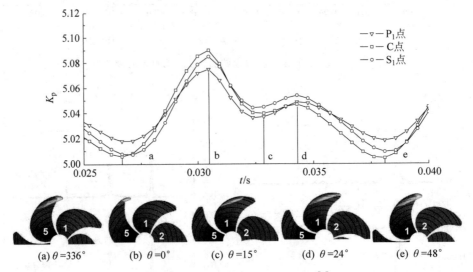

图 10-14　螺旋桨空化及所诱发的压力脉动[6](见彩页)

从图 10-14 所示的结果分析可知,当附着在螺旋桨上的空泡体积最大时(如 a、e 时刻),船体上的压力脉动反而较小。即使在 d 时刻空泡体积较大,压力脉动也并非最大。这说明螺旋桨压力脉动与空化发生后的空泡体积没有明确的直接关联。

为了理解空化对压力脉动的影响,假定流场中空泡由许多相同尺度的球形小气泡组成,单位流体中球形空泡数量为 $N_b$,球形空泡半径为 $R_b$,则单位体积流体中的空泡体积 $V_{cav}$ 为

$$V_{cav} = N_b \frac{4}{3}\pi R_b^3 \tag{10-8}$$

对上式等号两端各项分别对时间 $t$ 求导,可得

$$\frac{dV_{cav}}{dt} = N_b \frac{d(4\pi R_b^3/3)}{dt} = 4\pi N_b R_b^2 \frac{dR_b}{dt} \tag{10-9}$$

对上式再次求导,可得空泡体积的二阶导数为

$$\frac{\mathrm{d}^2 V_{cav}}{\mathrm{d} t^2} = 8\pi N_b R_b \left(\frac{\mathrm{d} R_b}{\mathrm{d} t}\right)^2 + 4\pi N_b R_b^2 \frac{\mathrm{d}^2 R_b}{\mathrm{d} t^2} \qquad (10\text{-}10)$$

大量研究表明,空泡半径 $R_b$ 的二阶导数项仅在空泡溃灭的极短时间内对计算结果有显著影响,而在空泡溃灭阶段产生的脉动压力一般为高频量,可认为只与空蚀过程相关。而螺旋桨空化诱导的压力脉动主要为叶片通过频率的几个低阶分量,一般属于低频脉动。因此,在考虑螺旋桨空化压力脉动时可忽略空泡动力学中瑞利-普莱塞特(Rayleigh-Plesset)方程中的二阶项,从而简化为式(8-10)所示的形式,即

$$\frac{3}{2}\dot{R}_b^2 = \frac{p_v - p}{\rho_1}$$

将上式变换为 $\dfrac{\mathrm{d} R_b}{\mathrm{d} t} = \sqrt{\dfrac{2}{3}\dfrac{|p_v - p|}{\rho_1}}$,并代入式(10-10),则

$$\frac{\mathrm{d}^2 V_{cav}}{\mathrm{d} t^2} = 16\pi N_b R_b \frac{(p - p_v)}{3\rho_1} \qquad (10\text{-}11)$$

空泡体积的二阶导数可以理解为空泡体积变化的加速度。由式(10-11)可知,流场中压力脉动与空泡体积变化的加速度成正比。

基于螺旋桨空化流动数值模拟或者空化试验的结果,可以从式(10-11)出发,直接推导空化演化过程所对应的压力脉动关系式。具体步骤如下:

① 基于试验数据或者流场数值模拟结果,计算流场中每个瞬时的空泡体积 $V_{cav}$,即

$$V_{cav} = \sum_{i=1}^{N} \alpha_{v,i} \Delta V_i \qquad (10\text{-}12)$$

式中,$N$ 为计算域或试验流场中单元体的数量;$\alpha_{v,i}$ 为第 $i$ 个单元体的空泡体积分数;$\Delta V_i$ 为第 $i$ 个单元体的体积。

② 在固定的坐标系中表示每个瞬时的空泡体积 $V_{cav}$ 与时间 $t$ 的关系。在坐标系中,横坐标为时间 $t$,纵坐标为每个瞬时的空泡体积 $V_{cav}$。为方便表达,按照 $t = \dfrac{\theta}{6n}$ 的关系将横坐标(时间 $t$)替换为螺旋桨旋转运动中桨叶所处的位置角 $\theta$。

③ 将坐标系中表示 $V_{cav}$ 与 $\theta$ 关系的散点数据拟合成曲线 $V_{cav} = f(\theta)$。为了保证能够依据式(10-11)进行二次求导,该拟合曲线须为二阶连续可导。

④ 将拟合曲线 $V_{cav} = f(\theta)$ 进行二次求导,即可建立流场中压力脉动与空泡体积变化加速度之间的关系。

图 10-15 中,空泡体积变化加速度 $\dfrac{\mathrm{d}^2 V_{cav}}{\mathrm{d}\theta^2}$ 随螺旋桨叶片所处位置角 $\theta$ 变化的曲线与船体上三个监测点的压力脉动曲线基本一致,从而证实了螺旋桨空化体积的二阶导数与船体上压力脉动之间的直接联系。一旦螺旋桨叶片上空化体积的二阶导数达到极大值,将导致船体上压力脉动激增。在实际流动中,控制好螺旋桨空化体积的二阶导数的变化关系,就可以从根源上控制和消除船体上空化诱导压力脉动的不利影响。

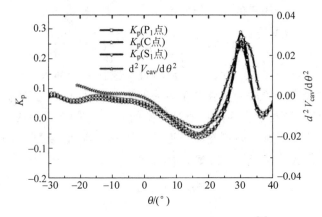

图 10-15　螺旋桨空化诱导的压力脉动[7]

## 10.4　螺旋桨空化的防治

螺旋桨空化会诱发强烈的压力脉动已经成为船舶螺旋桨研究者的一个基本的共识。螺旋桨空化有时会造成极其不良的后果,比如引发强烈的有害噪声和船体振动,严重的空化可能造成桨叶材料剥蚀甚至折断。因此,在实践中须研究防治螺旋桨空化的方法,以避免或减轻螺旋桨空化造成的不利影响。下面扼要介绍螺旋桨空化的常用防治措施。

### 10.4.1　螺旋桨优化

螺旋桨的桨叶剖面就是水翼。作为螺旋桨功能转换的基本要素,水翼决定了螺旋桨的空化与水动力性能。螺旋桨抗空泡优化设计起源于 20 世纪 80 年代,埃普勒尔(R. Eppler)发展的所谓"新剖面法"。该方法属于一种非线性剖面设计方法,通过给定表面压力分布规律来设计水翼。采用"新剖面法"进行设计,至少建立了桨叶形状与空化性能之间的联系,使得螺旋桨抗空泡设计迈出了关键的一步。

针对抗空泡螺旋桨的设计优化研究很多,既有桨叶剖面的优化与单个桨叶的几何优化,也有螺旋桨的整体布局优化。

(1) 螺旋桨水翼优化

图 10-16 表示一种分别采用五个几何参数定义水翼吸力面和压力面的参数化设计模型[8]。定义吸力面的参数为导圆半径 $R_{le}$,最高点位置的弦向坐标 $x_u$、纵向坐标 $y_u$,最高点二阶导数 $y_{xxu}$,以及随边倾角 $\alpha_{te}$。基于上述五个参数建立多项式就构成了水翼吸力面线型,如图 10-16 所示的上边的曲线。压力面的参数包括导边直线段倾角 $\alpha_{le}$、随边过渡圆弧心坐标 $x_1$、过渡圆最低点坐标 $H$、过渡圆半径 $R_t$,而直线段与过渡圆弧通过半径为 $R_s$ 的圆弧光顺连接。同样基于这些几何参数可以建立适当的方程来确定水翼压力面线型,如图 10-16 所示的下边的曲线。

以参数化设计模型为基础,采用遗传算法开展水翼优化,可以设计出满足各种特定需求的水翼系列。将一种优化水翼应用于 DTMB5415 桨模型,制作的模型螺旋桨如图 10-17(b)所示。为了进行对比,图 10-17(a)为基于常规 NACA 水翼的螺旋桨模型。经实验测试表明,当航速为 20kn 时,优化水翼螺旋桨的水动力效率 $\eta_0$ 比常规 NACA 水翼螺旋桨效率提高了 1.5%；当航速为 40 kn 时,优化水翼螺旋桨水动力效率 $\eta_0$ 比常规 NACA 水翼螺旋桨高 6.4%,空化性能得到改善,进速系数明显提高。因此,通过采用先进的遗传算法进行水翼参数化设计优化,可满足船舶螺旋桨在高、低航速多工况下的性能需求。

除此之外,目前较为热门的仿生翼型及螺旋桨也显现出较好的性能,有望为改善螺旋桨空化性能提供新的思路和方法。

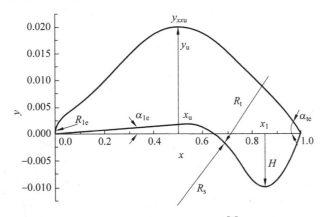

图 10-16　参数化翼型设计[8]

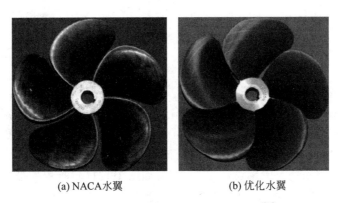

(a) NACA水翼　　　　　　　　(b) 优化水翼

图 10-17　两种水翼设计的螺旋桨模型[8]

（2）桨叶侧斜优化

研究表明,侧斜分布可以使螺旋桨叶片不同半径的桨叶剖面依次进入不均匀流场的高伴流区域,从而有效降低空化强度、提高推进效率、减小空化诱导的激振力。因此研究桨叶不同侧斜分布规律对螺旋桨空化性能及水动力性能的影响有重要意义。

图 10-18 表示了三种桨叶沿直径方向的侧斜角分布规律。图 10-19 表示基于泰勒水池提供的 DTMB4381 标准桨模型,采用图 10-18 所示的三种侧斜分布规律设计的螺旋桨模型。图 10-19 中,同时给出了 $J=0.7$、$\sigma=3.5$ 条件下的空化形态,颜色表示桨叶上不同区域的空泡体积分数。

由图 10-19 可知,不同侧斜的螺旋桨对应着不同的空化形态。对于 $\gamma_s=17°$ 的螺旋桨,在桨叶上覆盖的空泡面积较大;而随着侧斜角加大,空泡面积逐渐减小。其中,$\gamma_s=40°$ 的螺旋桨的空泡覆盖面积仅为 $\gamma_s=17°$ 螺旋桨空泡面积的 71%。侧斜不仅使得螺旋桨空化性能得以提高,而且改善了螺旋桨水动力性能。数值计算预估的 $\gamma_s=17°$ 螺旋桨推力为 847.4N, 而 $\gamma_s=40°$ 的螺旋桨推力则为 964.3N,提升约 11.4%。

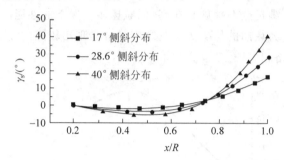

图 10-18　螺旋桨侧斜角沿径向的不同分布[9]

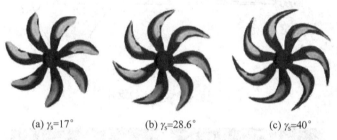

(a) $\gamma_s=17°$　　　(b) $\gamma_s=28.6°$　　　(c) $\gamma_s=40°$

图 10-19　三种侧斜螺旋桨模型[9]

（3）毂帽鳍

对于如图 10-2(a)所示的桨毂,一般应在其左侧安装毂帽,使得桨毂整体形状呈流线型。为了进一步减少尾流能量损失,在螺旋桨桨毂帽上安装与螺旋桨桨叶数量相同的小鳍片(常称"毂帽鳍",英文为 propeller boss cap fins),可以消除螺旋桨桨毂后端的低压区,减弱螺旋桨后形成的毂涡与毂涡空化,提供附加推力,从而提高螺旋桨推进效率。图 10-20 表明,采用毂帽鳍提高的螺旋桨水动力效率可达 4.1%;与如图 10-21(a)所示的带顺流毂帽螺旋桨空化相比,毂帽鳍明显消除了螺旋桨尾流中的毂涡及空化(如图 10-21(b)所示)。而实船应用结果表明,有毂帽鳍的螺旋桨平均节能达 3%～7%[10]。

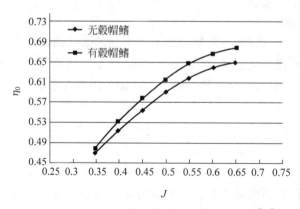

图 10-20　毂帽鳍对螺旋桨水动力效率的影响[10]

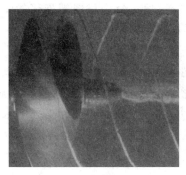 

(a) 带顺流毂帽的螺旋桨　　　　　　　(b) 带毂帽鳍的螺旋桨

图 10-21　毂帽鳍对螺旋桨空化的影响[10]（见彩页）

（4）桨叶综合优化

在长期实践中,可调螺距桨、对转桨、串联桨等螺旋桨形式得到应用,通过设计优化可以获得优良的抗空泡能力与水动力性能。另一方面,通过分析螺旋桨的工作条件与流场特征,可以提出有针对性的优化设计方案。如为了减轻单个桨叶的负荷,应用七叶大侧斜螺旋桨就可以获得比五叶螺旋桨更小的平均载荷,桨叶上的初生空化得到延迟,推进性能得到提升。类似的例子不胜枚举。

由于桨叶几何参数繁多,既包括弦长、螺距、纵倾、侧斜、最大厚度及最大拱度等径向参数,也涵盖弦向厚度分布和弦向拱度分布等剖面参数,所以很难采用传统的方法进行性能优化,需借助先进而高效的优化方法设计具有优秀性能的螺旋桨。例如以降低转矩系数和提高效率为目标,通过试验设计法（即 DOE 方法）对螺旋桨几何设计变量进行空间采样,应用面元法进行螺旋桨性能计算,建立几何设计变量与螺旋桨水动力性能的映射关系,形成一组样本点之后,建立螺旋桨性能计算的人工神经网络模型,用该模型替代面元法进行水动力性能预报,最后结合遗传算法对螺旋桨优化设计,从而建立计算成本低、优化质量高的高效优化设计系统。以国际标模 KP505 桨为母型桨进行设计优化时,采用遗传算法的设计比基于传统面元法的设计节约了 57.3% 的计算时间,而且提供多种可供选择的优化方案[11]。此外,还可以基于图谱法,利用遗传算法的高效、并行,基于适应度函数的搜索法,进行螺旋桨优化设计,将螺旋桨直径、螺距比和盘面比等作为设计变量,将空泡性能作为约束条件,在保证目标转速的前提下优化船舶航速[12]。总之,近年来优化方法与计算技术取得了长足的进步,为螺旋桨综合优化提供了优越的基础条件。随着人工智能技术发展,基于人工智能的螺旋桨设计将很快成为船舶行业的必选优化方法。

## 10.4.2　其他防治措施

（1）材料优化

采用能推迟或抑制空化发生的材料,改善桨叶的抗空化剥蚀性能,提高材料的加工精度,从螺旋桨的材质、加工质量、表面处理等多方面防治螺旋桨的空化。

需要特别指出的是,材料科学与螺旋桨优化设计也是密不可分的,复合材料螺旋桨就是非常典型的例子。复合材料螺旋桨可由非金属或金属桨毂,以及若干个可替换的复合材料叶片组成,重量仅为传统镍铝青铜金属螺旋桨的三分之一。图 10-22 为一副复合材料（碳纤维)对转螺旋桨模型。试验结果证明在三种运行工况下复合材料螺旋桨的噪声总声级比金属铝螺旋桨均有不同程度下降,体现了复合材料螺旋桨良好的降噪性[13]。复合材料螺旋桨叶片倾角可根据载荷进行自调节,从而明显降低空泡强度。对于复合材料螺旋桨,可以采用不同的复合材料铺层设计来达到必要的水弹性特性,使桨叶在不同运行工况下具备特定的力学性质以满足船舶推进的需求。研究表明经过预变形设计的复合材料螺旋桨,在设计进速时能够实现与刚性(金属)螺旋桨同等的水动力性能,而在非设计工况下水动力性能则优于刚性(金属)螺旋桨[14]。由于复合材料螺旋桨具有低振动、低噪声、轻质高效、耐海水腐蚀、易安装维护等特点,未来在船舶行业有很好的推广价值。

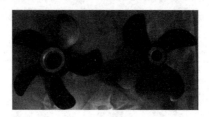

图 10-22　复合材料螺旋桨模型[13]

**(2) 船体优化**

改进船体设计,尤其是船体后面部分的形状优化不仅可以减轻船艉波,还可以改善螺旋桨进流条件。例如常规船艉多为 V 形或 U 形,如果将船艉设计为球形就可以降低尾流区对螺旋桨空化及振动的不利影响。进一步采用反对称的船艉设计可以在螺旋桨之前造成预旋流动,从而提高螺旋桨推进效率。

由图 10-9(b)可知,尾流区中的速度分布很不均匀,具有上高下低、由两侧向中间汇聚等特点。所以,在船艉设置产生预旋流动的结构可以适当均衡尾流区的速度分布。图 10-23分别表示两种预旋结构:(a)为导管;(b)为在导管上加的导流鳍。导流鳍的作用就是漩涡发生器,其形状须根据尾流区速度分布规律进行设计。

(a) 导管　　　　　　　　　　(b) 导管及导流鳍

图 10-23　改善螺旋桨来流条件的结构[15](见彩页)

在船体设计许可的情况下采用双螺旋桨非常有助于减轻螺旋桨空化风险。使用双螺旋桨的船舶可以获得更好的操作性,还可以选择比单螺旋桨较小的直径,桨叶的负荷也相应减小。这些因素均有利于改善螺旋桨空化。

除了上述优化措施,还可以进行船舵优化,减轻螺旋桨毂涡及毂涡空化[15]。另外,增加水中的含气量也可能有效延缓和抑制空化的发生,进而降低螺旋桨空化噪声、改善螺旋桨的水动力性能与运行质量。

随着船舶载重和航速的提高,螺旋桨空化几乎已经不可避免,从根本上消除螺旋桨空化也是几乎不可能实现的。因而在螺旋桨空化条件下降低乃至完全消除空化带来的负面影响,已经成为当前螺旋桨空化防治的主要选择。当然,若是能利用空化效应来优化螺旋桨推进性能和船舶运行安全与稳定性,则属一举两得的理想化效果。

# 参考文献

[1] 苏玉民,黄胜. 船舶螺旋桨理论[M]. 哈尔滨:哈尔滨工程大学出版社,2013.

[2] WATANABE T,KAWAMURA T,TAKEKOSHI Y,et al. Simulation of Steady and Unsteady Cavitation on a Marine Propeller using a RANS CFD code[C]. Proceedings of the 5th International Symposium on Cavitation. Osaka,Japan,November 1-3,2003. Paper No. GS-12-004.

[3] KAWAMURA T,KIYOKAWA T. Numerical prediction of hull surface pressure fluctuation due to propeller cavitation[C]. Proceedings of the Japan Society of Naval Architects and Ocean Engineers,Nagasaki,Japan,2008,No. 6.

[4] SALVATORE F,TESTA C,GRECO L. A viscous/inviscid coupled formulation for unsteady sheet cavitation modelling of marine propellers[C]. Proceedings of the 5th International Symposium on Cavitation. Osaka,Japan,November 1-3,2003. Paper No. GS-12-002.

[5] BRENNEN C E. Cavitation and Bubble Dynamics[M]. Oxford:Oxford University Press,1995.

[6] Ji Bin,Luo Xianwu,Wang Xin,et al. Unsteady numerical simulation of cavitating turbulent flow around a highly skewed model marine propeller[J]. Journal of Fluids Engineering,2011,133(1):011102.

[7] JI B,LUO X W,PENG X X,et al. Numerical analysis of cavitation evolution and excited pressure fluctuation around a propeller in non-uniform wake[J]. International Journal of Multiphase Flow,2012,43:13-21.

[8] 曾志波. 高速水面舰船多工况螺旋桨叶剖面优化设计[J]. 中国造船,2018,59(1):26-35.

[9] 齐江辉,陈强,郭翔,等. 侧斜分布对七叶侧斜螺旋桨的水动力性能影响研究[J]. 兵器装备工程学报,2019,40(12):23-234.

[10] 马骋,蔡昊鹏,钱正芳,等. 螺旋桨与毂帽鳍集成一体化优化设计方法研究[J]. 中国造船,2014,55(3):101-107.

[11] 王超,韩康,孙聪,等. 船用螺旋桨优化设计与参数分析[J]. 华中科技大学学报(自然科学版). 2020,48(4):1-7.

[12] 吴小平,刘洋浩,张磊. 基于遗传算法的船舶螺旋桨优化设计[J]. 船舶与海洋工程,2014,30(4):31-37.

[13] 洪毅. 高性能复合材料螺旋桨的结构设计及水弹性优化[D]. 哈尔滨:哈尔滨工业大学,2010.

[14] 孙海涛,熊鹰,黄政. 复合材料螺旋桨纤维铺层的影响及预变形设计[J]. 华中科技大学学报(自然科学版),2014,42(5):116-121.

[15] Psaraftis H. Sustainable Shipping[M]. Gewerbestrasse:Springer Nature Switzerland AG,2019.